Drinkology

The Science of What We Drink and What It Does to Us, from Milks to Martinis

我们为什么爱饮料

关于一切饮料和饮料的一切

Alexis Willett

[英] 亚历克斯斯 · 威利特 著

陈昶妙 译

北京联合出版公司
Beijing United Publishing Co.,Ltd.

目　录

餐前酒

欢迎来到奇妙的饮品世界！本书包罗多种饮品，无论你饮用的是烈酒、啤酒、格洛格酒、酒精饮品、果汁饮品、亚当的麦酒①或牛奶，还是睡前饮品、解渴饮品、提神饮品、追饮酒②、奠酒或送别酒，或者谈到酒后之勇，都可以在本书中找到相关介绍。不过，详细介绍某种饮品的书籍不在少数，本书的意义何在？首先，本书收集了所有最流行的饮品，方便查阅。其次，我撰写本书还有一个重要目的。

你挑选饮品时考虑的东西多吗？很多人会仔细挑选食物，

---

① 即水，源自《圣经》中的典故：亚当只能够喝到伊甸园里四条河流的水。——译者注
② 饮烈酒之后喝的淡酒。——译者注

衡量食物对健康的影响，但也许不怎么关注饮用的东西。好好想想，你真的知道自己饮用的是什么吗？果真如此吗？你确定吗？我们每天都要饮用一些东西，其原因也许是口渴，也许是需要提神，也许是一天的工作结束之后需要放松一下。不过你有没有想过：瓶装水里添加的电解质到底有什么作用？自己喝的那杯葡萄酒里为何会含有贝类的提取物？这些问题在本书中统统能找到答案。我们每天都看到很多关于饮食的信息，这些信息往往互相矛盾，让人摸不着头脑，有时还使人产生误解。本书从科学中找出证据，让读者从本质上了解饮品的制成方式、所含成分以及对身体的影响。

无论是简单的一杯水还是早晨饮用的浓咖啡，无论是优质香槟还是宿醉后饮用的功能饮料，所有的饮品[①]都会对人体产生某种程度的影响。道格拉斯·亚当斯（Douglas Adams）的《银河系漫游指南》（*The Hitchhiker's Guide to the Galaxy*）提到，全宇宙最好的饮品当数"泛银河系含漱爆破液"。饮用一杯泛银河系含漱爆破液，犹如"柠檬片裹着金砖将脑袋拍开了花"，看来地球上确实没有可与之匹敌的饮品。不过既然有所谓的超级食品，是不是也有超级饮品呢？我们不妨拭目以待。

想知道发酵饮品真正的好处是什么吗？葡萄酒里的亚硝酸盐真会让人产生头痛症状吗？对饮品营销背后的伪科学感到厌烦了吗？本书可以为你答疑解惑。我收集了世界上最受欢迎饮

---

① 即便只是简单的提神饮品。——著者注

品的信息，系统地进行了汇编，以便你慢慢品味。除了我们熟悉的日常饮品，我还谈到了流行饮品背后的科学内涵。照片墙、推特、博客和杂志上充满了各种饮品的美图和文章，让人不禁口舌生津，宣传还称这些饮品具有保健功能。各路名人纷纷为这些饮品背书，动辄满口科学术语，鼓动成千上万的粉丝去购买。不过这些饮品真有他们说的那么好吗？（提示：格温妮丝、卡戴珊以及其他名人也许要顾左右而言他了。）

但是本书并不单讲科学。我在书中添加了历史片段、世界纪录、关于发明的趣闻和其他零零星星的逸事，你看了以后不妨跟朋友炫耀一下学识，或许还能赢得酒吧的竞猜游戏呢！想想看饮品为什么要有装饰物，就像鸡尾酒里总要放上一颗樱桃，如果你和我一样不喜欢糖渍樱桃，那就可以换成小伞和烟花棒。

在进入正题之前，我们来快速过一遍饮品背后的常识吧。

饮品是什么，对身体会产生什么影响

饮品可被简单定义成一种通过口腔摄入、用于提神或补充营养的液体。

当你饮用饮品时，入口的液体顺着食道进入胃里，再流入肠道，当中的大部分水分会在肠道内被吸收掉。饮品含有的一些营养物质（比如蛋白质和碳水化合物），要经过分解才能被吸收到小肠的血液中。如果饮用的是含酒精的饮品，那么大部分酒精就会通过胃黏膜进入血液当中（想知道更多关于酒精代谢的知识，请翻阅讲述"酒精类饮品"的章节）。当血液循环到肝脏时，营养物质被进一步处理后储存起来，饮品所含毒素也被分解掉了。饮品中的矿物质和部分营养物质残留在血管里，一边随着血液在体内循环，一边进行代谢并发挥作用。最后，饮品所产生的残余物来到了肾脏，废弃物在这儿被清理出来，转化成尿液排出体外。

我们摄入多少水分比较合适

众所周知，水对生命至关重要，参与绝大多数的人体机能。人体含水量在 60% 左右，也就是说，如果一个人的体重为 70 千克，那么这个人体内的含水量就达到 42 升左右。我们每天都要消耗大量水分，所以需要补充才不至于出现脱水现象。如果我们没有摄入足够的水分，细胞内的液体就会出现失衡，水是维持健康和身体机能的必需品，脱水会导致一系列症状，严重脱水则可能造成生命危险。

摄入的水分太少会导致脱水，但摄入的水分过多又会造成低钠血症（hyponatraemia，"hypo" 指的是低于正常水平，"natr" 是钠的拉丁文 "naturism" 的缩写，"aemia" 指的是血液），俗称水中毒。人体的水分如果超出肾脏可以处理的范围，就会稀释血液中的盐分（即钠元素，符号为 Na），继而出现体液失衡现象。钠元素的主要作用是让细胞内外的液体保持平衡。水分过多的话，进入细胞的液体变多，就会引起细胞膨胀，然后产生并发症，比如脑肿胀。在极少数情况下，摄入的水分过量会导致死亡。不过我们无须太过担心，毕竟低钠血症并不常见。比起普通人，耐力型运动员更容易患上低钠血症，当身体状况处在极端条件下时，就很难保持体液平衡。

那么我们每天摄入多少水分比较合适呢？最准确的答案却是"看情况"，这不是等于没说嘛！让我来解释一下。若是惯于久坐不动的成人，每天要消耗 2 升至 3 升水。人体在分解营养物质时，除了释放能量，还会生成少量的水（每天 250 毫升至 350 毫升），但是剩下的就要靠摄入了。据估计，我们平均每天从食物中摄入的水分占 20% 至 30%，从饮品中摄入的水分占 70% 至 80%。人体消耗水分的活动主要包括排尿（1 升至 2 升）、排便（大约 200 毫升）、呼吸（250 毫升至 350 毫升）和排汗（气候温和的话大约 450 毫升）。我们通过皮肤和肺脏排出水分，具体的排出量取决于气候、空气的温度和湿度。除此之外，其他因素（比如年龄、体重、性别以及活动情况）也会影响人体对水分的需求量，其中疾病也是一个显著的影响因素。

就身体健康的成人来说，感觉口渴是提醒自己喝水的主要途径。所以，对于他们而言，每天饮用多少水取决于口渴的频率。但是这种反馈机制无法套用到小孩和老人身上，他们的身体也许无法及时辨别出口渴的信号，所以需要对他们进行细心照看，让其能摄入足够的水分。那我们用什么来补充体液呢？一定要饮水吗？有些饮品不能补充水分吗？水是上佳选择，虽然不含糖和酒精，但是营养成分并不比其他饮品少。几乎所有的饮品都可以起到补充体液的作用，不过酒精类饮品除外。虽然酒精类饮品也含水分，但是饮用后排尿多，失去的水分反而更多。然而，稀释后的酒精类饮品，比如低浓度啤酒，虽然不是理想的补充体液型饮品，但总体上还是能补充一定的水分。

相关不等于因果

为了让读者快些了解相关知识，我会尽可能多给一些信息（有时也许会过多），但是我不想把细枝末节也涵盖进来，毕竟要讲的内容太多了。在进入正文之前，我想就书中所呈现的大量依据做一个重要说明。

书中涉及不少科学依据，大多数是基于观察得出来的，我们观察的是饮品与健康之间的关系或相关性。这也就是说，研究表明：摄入特定饮品与否和人体健康之间存在联系。比如，张三经常饮用 X 饮品，研究发现他罹患 Y 病的可能性下降了。然而，找到关联并不意味着 X 和 Y 之间有直接的因果机制，可能还有其他的解释。举个例子，你知道太阳眼镜和冰激凌二者的销量存在着关联吗？其中一样的销量上涨，另一样的销量也会增加。你很容易就能明白，购买太阳眼镜这个行为本身并不会促成购买冰激凌的行为，反之亦然。购买太阳眼镜和购买冰激凌之间虽然存在关联，但两者并不是因果关系。在这个例子中，两个因素均可能与天气相关，因此可以解释为天气带来了两种物品销售量的变化。

如果你想具体了解为何相关性不意味着因果关系，我可以给你推荐一个很棒的网站，网站名叫"Spurious Correlations"，现在还出了一本同名书。这个网站负责人叫泰勒·维根（Tyler Vigen），是哈佛大学法学院的学生，也是军事情报分析师，善用轻松生动的方式处理事物。他完美地展示了这样的现象：如果找对了数据，你就会发现事物之间最荒谬的关联，即使这些关联本身意义不大。举例说明一下，缅因州的离婚率和美国人造黄油的人均消费量之间就存在着密切联系，掉进游泳池淹死的人数和尼古拉斯·凯奇（Nicholas Cage）出演的电影数量也存在关联。

总的来说，我们在解读饮品背后的科学时，需持谨慎态度。饮品（或饮品所含的化合物）和健康之间可能存在多种联系，但是这些联系是否真实存在，意义又是什么，则完全是另一码事了。为了证实各类饮品对人体的影响，需要进行严谨的实验（比如独立客观严谨的大型长期实验）来比较各个人群不同的消费模式，以及研究特定的生理变化。我们还需要进行更多研究，找出细节，然后仔细分析特定饮品是否对健康产生了直接影响。

我要解释的也就这么多了，接下来请一起品味世界上最受欢迎的饮品吧！

第 ❶ 章
水

从水开始谈起是最好不过的了，因为水是一切饮品的基础。水是我们饮用到的最为天然的东西，是人类生存不可缺少之物。但是，把水当作饮品看待却是最近才流行起来的概念，这确实出人意料。数年前，美国的单板滑雪滑手奥斯丁·史密斯（Austin Smith）和布莱恩·福克斯（Bryan Fox）成立了一家名为"Drink Water"（饮水）的公司，将水当成饮品来宣传。当时，他们眼巴巴地看着功能饮料公司赞助的滑雪板滑手越来越多，但不认同其营销理念，于是另起炉灶唱起了对台戏。在刚开始的时候，史密斯和福克斯就像草根阶层激进派那样，把"drink water"写在滑雪板上，还制作出同款的贴纸。这起运动发展到最后，"Drink Water"公司诞生了，主要销售标着同款铭文的单板滑雪产品。你可能认为他们会售卖瓶装水，但事实恰恰相反。他们的宣言是："我们承诺永远不卖水。水龙头流出来的就是最好的。"[1] 他们希望大家饮用的是水而不是别的饮料，这样的标语真是再合适不过了。

自人们可以自由选择饮品以来，水从未像现在这样受到大家的喜爱。几十年前，最受欢迎的冷饮可能是汽水，但我们现在越来越喜欢饮水。事实上，人们对水的喜爱之情与日俱增，在2016年，瓶装水的销售量第一次超过碳酸饮料。除瓶装水以外，普普通通的自来水[2] 也日益成为人们喜爱的饮品。随着越来越多人意识到塑料瓶会破坏环境，人们开始纷纷购买可以重复使用的水壶，用来装盛饮用水。现在我们随身携带水壶，常常不忘补充水分，体内可谓水分十足！

显然所有饮品都含水，下文讲述的内容适用于所有饮品（其实我可以将水作为本书主题）。不过我们在本章谈到的基本上都是水（章末的几处例外），含有其他成分的饮品将会在余下章节讨论到。我们不妨来思考一下自己对水的了解有多少。

---

[1] Drink Water, "Drink water is an idea", https://www.wedrinkwater.com/pages/reason.——著者注

[2] 英国等西方国家的自来水可以直接饮用。—— 译者注

水的本质

众所周知，水是无色无味的透明物质，我们需要摄入水分才能存活下来。水是由数以亿计的分子组成的，每个水分子由两个氢原子（符号为"H"）和一个氧原子（符号为"O"）通过强键结合起来。因此，水分子也称为"H_2O"。尽管地表覆盖着约 70% 的水，但并非所有水都能饮用。适合人类饮用的水不会对人体健康造成负面影响。安全可饮用的水称作饮用水，有些水一开始是非饮用水，但经过各种手段处理和过滤后，就变成了饮用水。

自来水是怎么来的

自来水指的是经过管道且从水龙头流出的水。我们在这里谈的仅仅是水龙头提供的可饮用水。

找到合适的水源是自来水的关键，我们饮用的水通常来自湖泊、河流、水库（人工湖）、蓄水层（饱含地下水的岩层），以及井眼（为获得地下水而凿的孔），必须得找可靠的不含有毒化学物质的淡水资源。如果你找到了水源，接下来就要对水进行处理，处理方式取决于水源的类型和质量。

我们大量使用屏障和消毒技术，以确保自来水的安全性。这个过程包括以下步骤：使用各种过滤器去除水中的杂物、沉淀物和微小颗粒；利用臭氧、碳和离子交换来去除微生物、杀虫剂和金属；加入少量氯气消灭残余的细菌和微生物。这样就能确保通过供水系统到达水龙头的自来水是安全可饮用的。也许还要加入磷酸盐，以防旧水管中的铅渗入水中，然后再用紫外线进行额外消毒。

水的 pH[①]也要进行化学处理，才能减少供水系统受到的腐蚀作用，让水质变得更加稳定。软水的酸性通常比硬水高（也就是说 pH 更低），所以可能具有腐蚀性。如果水的 pH 较低，金属（比如铅、铁、铜和锌）便可能从供水系统的管道和装置渗透到水中，水就会具有难喝的金属味或苦味。所以要如何处理 pH？办法有这些：加入氢氧化钠、氢氧化钙或碳酸钠；用碱性装置滤水；以及去掉多余的二氧化碳。（下文还会涉及水的pH，见"碱性水"一节。）

水处理听上去不是什么美好的事情，但水污染的情况更糟糕。水污染对很多国家来说都是一大难题，某些可预防疾病的传播也与此相关，比如霍乱、腹泻、痢疾、伤寒和脊髓灰质炎。据估计，在全球范围内，饮用水的污染每年至少会致使 50 万人死于腹泻，这也就表明了水处理是多么重要。要是你关注自来水的水质，就会发现许多污染物都有可能进入我们的饮用水中，包括以下物质：①物理污染物，比如水体本身携带的沉淀物或

---

① 表示溶液酸碱度的标度；pH 值为 7 时表示中性，7 以下为酸性，7 以上为碱性。——著者注

有机微粒；②化学污染物，比如氮元素、漂白剂、盐类、杀虫剂和金属；③生物污染物，比如细菌、病毒和寄生虫；④放射性污染物，比如铯、钚和铀。人们最担心的是，污水或动物粪便会污染饮用水，带来大肠杆菌等致病微生物。在大家心中的警铃拉响之前，我想强调一下，只有极少数污染物可能会出现在我们的饮用水之中。污染物再少，自来水厂也能够有效地处理掉，然后将自来水输送到公共供水系统。这些就是水处理的关键内容。

为什么不同地方的自来水水质不同

无论哪一天，我的头发都是乱蓬蓬的，皮肤粗糙如砂纸，得抹上一层厚厚的面霜才不会彻底皲裂。不过要是把我带到世界的另一个地方，住上一周，说不定我的身上会发生奇迹般的变化，也许我的头发变得柔顺无比，皮肤变得白里透红。当我们身在旅途时，常常会有这样的时刻，饮一口水，便暗叹：唉，还是爱喝我们那地方的水！或者发觉自己的头发和皮肤的状态更胜从前。这些通常都是因为，在旅途中接触到的水与我们在居住地用惯的水有所不同。

▷ 水质的软硬之分

雨水是天然的软水。雨水落下之后，就渗入地下，经过岩石（尤其是白垩岩和石灰岩）、沙和土壤时，矿物质就会溶入其中。硬水和软水的区别就在于矿物质含量。硬水含有大量可溶性矿物质，比如钙镁化合物。可溶性矿物质的含量越高，水质就越硬。这就是说，水的软硬程度取决于不同地区的地质。虽然水的软硬分不同程度，但是没有统一的分类标准，每个国家的都不一样。比如，在英国，南部和东部供应的水质地最硬，越往北往西，水质就越软。你可能已经想到，地表水（比如河水和湖水）的水质通常比较软，矿物质的含量较低。你饮用的水如果来自水库，就很可能是软水；要是取自地下，就是硬水了。

▷ 水质可以改变吗

我所生活的地区供应的是硬水，所以我的头发和皮肤状态才这么糟糕，但问题不仅限于这些。要是你们日常使用的是硬水，就能明白我的无尽烦恼——烧水的水壶内总有水垢，镀铬水龙头上锈迹斑斑，窗户总也擦不干净，还要花不少钱买洗涤剂。你当然可以使用软水器，毕竟很多人都在用。软水器的作用不是提升饮用水的品质，而是防止硬水积垢，让洗涤剂更有效地去除污垢和油脂（用软水时，只要少许肥皂就能产生泡沫）。水中的钙镁矿物易结成水垢，软水器利用离子交换作用把当中的钙镁离子置换成钠离子，这样的话钙镁矿物就被清除了。钙镁离子会影响肥皂和洗涤剂的功效，钠离子却不会。你洗手时，也会觉得软水的手感更好。

离子交换是怎么发生的呢？软水器中含有大孔树脂，可以吸附水中的阳离子。树脂的表面覆有一层钠离子，硬水流过软水器时，钙镁离子就会被吸附过来，与钠离子进行置换，钠离子则进入水中。换句话说，树脂上的钠离子被置换了，钙镁矿物离开水体，留在了树脂里。

除了对头发和皮肤的作用，水质对我们的健康有影响吗？很多研究都做了这方面的调查。硬水能给我们的健康带来某些好处。水并不是我们摄入钙镁元素的主要来源，但有些人很难从其他地方得到足够的补充，而饮用硬水可以有效地补充这两种元素。另外，有迹象表明，硬水也许能降低人们罹患心血管疾病的风险，尽管不是所有证据都能得出这一结果。虽然有人指出硬水对健康有其他好处，但是这方面的数据却不能让人信服。最常见的误解就是，硬水的矿物质含量高，可能会导致肾结石。不过现在还没有充分的数据能够证明硬水和肾结石之间有明确的联系。

那么软水呢？人们做了大量研究，调查饮用软水对健康的影响，这是因为软水缺乏对健康十分重要的矿物质。这些研究发现，饮用软水会增加人们罹患心脏病的风险，但是这方面的研究不是特别充分，另一些研究则展现出与之相反的结果。简而言之，饮用软水对心脏的影响尚未明确。人工软化的水是安全可饮用的，但是味道受到影响，口感不如硬水。话说到这儿，我也不妨给出建议，即便安装了软水器，也要留一处来源不做软化处理，以作饮用和烹饪之用。这样做是为了避免膳食中出现太多钠元素，因为钠的摄入量太高会影响脆弱人群（比如婴幼儿和需要遵循低钠饮食的人）的健康。

▷ 家用滤水壶怎么样，好用吗

你或许不太满意水龙头里直接流出来的水，不过不要紧，现在很多人都会在家里备一个滤水壶，用来净化自来水。这当然比购买瓶装水要便宜许多，也能避免使用一次性塑料瓶，对环保尽一份力。不过家用滤水壶究竟能做什么？真的能改善水质吗？

家用滤水壶的目的是清除水中的杂质，改善其口感，同时保留有益矿物质和微量元素。比如，很多品牌声称自家的滤水壶既能去除氯气、微量金属、细菌和杀虫剂，又可以减少水垢。为了做到这些，大多数家用滤水壶都装有筛状过滤器以及活性炭。活性炭是一种经过氧化处理的炭，里面有无数细小孔隙，工作原理与海绵有点相似。这些孔隙很微小，但表面积却非常大，活性炭因而具有很强的吸附能力，可以吸附微粒污染物。活性炭的表面积十分惊人，1克活性炭的表面积就有3000平方米左右，换言之，1茶匙活性炭的表面积比1个足球场还大。如果经常使用滤水壶，过滤器就会被杂质堵塞，需要进行更换。有些过滤器还含有银离子，可以杀死细菌以及分解杀虫剂。

那么，过滤器去除掉的是什么呢？滤水壶的过滤器在清除氯气及其副产品方面做得最好，比如说可以去除三卤甲烷，有些人就担心这种物质会对健康造成不利影响。但是，过滤器不太能去除其他污染物，比如说重金属、氟化物或细菌。有些品牌声称能够过滤掉杀虫剂等其他潜在污染物。但其实自来水公司早在进行水处理时，就把这些污染物清除掉了（它们必须严格遵守相关规定）。水龙头流出的自来水本来就没有这类污染物，自然用不着滤水壶来进行清除了。

你也许觉得滤水壶听起来不错，想赶紧去买一个。其实不妨先把这个想法放一放。英国环境、食品和农村事务部（UK's Department for Environment, Food and Rural Affairs，缩写为 DEFRA）对滤水壶进行的一项评估表明，在某些情况下，滤水壶可能会让水质恶化。ANSES（法国国家食品、环境及劳动卫生署）也认同这一说法。虽然没有充分的数据可以证明滤水壶会给消费者的健康带来风险，但是用滤水壶来滤水，可能会降低水的 pH，使污染物混进，以及让水中的微生物含量超标（滤水壶中积聚了大量微生物）。为了避免这些问题，DEFRA、ANSES 和其他机构给出几点建议：消费者应该定期清洁滤水壶以及更换过滤器，把滤水壶和过滤好的水放进冰箱保存，过滤好的水应该在 24 小时内使用完毕。

实际上，人们购买滤水壶大多是为了去除水的异味。然而，你要是把自来水装进普通水壶里密封好，放到冰箱里冷藏一小会儿，也能达到同样的效果。水中的氯气很快就会散去，较低的水温让我们不容易感觉到水里有异味。事实上，研究发现，多数人无法区分出冷藏过的自来水和瓶装矿泉水。如果采取冷藏的方法，要记得处理掉放置超过 24 小时的水，以及定期清洗水壶。

在进入下一个话题之前，我有必要提醒大家，有部分滤水壶不含活性炭，而是采用其他过滤方法——厂家声称此举可以清除更多污染物。然而，仅凭一种水处理方式或技术，是没有办法去除所有污染物的。主要问题就在于：你那儿的自来水水质如何？真的需要滤水器吗？这在很大程度上取决于你居住在哪里，以及你对水质的期望是什么。

▷ 为什么在水中加入氟化物

水中还含有一样让不少人担心的物质，那就是氟化物。其实大多数人对此并不在意，但有些人（主要是牙医、沉迷健康的人以及阴谋论者）还是介意，还为此展开激烈讨论。在网络上搜索"氟化处理"，你就会明白我在说什么了。

氟化物是一种矿物质，一般存在于饮用水当中，不过含量很低。至于具体的含量是多少，就取决于当地的岩层了。如果自来水原本的含氟量较低，人们就会往里面加入氟化物。为什么要这样做呢？研究发现，氟化物在预防蛀牙方面起着关键性的作用。世界上有许多地区都在自来水中加入氟化物，包括英国、美国、澳大利亚、加拿大、南非和新加坡的部分地区。这样可以让自来水的含氟量保持在一定水平，从而改善人们的牙齿健康状况。从 20 世纪 40 年代起，往自来水中添加氟化物的方案就开始实施了，而美国在此前已经研究了氟化物对牙齿的影响。

1945 年，密歇根州的大急流城（Grand Rapids）成为世界上第一个给自来水添加氟化物的城市。这是人们做的一项研究，测试氟化物是否有助于防止蛀牙。长达数十年的观察性研究表明，自来水的含氟量对儿童的牙齿有影响。有些地区的水含氟量较高，儿童的牙齿容易出现褐色斑块（称为氟牙症）。但令人惊讶的是，他们很少有蛀牙。美国国立卫生研究院（National Institute of Health）的 H. 特伦德利·迪恩博士（Dr H. Trendley Dean）做了一项研究，研究目的是测定饮用水的含氟量达到什么程度才会引发氟牙症。他发现，饮用水的含氟量达到百万分之一左右时，大多数人并不会患上氟牙症，只有一小部分人会出现轻度症状。迪恩博士把这些信息与氟斑牙可预防蛀牙的事实结合起来考虑。他想知道，是否可以考虑在饮用水含氟量较低的地方，往水中加入氟化物，来改善当地居民的牙齿健康状态。这个想法需要加以验证，大急流城的居民同意在自来水当中加入氟化物，希望可以帮助迪恩博士找到答案。在 11 年里，他们监测了大约 3 万名小学生的蛀牙情况，发现了这样的事实：就那些在饮用水添加氟化物之后出生的孩子而言，患蛀牙的人数减少了 60% 以上。这一重大结果推动了全世界的牙齿保健革命。

自人们往饮用水里添加氟化物以来，就有大量的研究监测这一举措带来的影响。多项研究均显示，如果往饮用水中添加氟化物，当地居民的蛀牙状况要轻很多。在世界各地，往自来水中加氟都被认为是一种安全有效的公共卫生措施。然而，这一措施并不是全无批评声音的，有些人对此事的反应十分激烈。自来水加氟的措施从刚开始推行就存在争议。批评者提出种种担忧，包括氟化物影响健康，价格昂贵，以及因加氟剥夺了消费者的选择权而侵犯了其个人权利。如果自来水添加了氟化物，人们就没有了选择的余地，只能使用加氟水。而支持者认为，人人均可饮用加氟水来预防蛀牙才是最重要的，这对贫困人口来说意义最为重大。

在加氟水的副作用中，氟牙症是人们最常提起的。在供应加氟水的地区，氟牙症患者确实会多一些，但是这种影响通常不大。而其他人担心的则是加氟对人体健康的影响，比如增加患癌、髋部骨折和肾结石的风险，造成大脑发育、心脏或代谢方面的问题，但是目前尚未找到支持这些想法的确凿证据。正如一篇评论所指出的那样："虽然人们提出了（加氟的）种种危害，但从生物学上看，大多数都是毫无依据的，或者没有足够的证据可以得出这样的结论。"[1]

---

① Community Preventive Services Task Force, 'Oral health: Preventing dental caries, community water fluoridation.' https://www.thecommunityguide.org/sites/default/files/assets/Oral-Health-Caries-Community-Water-Fluoridation_3.pdf. ——著者注

不过还是要指出，就加氟水的效用来说，我们目前所得到的证据并不是那么有力，关于氟化处理方案的研究也大多是在20世纪80年代之前进行的。也许是因为我们的生活方式发生了变化，人们比较容易从其他来源（比如牙膏，有些国家还有加氟的牛奶和盐）补充氟化物，从而不那么需要在自来水中加氟。多数研究结果一致表明，自来水加氟对儿童（特别是贫困地区的儿童）的好处最大，有助于他们的牙齿生长。

你也许开始担心自己的饮用水里是否添加了氟化物，以及自来水公司有没有侵犯了你选择的权利，但实际上你的水中很可能什么也没加。举个例子，英国仅为10%左右的居民提供加氟自来水。只有美国、奥地利、新加坡、爱尔兰、澳大利亚、新西兰和智利等少数国家为半数以上居民提供加氟自来水。世界上很多地区并不提供加氟自来水（比如仅2%的欧洲人可以获得），有些地区原先给自来水加氟，但是后来因为种种原因就放弃了。

各类瓶装水之间有什么区别

有些人常常在自己没有带水的时候感到口渴，你会这样吗？我碰巧也会。这些人时时刻刻想着补充水分，是推销员梦寐以求的消费者。不过也许正是因这种需求的推动，我们现在才能走到哪儿都能买到瓶装水吧。世界各地的瓶装水消费量很大，并且一直都在上升。据估计，我们在 2017 年消费的瓶装水超出了 3700 亿升。

哪国人消费的瓶装水最多呢

墨西哥是瓶装水人均消费量最高的国家，2016 年的人均消费量为 67.2 加仑（约 254.4 升）。同年，美国的瓶装水人均消费量为 39.3 加仑（约 148.8 升）。

瓶装水的种类有很多。虽然都是饮用水，但标签却不一样。你也许不怎么留意这些，但五花八门的标签很容易让人搞不清楚。那么这些瓶装水之间有什么区别吗？有实质性差别吗？这个很重要吗？让我们把话说清楚。[①]

▷ 矿泉水与山泉水

矿泉水与山泉水都是天然水。所谓天然水，就是来源天然、纯净以及没有任何污染物的地下水源。这两种水必须在水源地装瓶，水质不能受到污染（包括不能混入有害微生物），无须经过处理就可以安全饮用。以上说的是两者的相同之处。不过，矿泉水和山泉水的主要区别就在于，矿泉水必须拥有恒定而独特的矿物成分，取自官方认可的山泉。山泉水的规定就没有这么严格。

[①] 不同国家对各种水的分类和定义不同，我在这里提到的是英国和欧盟对水的定义。——著者注

人们获许对矿泉水和山泉水进行一定程度的处理，只要不影响水的理化特性、安全程度和微生物纯度就行。允许进行的处理包括：对水进行过滤或滗析，清除不稳定的成分（比如铁、锰、硫这些容易在储存过程中产生沉淀物的物质）；臭氧处理也有助于除去水中不稳定的成分；有时候可以除去氟化物；加入或除去二氧化碳，使水产生气泡或者沉静下来。在英国，对山泉水的另一些处理也得到了允许。有时允许进行消毒处理，比如进行紫外线处理，灭活水中的细菌，但是不能让水质变得不适宜人类饮用，比如不能留下有害残余物。

在欧洲，出售的绝大多数瓶装水都是矿泉水或山泉水。每一种都具有独特的味道和矿物成分，这是由水源地的地质条件决定的。这些天然水所含的矿物质主要包括钙、镁、钾、氯、钠和硫酸盐。

瓶装水不是什么新鲜事物

你也许觉得，对瓶装水的热衷是最近才有的趋势，然而生产矿泉水和山泉水的商家从 20 世纪 50 年代起就在全世界推广饮用天然水了。

▷ **纯净水与蒸馏水**

纯净水有时也称为餐用水或瓶装饮用水，就仅仅是用瓶装的饮用水而已。进行净化（比如过滤或蒸馏）是为了确保水是安全可饮用的，这也就是说，水中的杂质被清除了或被降到了极低水平。纯净水有各种各样的来源，包括来自供水系统的自来水。据估计，美国25%的瓶装水都单纯是经过处理的自来水。

蒸馏水是蒸馏产生的水。在这个过程中，水被加热至沸腾，水分子通过蒸发的方式与污染物（比如多余的矿物质和金属）分离。这个方法之所以可行，是因为很多污染物的沸点比水高出很多。水沸腾之后，就产生了可供收集的纯净的水蒸气。水蒸气冷却之后就变成蒸馏水，那些没有蒸馏出来的物质就被分离出来了，比如大多数污染物。蒸馏水中仍存在少量污染物，比如挥发性有机物，它们的沸点比水还低，因此可以与水一同被蒸馏出来。蒸馏是净化水的一种方式，蒸馏水实际上也是纯净水。

▷ 自流水

自流水乍一听颇具别样情调，事实上，一些瓶装水生产商正是利用这一点来吸引消费者。然而，自流水的含义比你想象的平凡多了。自流水也称自流井水，不过是从承压含水层喷出来的井水。含水层中的水必须受到足够的压力，才能通过井口被喷出含水层。所以，自流水和其他地下水没有什么差别，只是流出地表的方式不一样罢了。它也没有别的特征，对健康也没有特别的帮助。

▷ 原水

想象一下这幅场景：一位时髦人士端坐在一块岩石上练习瑜伽，那一刻岁月静好，周围是清澈见底的天然泉水，在阳光下波光粼粼。他向你推荐这款山泉水，你不由得起了这样的念头——"这么清爽宜人的水一定有益健康"。这款水用了"天然臻善"[①] 当标语，更是触动你的禅思，让你想要回归本真。是的，你猜对了，这就是最近火起来的原水，生产商一门心思将这种水推销给追求长命百岁的人。

美国加利福尼亚州硅谷以及其他地区的人希望饮用未经处理和过滤的瓶装水，这种水也称为原水或活性水。这是因为他们担心自来水中含有人工化学物质。有家销售瓶装原水的公司煽风点火说自来水中含有很多处方药物、氯胺和氟化物（该公司的创始人认为氟化物是一种"精神控制类药物"，对牙齿无益），这些都是对健康有害的物质，借此引起关注。支持者认为，原水没有经过处理和过滤，保留了天然的益生菌和必要的矿物质（标准的水处理过程使这些物质流失），所以更有益于健康。另一些人则不太相信原水的好处，他们指明原水的潜在危害，指责生产商制造恐慌。这些观点可有依据？

第一，生产商声称，原水所含的益生菌对人体健康十分重

---

① 水的名字为 Live Spring Water，网站为：https://livespringwater.com。——著者注

要。一种细菌是不是活性益生菌，需要依据具体的标准来判断，要想达标，水中所含的菌株数量还不能太多。如果不知道原水所含的细菌种类，任何关于益生菌含量的说法就都是没有根据的。虽然人们在部分水源地发现了所谓的益生菌菌株，但还是没有确凿的证据表明这些菌株对健康有实质益处。

第二，原水所含的矿物成分较高也被视为一个卖点。生产商想让消费者认为，自家出售的水免去过滤过程，含有天然的矿物质，能帮助维持人体平衡。然而，不是所有矿物质都对健康有益。当然啦，水中含有钙、镁和钾等物质固然很好，但是也可能出现铅、砷、铝等矿物质。再者，我们所需的矿物质一般都从膳食中摄取，而不是从饮水中获得，因为饮用水中的矿物质含量极低。所以，这不能成为一大卖点。

第三，我们已经谈了原水是否有益健康，现在来说说饮用原水可能出现的问题。这一点才是最重要的。饮用原水是安全的吗？原水没有经过常规的安全处理，可能含有害细菌（比如大肠杆菌或沙门氏菌）、病毒和寄生虫（比如贾第虫）以及其他污染物（比如砷、氡或杀虫剂），这些都是致病物质。自来水厂存在的目的就是不让这些东西进入供水系统。毕竟我们都知道，过去人人饮用原水，但很多人都因为水中的污染物而生病或死亡。直到维多利亚时代，人们才对民众的饮用水进行了卫生处理。目前还没出台关于原水的管理办法，所以你也不能确定生产商所提供的原水水质究竟如何。

　　说句良心话，并非所有原水供应商都会做虚假宣传。有些供应商宣传的是原水的纯净无污染，他们获得了美国食品药品监督管理局（FDA）的许可，可以免去水处理过程，因为他们的水符合严格的安全标准。当然，还是存在一些非常纯净的水源的，水质安全，可以代替处理过的水。如果水源得到认证和良好的保护，水质稳定且有长期的安全记录可追溯，还经常彻底排查有害污染物，能在水源地按照卫生的方法来装瓶，那么原水的水质也许可与其他矿泉水相媲美。符合这些条件的纯净水可否带来长期健康效益我们还不得而知，但至少能让厌恶水处理的消费者安心。我们的底线是，不能因为山泉水看似清澈，就取来饮用，因为虽然这些水看上去清新爽口，但我们不知道当中是否潜藏着有害物质（谁知道那个练瑜伽的人有没有下去游泳？）。

▷ 碱性水

　　你也许听说过碱性水（有时也称碱性离子水）。有人说这种水对人体健康有利。通常来说，你可以直接买到瓶装碱性水，也可以购买设备，有些设备声称能够通过电离作用把普通水变成碱性水。最近，我在长途飞行时经过新加坡机场，目光就停留在可用于电离净水的种种小玩意儿上。飞机上的杂志里面有可供订购的电离净水产品，机场上可以直接买到五花八门的净水器。一方面，我很喜欢小玩意儿；另一方面，每当在飞行时感到无聊了，我总是很容易被新鲜事物吸引。我想知道：这是什么神奇的东西。它真的有用吗？去谷歌查一下好了。

正如你想到的那样，碱性水的 pH 高于普通的饮用水。有些人认为，碱性水能够与血液里面的酸进行中和作用，这样就可以预防癌症和心脏病等疾病，也有利于我们的骨骼健康。支持者还称，碱性水具有抗衰老的特性，可以有效地为人体补充水分，对免疫系统有益，甚至有助于减肥。这些听起来简直不可思议！（出于好奇，我测试了家里自来水的 pH 值，激动地发现 pH 处于 8 至 8.5，绝对是碱性水。这么多年来我一直饮用这种水，那岂不是可以无病无痛、长命百岁？）然而，这种说法有真凭实据吗？总的来说是没有的。一篇发表于 2016 年的综述对许多研究做了全面的回顾，得出的结论是，"碱性水有利于健康"这个说法是没有证据支持的，坦白来说就是没有依据。

实际上，除非患有特定疾病，比如肾病或肺病，否则人的身体能够自行维持 pH 的平衡。我们饮食的东西直接进入胃里，然后接触酸性极高的胃液，胃液可以分解食物并杀死细菌。在这种情况下，食物里任何碱性的东西都会消失，碱性水纵有种种益处，都不太可能实现。你必须饮用大量碱性水，才有可能中和全部胃酸。人体内最常见的酸其实是二氧化碳（CO_2）。体内的二氧化碳过多时，人体就只能排出一部分，才好维持 pH 的平衡。当血液流过肺部时，多余的二氧化碳就来到了肺部，再被排出去。必要时，我们的肾也会帮助调节 pH 的平衡。

那些让人兴奋的小玩意儿也没什么值得说的了。试着读读关于电离作用的过程，你就会发现全是费解的胡话，像科幻小说而非科学事实。很多措辞都并非基于科学，而是为营销而捏造的，目的是忽悠消费者购买产品。这招使得不错，但我还是决定不予购买。

气泡水是什么呢

从表面看，平均每个英国人一年要饮用5.9升气泡水（我觉得实际上更可能是，少部分人饮用了大量气泡水，但大部分人压根儿不感兴趣）。气泡水也称碳酸水，是含有二氧化碳的水。气泡水要么是天然就含碳酸（其碳酸含量取决于自然存在的二氧化碳含量的多少），要么是往普通水中溶入二氧化碳气体形成的。

二氧化碳的存在意味着气泡水的pH较低，因而比普通水的酸性稍微强一些。基于这一点，有人担心饮用大量气泡水会损坏牙釉质。不过，没有可靠的证据能够证明这一点，只有少数研究表明气泡水对牙齿没有影响。即便气泡水的pH较低，具有一定的腐蚀性，那也要长期大量饮用才有可能造成牙齿损坏等问题。

人们担心气泡水会导致其他健康问题，比如骨骼的钙流失，或气泡造成胃部不适，但这些疑虑都遭到了科学证据的否定。其他气泡水饮品被认为影响骨骼健康，但是碳酸水却没有这个问题。问题似乎出在其他成分上，与碳酸水的成分无关［想知道更多内容，请翻阅第4章"冷饮（不含酒精）"］。说到胃部问题，一些研究发现，比起普通水，气泡水对胃部的好处更多。这些研究的目标人群是胃病患者（比如有消化不良或便秘等症状者），气泡水比普通水更有助于缓解他们的症状。事实上，不少人都发现气泡水可以缓解肠胃不适。

一些人表示，饮用气泡水之后会有饱腹或者腹胀的感觉，这一点是有依据的，但能否成为减肥的便利方法就另当别论了。很多人认为，气泡水产生的饱腹感有助于我们减少饮食，但证据却恰恰相反。碳酸水实际上有助于增进食欲。一些研究发现，饮用碳酸水可以增加胃饥饿素的分泌，让人胃口大开，进而摄入更多热量。不过，让人食欲大增的主要是含糖碳酸饮料，气泡水增进食欲的效果十分有限。碳酸水为何能够增进食欲？这一点仍待调查，但是目前的说法包括：①碳酸水中的二氧化碳使胃的顶部释放胃饥饿素，让人感到饥饿；②二氧化碳气体让胃部膨胀伸展，刺激细胞释放胃饥饿素。

目前尚不存在充分的数据，可以证实气泡水对健康的消极作用。整体上说，饮用气泡水和普通水一样，都有利健康。如果你还是不太相信，那就适度饮用气泡水，饮用时可使用吸管，这样可以尽量避免气泡水和牙齿接触。

强化水是什么呢

人类对待水就像对待轮子一样，一直不断进行改造。我们事事都要操心，在很多人眼中，加点什么总能让一样产品变得更好。因此，人们为了对水进行强化（其成果称为强化水），可谓将科学概念利用到极致。

▷ 富氧水

尽管可能冒犯到一些人，但我不得不说，富氧水（或含氧水）也许是强化水中最荒谬的概念了。正像你所想的那样，富氧水就是溶入了更多氧气的水。你也许要问：加氧有什么用吗？富氧水供应商称，加氧的好处多多，可以提高饮用者的运动能力，延缓衰老过程，以及增加能量。他们的理论是这样的：额外的氧气进入人体系统后，能帮助心脏和肌肉运作，从而大大改善健康情况，包括帮助人体排毒。富氧水最初的目标人群是追求竞争优势的运动员。这种理论源自人们观察到的现象，在剧烈运动的过程中，吸入富含氧的空气可以在一定程度上提高运动成绩。后来，其目标人群扩大到那些渴望用产品改善健康的人。然而，吸入和饮用之间存在着巨大的生理差异。我们的肺部能够有效处理氧气，但是肠道却办不到。没有确凿的证据可以表明，我们能够从饮用水中摄入氧气（除非你长了鳃）。所以，不管加氧的好处是不是真的，如果氧气无法进入血液，那么有再多好处也无处发挥。

一天的工作结束后，你要是觉得自己需要多一点氧气，就做几个深呼吸吧。你做一个深呼吸带来的氧气吸入量，要比饮用一瓶富氧水所摄入的多很多。

▷ **添加电解质**

你可能注意到了，一些瓶装水自称添加了电解质。电解质是什么呢？我们真的需要吗？

电解质指的是盐类和矿物质，比如钠、钾和氯化物，可以在体内传导电脉冲。这些物质对生理功能的控制十分重要，为了自身的正常运作，人体需要维持电解质的平衡。重度脱水和特定疾病会导致电解质严重失衡。有些情况在影响体内电解质平衡方面比较典型，比如剧烈运动过程中排汗过多流失电解质，或体液快速流失时（长时间反复呕吐或腹泻）排出大量电解质。如果生病了，你可以从药店那儿购买一些口服液，服用后就会好起来。要是没病呢？矿泉水中添加的电解质对你有用吗？

添加电解质的产品往往是水，先通过蒸馏去除矿物质，然后再特地添加进去。你可能会好奇：为何要如此反复？这背后的理念就是，水经蒸馏变得更"干净"之后，再往里加"适量的电解质"。[①]你也许觉得这样做应该对健康有好处，但是就连最出名的品牌（酷乐仕的"Smartwater"）都不敢这样宣传，而是称水中的电解质单纯是为了提升口感。实际上，你要是留心，就能发现强化水中的矿物质（也就是电解质）含量低于大多数

---

① http://www.coca-cola.co.uk/drinks/glaceau-smartwater/glaceau-smartwater.——著者注

矿泉水，甚至要低于普通的自来水。

我们一般都能从膳食中获取所需的电解质，大多数人无须关心补充电解质的问题。没有确凿的证据可以表明，饮用强化水来补充电解质有利身体健康。除非你生病了或刚刚做完剧烈运动，但在这种情况下，饮用天然就含矿物质的自来水不也可以充分补水吗？

出汗排盐

运动员在极端条件下（比如在天气炎热或身处海拔较高的地区时）做剧烈运动，每小时能排出 3 升汗水。由于汗水含钠，职业运动员的钠流失问题就变得十分严重。举个例子，每排出 5 升汗水，运动员就会流失 10 克左右（相当于 2.5 茶匙）钠盐。

▷ **"维他命水"**①

我们可能不需要额外的电解质，但如今我们的生活如此忙碌，往膳食里添加一些维生素总可以吧？如果是这样，我们饮几口维他命水来补充一下不是更好？

维他命水指的是含有水、维生素、糖分（或甜味剂）、色素和调味剂的混合物。维他命水听起来像有益健康的灵丹妙药，但实际上存在着不少问题。首先，众所周知，很多人不需要补

---

① 维他命是维生素的别名，相关市售饮品以"维他命水"命名的居多，所以书中采取了"维他命水"的说法。——编者注

充维生素，因为只要饮食均衡就可以获得所需的维生素和矿物质，要是摄入的维生素过量，就可能给健康带来损害。某些维生素过多，比如维生素 A 和 E 过多，可能会在一定程度上增加罹患癌症和心脏病的风险，维生素 B_6 太多的话会导致神经损伤。其次，即便真的需要补充维生素，摄入的量也不能光靠想当然。脂溶性维生素（维生素 A、E、D 和 K）只有溶解在膳食的脂肪中才比较容易被吸收，所以要在用餐时摄入。维他命水主要补充的是 B 族维生素和维生素 C。这类水溶性维生素在水中停留一段时间就会降解，光和热都会加速其降解的过程。所以这就得关注维他命水的生产日期和保存条件，谁知道你饮用时里面还剩下多少维生素。最有可能发生的情况是，大多数维生素没能留在体内，只是变成了昂贵的排泄物。最后，加入水中的可不止维生素。即便你吸收了水中所含的那一点点维生素，你也摄入了大量糖分（或甜味剂）。最出名的维他命水每瓶大约含有32 克（相当于 8 茶匙）糖分。现在有明确的证据可以表明含糖饮品会对健康造成危害，这一点我之后会再讨论［见第 4 章"冷饮（不含酒精）"］。

可口可乐旗下的维他命水所做的一些宣传遭到了人们的强烈反对，为此该公司不断接到投诉和诉讼。2009 年，这款产品的很多广告被英国广告标准局（UK's Advertising Standard Authority）禁播，人们认为这些广告夸大了该产品的功效。2016 年，可口可乐在美国了结的一起诉讼，也是关于维他命水的误导性健康宣传的。

你现在应该知道，往水中添加维生素通常是在浪费金钱，维他命水的其他成分甚至可能损害健康。

▷ 迷迭香水

我们对迷迭香非常熟悉，这是一种产自地中海的芳香草本植物，能给食物增添风味，不过它的作用并不限于此。为了达到健康效果，在物品里加入迷迭香的做法变得越来越流行，比如添加到护肤霜、茶或牙膏里。人们也在水中加入迷迭香。很多生产商把迷迭香添加到饮品之中，不过专职生产迷迭香水的只有一家公司。迷迭香水的成分是山泉水和4%的迷迭香提取物〔含有迷迭香酸、桉油精（又称1，8-桉油醇），以及氨基葡萄糖〕。这些稍后我会做更多介绍。

迷迭香具有药用价值，其应用史长达数千年，关于这种植物在健康方面的作用还流传着大量说法。迷迭香水的生产商是从意大利靠海的一个叫阿西亚罗利的村子受到启发的（我看过该公司与此相关的宣传视频，你可以选择不看）。据观察，当地人十有八九能活过一百岁，他们的身体也非常健康。这些人的生活方式也没有什么让人称道的地方，所以观察者苦苦思索，想找出当地人既健康又长寿的原因。你可能已经猜到事情的走向了，科学家来到这个村庄，发现那里的人们摄入了大量迷迭香。

有证据表明，迷迭香能够增强记忆力，提高认知能力以及延缓年龄增长引起的难以避免的认知能力衰退。据发现，迷迭香还有抗炎和抗氧化的特性，可以用于减缓癌细胞的扩散，有助于治疗糖尿病，以及促进眼部健康。作为政府管理机构，德国 E 委员会（German Commission E）批准人们使用迷迭香来治疗消化不良（内用）、风湿病和循环系统疾病（外用）。此外，按照欧盟的条例，食品公司可以宣传迷迭香的抗氧化效果，只是要先提供相关证据进行审查。这些听起来都很不错，那迷迭香水究竟怎么样呢？有项 2018 年发表的小型研究评估了迷迭香水的作用，实验对象是 8 位成人，他们被随机分配了迷迭香水或普通水，并喝掉了。等实验对象完成一系列电脑任务之后，人们发现饮用迷迭香水的人在认知测试中表现得较好一些。这个新奇的发现可能会引发一些有趣的事情，不过该研究受到了不少限制，想要我付款购买一瓶迷迭香水，需要给我提供更多相关证据才行。不过，在撰写本书之时，上述研究应该是唯一可以证明迷迭香水有益的证据了，但是它的长期效果尚不可知。

虽然偶尔饮用迷迭香水没有什么问题，但是摄入的剂量过大就会产生严重的副作用，比如呕吐、癫痫或昏迷，还有可能导致孕妇流产。在尚未了解清楚迷迭香对孕妇的作用的情况下，我只能建议孕期不要大量摄入迷迭香。

我们还未对迷迭香水进行严谨独立的大规模实验，所以没能调查清楚其短期和长期功效，现在很多相关问题仍然无解。迷迭香水中有足够的活性成分可以促进健康吗？还是说需要每天饮上一大桶，然后长久保持这种习惯才对健康有益？制成水之后，迷迭香的活性成分能否被有效吸收，然后为身体所用呢？如果可以，这一切的来龙去脉是怎样的？迷迭香水中的活性成分稳定吗？还是说在饮用之前就已经被降解了？长期饮用会不会有副作用？迷迭香水是人人期待的抗衰老妙方吗？或者只是一种让消费者掏钱的营销策略呢？时间最终会证明一切。

加冰块

美国人爱往饮品中加冰块。如果你在美国待过，或者居住在美国，那么你对加满冰块的冷饮肯定不陌生。但是在其他国家，人们对加冰块的兴致不大。19 世纪，北美的天然冰储量非常丰富，人们将其开采及出售，然后用于工业中。采冰业的一位先驱为了拓宽市场苦苦想出了一个主意，那便是让人们往饮品中加冰块。没过多久，大家纷纷喜欢上冰镇饮品，在闷热难耐的夏天，饮上一杯就能凉透心扉。开采下来的冰块还被运到大西洋彼岸，变成维多利亚时代的一种时髦的必备物品，但是这股潮流没有持续多久，因为冰块在当时属于大多数人都负担不起的奢侈品。即便后来人工制冷技术出现，英国人也没有爱上冰冻饮品，之后的情况也没发生多大变化。造成这一点的原因很多，尤其是英国不像美国那样拥有漫长、炎热的夏天，所以觉得冰镇饮品有点太凉了。即便如此，来自大多数国家的人都有饮用加冰冷饮的体验，本书既然谈论饮品，当然要对加冰块展开讨论。

不用我说（为了信息的完整还是要说的）你也知道，冰块就是被冻结的水。我们消费的冰块大多数都是家庭自制的，酒吧、餐馆、酒店则是用制冰机制作，又或者用工厂生产的。就性质而言，冰块看上去清澈洁净、凉爽宜人，但实际上它并不总是那么纯粹。很多人都知道，如果你身处某些发展中国家，不要往自己的饮品中加冰块，因为制作冰块的水可能被污染过。不过，对于自己家里制作出来的冰块，就无须考虑这么多。

通过对各种来源的冰块进行研究，人们发现无论是来自家庭、酒吧还是工厂的冰块都含有微生物。冰块中存在的一些细菌、病毒、酵母菌和霉菌，都可能会造成健康危害。问题就在于，冷冻并不能将菌类消灭或使其失去活性。举个例子，一项针对拉斯维加斯食品企业的研究发现，实验收集的冰块样本中有1/3超出了美国国家环境保护局（Environment Protection Agency）对细菌浓度的规定，超过2/3的样本含有大肠菌群，这就意味着冰块中可能存在有害细菌。有趣的是，一项针对冰块中细菌的研究发现，如果把冰块放到酒精饮品或碳酸饮品中，其微生物风险就降低了，而另一项针对霉菌和酵母菌的研究则发现，把冰块放入酒精饮品或软饮后，这些菌类的活性没有受到影响。你仔细想想就会明白，污染是很容易发生的。想象一下，有位工作人员在酒吧的吧台后忙活，他没戴手套，把杯子放进冰桶里装满冰块，然后拖出来。还有那个用勺子舀冰块的人，他也没戴手套，舀完之后又把勺子扔回那堆冰块上。就那么一会儿工夫，那个人手上的细菌就转移到冰块上去了。现如今，人们在料理食物时往往非常注意卫生，但在处理冰块或饮品时就没那么慎重了。

因此，冰块可能对消费者造成危害，商用冰块可能引起胃肠疾病的暴发。事实上，诺如病毒、沙门氏菌、甲肝病毒和大肠杆菌的暴发都和服用冰块有关。当然，我们也要从另一个角度看待问题，就拿在外饮用加冰饮品这个事情来说，大多数人不会因此生病。所以，你还是得相信，制作冰块的地方会经常对制冰机进行有效的维护、清洁及消毒，在准备饮品时，相关人员的手部卫生也是到位的。

除了微生物风险，饮用冰块对健康还有其他影响吗？尽管研究的结果并非总是那么一致，但饮用冰水确实会加快健康人士的心率以及降低肠胃和额头的温度。冰块有降温的作用，这也许就是为何冰冻饮品能给人带来提神的感觉吧。有些人认为，往水里加冰块可以帮助减肥，毕竟人体需要燃烧额外的热量来保持体温。然而，研究表明，饮用冰水对新陈代谢的影响非常小，并不能成为有效的减肥方法。

听说过"脑结冰"或"冰激凌头痛"吗？在你摄入过量冰冻食品（比如冰激凌或冰冻饮品），又食用过快时，就可能经历这种疼痛。这种情况下的头痛可能是压迫性的，也可能是搏动性或刺痛性的，位置往往落在额头和太阳穴处。有些研究专门调查这种现象，将饮用冰冻饮品与仅把冰块含在嘴里做比较，看看是否会出现不同的生理反应。饮用冰水与仅仅把冰块含在上颌所引起的感觉是不同的，冰水产生的疼痛更剧烈，但是持续时间较短。之前患过偏头痛和其他头痛的人似乎更容易因此感到"脑结冰"。这一类型的头痛到底是怎么发生的呢？人们认为，当冰冻的东西接触到口腔上颌或喉咙背侧时，就会引起小血管收缩，然后迅速扩张。小血管附近的痛觉感受器探测到不适，就会通过大三叉神经向大脑发出信号。大脑认为疼痛来自头部，那你就不会感觉到嘴巴或者喉咙疼，而是感觉到头疼。

最后一点关于冰块的小知识：在饮品里加多少冰块比较合适呢？有些人不喜欢在饮品里加太多冰块，他们认为这样会把饮品冲淡了。然而，物理学知识告诉我们，冰块放得越多，融化得就越慢。如果只在杯子里加一两块冰，饮品很快就被融化后的水稀释了；要是加得多，就得等上更长的时间才会被稀释。

简单说说装饮品的瓶子

我们该不该担心装水的塑料瓶会带来危害呢？近些年来，人们日益关注一种被称为双酚A（或BPA）的塑料原料，这种塑料原料主要用来制成瓶子和其他食品容器。BPA可能存在于一些硬的塑料瓶里，你也许会重复进行使用。据发现，BPA可能会渗透到所装盛的食物和水当中，人们担心这会对健康造成危害。研究发现，BPA 会损害啮齿动物的肾脏和肝脏，不过用量非常大才会产生作用，实验中的用量超过欧洲食品安全局（European Food and Safety Authority，缩写为 EFSA）规定的每日可耐受摄入量，是规定的 100 倍有余。研究还在继续进行，不过欧洲食品安全局和美国食品药品监督管理局目前给出的结论是，人们的 BPA 摄入量较少，对健康没有风险。当然，你要是还担心这个问题，那就可以选择不含 BPA（通常标签上会写明）的包装，减少摄入量。

　　说了这么多，其实大多数瓶装水的瓶子并不含 BPA，它们是由另一种被称为聚对苯二甲酸乙二醇酯（PET）的塑料制成的。有些人认为，塑料瓶所含的化学成分（比如甲醛和微量金属）能否渗入所装盛的水中与温度高低有关。有个研究小组调查了 PET 材质的瓶子是否会受到温度的影响，他们发现在二氧化碳存在的情况下，温度越高，化学物质渗漏得就越多。然而，他们没观察到毒性反应。头条新闻也警告人们不要把塑料水瓶放在阳光下。人们担心阳光会让瓶子所含的化学物质渗漏到水中，引起人体激素的变化，从而导致癌症。那个研究小组的人员调查完温度的影响，又继续探索阳光直射对瓶子所含化学成分的影响。他们发现，虽然特定化学物质（比如甲醛）会渗漏到碳酸水中（普通水不会发生这种情况），但是即便暴露在阳光下长达 10 日之久，渗漏量还是非常少的，没有观察到毒性反应。所以，塑料水瓶所含的化学物质可能渗漏到水中，但是渗漏量非常低，因此不会造成危害。英国癌症研究中心（Cancer Research UK）也认同，没有确凿的证据可以证明使用塑料水瓶会增加患癌风险。

生产商称，人们在饮完水之后，不应重复使用塑料瓶。其主要原因并不一定是担心瓶子因磨损而遭到化学物污染，而是担心潜在的有害细菌会累积起来。坦白说，你每次用完水瓶之后，真会进行彻底清洗吗？可能仅仅是快速冲洗一下，然后又用来装水吧？瓶子里的水看起来很干净对吧？才不是这样的。水瓶一打开，细菌就很容易进入里面，水瓶隆起的纹路、微小的缝隙以及盖子都为细菌的繁衍提供了良好的环境。生物膜（即细菌和其他微生物形成的黏层）迅速在水瓶内部生成，需要好好擦洗才能去掉。（如果你的水瓶总是只放到水龙头底下冲洗一下，也不用洗涤剂，请把手指伸进瓶内摸一下，是不是会感到有些黏黏的？你摸到的可能就是生物膜。）比起塑料渗漏的微量化学物质，这些微生物也许更容易直接对健康产生危害。

水中有什么物质是我们该担心的吗

事实上还真有。饮用水中所含的药物就让人十分担心。世界各地的水源都存在药物的痕迹，从抗生素到激素、抗抑郁药物、止痛药和致幻药物。这些药物有些是通过合法途径进入水中的，另一些则是被非法投放的。药物进入供水的途径包括人类的排泄物、处理不当（即冲入厕所或扔进垃圾里）的药物、控制不力的工业生产过程，以及农业生产（给动物服用的药物会直接被排到土壤或废水中，或者通过散布到地上的粪便进入供水系统）。有些药物在我们接触到之前已经降解了，另一些在常规的水处理过程中被清除了，但仍有一部分残留在水中。目前，自来水公司也没有办法把所有存在的药物都从自来水中清除掉。这些药物对我们的健康会造成什么影响也未可知。我们谈到的药物剂量是极其微量的，就日常而言，这些物质产生的健康风险不大，但是时间长了难保这些作用不会累积起来。正是因为我们对这个问题的认识不足，世界卫生组织（World Health Organization）这样的机构也没有办法提供指导，但是既然有信息证明水中的药物可能对健康造成危害，他们也只能努力地监测相关情况。

　　只有时间才能揭晓后果。所以我们要做些什么呢？在个人层面上，我们确实无能为力。我们无法避免水中所含的药物，因为所有的水源都受到了影响，就是最纯净的山泉也不例外。比如，蒂姆·斯佩克特（Tim Spector）教授在他那本优秀著作《饮食的迷思》（*The Diet Myth*）中指出，瓶装水的安全性也难以保证，据发现，大多数被检测的瓶装水都含有接触过抗生素的细菌。[①] 斯佩克特教授担心，即便我们在饮食中所摄入的抗

---

① Spector, T. (2015), *The Diet Myth: The Real Science Behind What We Eat* (Weidenfeld & Nicolson). ——著者注

生素剂量非常小，也会对肠道细菌产生消极影响，也许会导致惊人后果。若想显著改善水的成分，就要做出种种努力，包括在农业和医学方面减少抗生素的使用、改变给庄稼施肥的方式、加强对药品废弃物的监管，以及提高水处理技术。为了实现这一目标，需要政府和各行业采取行动，需要做更多的研究，投入更多的时间。

除药物之外，很多瓶装水还被发现含有塑料微粒，或称为微塑料。有项调查分析了从 9 个不同的国家购买到的 250 瓶水（包括像依云、达萨尼和圣培露这样的著名品牌），发现这些瓶装水中全都含有微塑料。此前，研究者还在来自其他地方的自来水和啤酒中发现了微塑料。目前还没有证据表明摄入微塑料有害健康，但是研究还在进行，目的是确定微塑料的潜在影响。若能找到方法减少水中的微塑料含量就更好了。

对大多数人来说，根本没必要过分担心那些没法避免的东西，因为忧虑本身可能对健康更为不利。

有钱不会花吗

在 2017 年，世界上最昂贵的瓶装水是 "Acqua di Cristallo Tributo a Modigliano"，一瓶 750 毫升，定价是 6 万美元。装水的瓶子由 24k 金制成，设计则出自意大利艺术家费尔南多·阿尔塔米拉诺（Fernando Altamirano）之手。这款水是来自斐济和法国的天然泉水，不仅加入了来自冰岛的冰川水，还含有 5 毫克金粉。

第❷章
乳类饮品

1998 年，来自纽约的阿什利塔·弗曼（Ashrita Furman）顶着牛奶瓶绕着跑道行走了 23 小时 35 分钟，一共走了 130.3 千米，创下了吉尼斯世界纪录（Guinness World Record），成为顶着牛奶瓶步行距离最长的人。他不是唯一一个拥有与牛奶相关纪录的人，还有五花八门的纪录等着人们来尝试和打破，无论是顶着牛奶瓶摇呼啦圈，还是把牛奶从眼部喷出来或捐出最多的母乳，总之无奇不有。不管人们做这些事的动机是什么[①]，乳

[①] 阿什利塔·弗曼明显仅仅是为了打破纪录才顶着牛奶瓶行走的。他是创造吉尼斯世界纪录最多的人，截至本书出版，他创下的纪录已逾 600 项（Guinness World Records, 'Ashrita Furman: Guinness World Records' most prolific record breaker.' http://www.guinnessworldrecords.com/records/hall-of-fame/ashrita-furman）。——著者注

类饮品 [1] 在我们的生活中都占据着重要地位。

乳汁的本质

现在市面上存在各种各样的乳类饮品，乳汁（通称为奶）的本质是什么呢？通常来说，乳汁指的是富含营养物质的白色液体，是由雌性哺乳动物的乳腺分泌出来喂养幼崽的。乳类（奶类）既可指动物乳汁，又可指越来越受欢迎但并不是动物乳汁的东西。比如我们所说的"杏仁奶"或"豆奶"，但考虑到我们刚刚给乳汁下的一般性定义，这些是真正的奶吗？2018 年夏季，美国食品药品监督管理局提议，只有动物乳汁才能被定义为"奶"，于是奶类的定义之争成了热点。多年来，美国、英国和其他地区的奶农一直在抱怨，他们觉得植物奶生产商正在利用乳类饮品的名声，在产品的营养成分方面对消费者进行潜在的误导。植物"奶"肯定不符合乳类的传统定义，就如美国食品药品监督管理局的局长斯科特·戈特利布（Scott Gottlieb）说的那样，"一枚杏仁又不产奶"[2]。除此之外，欧洲法院（European Court of Justice）在 2017 年 6 月裁定，欧盟境内的纯植物产品不能采取"乳品"的名称进行营销，这就是为何

---

[1] 也称奶类饮品。——译者注

[2] Irfan, U. '"Fake milk": why the dairy industry is boiling over plant-based milks.' https://www.vox.com/2018/8/31/17760738/almond-milk-dairy-soy-oat-labeling-fda. ——著者注

你会看到乳制品的替代品被描述成燕麦饮品、乳类替代品，甚至是"mylk"①。（不过为了方便起见，我还是会把那些植物饮品称为乳或奶。）这些措施有利于澄清动物奶和植物奶之间的差别，也许奶农们主要是不想让乳制品的受欢迎程度下降。

近些年来，英美两国传统乳品的消费量一直在下降。2017年，乳品消费量最多的国家是印度，消费量是 6520 万吨，据预计，到了 2026 年，印度将会变成世界上最大的产奶国。同年，欧盟国家的总消费量是 3550 万吨左右，美国的消费量仅仅是 2630 万吨。当然，印度的人口众多，这也在一定程度上影响了消费量。那我们再看看人均乳品消费量，冰岛是人均乳品消费量最多的国家（2016 年的人均年消费量为 125 升），芬兰紧跟其后（120 升），印度的人均消费量仅是 47.4 升。发达国家的乳制品消费量虽然较高，但与许多发展中国家的差距正在缩小，因为发展中国家的消费量上升了，而发达国家的消费量却下降了。据联合国粮食及农业组织（Food and Agriculture Organization of the United Nations）的报告来看，其他国家的乳制品需求正在上涨，在东亚和东南亚地区尤为明显，其中又以中国、印度尼西亚和越南的需求上涨得最快。

如今，我们中很多人都在减少乳制品的消费，这种情况和 20 世纪那会儿形成了鲜明的对比。20 世纪 70 年代初，英国前

---

① 乳汁的英文为"milk"，此处取的是谐音。—— 译者注

首相撒切尔夫人（Margaret Thatcher）还是教育大臣的时候，就宣布学校不再给 7 岁以上的儿童提供免费牛奶。她因此被工党反对者冠以"牛奶掠夺者"的绰号，这个诨名之后一直伴随着她。整个英国都对这一政治举措深恶痛绝，人们愤怒地进行抗议，《太阳报》甚至把撒切尔夫人称为全国最不受欢迎的女性。人们觉得这个做法非常刻薄，是从儿童的口中抢走食物，可能会对其健康造成影响。不过这要是放在今天，人们的反应也许就不会那么激烈了。

早在 20 世纪初，英国就有人提议在学校为学生提供免费牛奶，当时有些学校已经开始实行了。到了 1946 年，学校提供免费牛奶的条文才被写入法律，这样所有的学龄儿童均可从中获益。在撒切尔夫人进行干预之前，供奶计划其实已经发生变化，1968 年，中学不再向学生提供免费牛奶。在随后的几年里，由于政府政策发生变化，学校提供免费牛奶的情况变得少见了。有人认为，当初之所以让学校提供免费牛奶，是因为那时的乳制品行业不景气，需要给该行业制造持续稳定的需求，而不是像宣传的那样，是专门为了解决儿童营养不良的问题。最近一次提议让学校恢复免费牛奶是在 2016 年。这一次的目标非常明确，就是为了促进儿童的健康，同时支持处于困境的牛奶产商。这不是历史重演吗？

不管背后的动机如何，这类举措的受欢迎程度大抵是不如从前的。乳制品曾经被视为营养丰富的神奇食品，但在人们已经改变看法的当下，还把这个概念当作卖点就毫无新意了。巧合的是，在 20 世纪初牛奶营销刚开始时，政府不得不向人们灌输饮用牛奶的好处。那时，牛奶存在形象问题，被认为是昂贵、饮入可能会染病（与肺结核及其他传染病的案例有关）且质量参差不齐的食品。负责宣传的人必须让家长和孩子们相信，牛奶是营养丰富的安全饮品，还有助于健康成长。不过可喜的是，他们的宣传在 20 世纪二三十年代取得了重大进展，因为那时正碰上维生素的研究蓬勃发展。牛奶的宣传运动借这股东风得到了不少科学证据的支持，获益甚大，据研究发现，牛奶所含的有益营养物质比之前人们知道的还要多。人们日益把牛奶看作富含脂肪、蛋白质和维生素的食品，觉得它营养十分全面，后面的事情就不用我多说了吧。

　　你很可能已经注意到，在过去 10 年中，超市的乳制品区一再扩建，跟以前大不一样了。除了人们熟悉的脱脂、半脱脂和全脂牛奶，货架上还摆放着产自各种植物的瓶装奶和盒装奶。从 2009 年到 2015 年，植物奶的全球销量不止翻了一番，达到了 210 亿美元。人们转向消费植物奶的趋势已经形成并且还会延续。植物奶的消费者不再局限于纯素食者、乳糖不耐受症患者和那些从道德上意识到乳制品行业可能会带来危害的人，而越来越多的人开始发出疑问，传统的乳制饮品和植物奶究竟孰优孰劣。

....

世界牛奶日

　　现在一切事物都要选一个特别的日子来庆祝，牛奶也是这样的。2001 年举办了第一届世界牛奶日，以后每年的 6 月 1 日都会为奶制品及其产业举行庆典。

....

婴儿奶

　　所有人在出生后第一口喝的就是乳汁。不饮乳汁的话，我们就无法健康成长。但不是所有人饮用的都是一样的乳汁。有些婴儿饮用的是母乳，有些饮用的是配方奶，有些两种同时饮用。但是母乳和配方奶有什么区别吗？饮用的是哪种重要吗？

▷ 母乳的成分是什么

　　母乳被标榜为最营养的婴儿食品。哺乳主要分为三个不同阶段，分泌的乳汁类型也不一样。女性在产后最初几天分泌的是初乳（淡黄黏稠的乳汁），含有丰富的蛋白质、较低的脂肪和大量有助于新生儿的免疫因子。产后第 8 到 20 天分泌的是过渡乳，是初乳向成熟乳的过渡。大约 20 天后分泌的是成熟乳，成熟乳的成分因人而异。除此之外，母乳并非恒定不变的物质，而是会随着时间发生变化的。母乳会随着婴儿对营养和体液的需求而变化，往往在一天之内就能产生显著变化。母乳在喂奶的过程中也会发生变化，比如随着喂奶时间的推进，母乳当中的脂肪含量会越来越高。成熟乳还会给婴儿提供免疫因子和非营养元素。

母乳富含新生儿健康成长所需的一切物质，包括水、蛋白质、脂肪、碳水化合物（主要是乳糖）、矿物质（特别是钠、钾、钙、镁和磷）、全部维生素（除了维生素 K）以及微量元素，不过有些物质的含量较少。除了必要的营养物质，母乳还含有成千上万的生物活性分子，有助于抵御感染和发炎，支持免疫系统和器官的发育以及促进有益微生物的存活。这些重要成分包括激素、成长因子、抗菌因子和消化酶等。

人乳的含糖（乳糖）量高于牛奶（分别为 6.8% 和 4.9%），含脂量相似（均为 4.5% 左右），但是含的蛋白质要低一些（分别为 1.1% 和 3.6%）。实际上，要是比较不同种类的乳汁包含的成分，就会发现人乳所含的蛋白质是较低的。举个例子，鲸乳就含有大量脂肪（34.8%）和蛋白质（13.6%），但其含糖量较低（1.8%）。

世界各地的母乳喂养率相差甚大，英国是世界上母乳喂养率最低的国家之一。人们普遍建议婴儿出生后头 6 个月采取纯母乳喂养，大多数国家还提倡在那之后继续采取母乳喂养，并佐以辅食，直到孩子长大到两岁或以上。尽管如此，据一项 2016 年的研究估计，英国只有 34% 的婴儿在 6 个月大时还能接受母乳喂养，而美国的比值为 49%，挪威的为 71%。英国只有不到 0.5% 的婴儿在一岁时还能接受母乳喂养。联合国儿童基金会（UNICEF）在 2018 年发布了一份报告，报告强调了世界上母乳喂养率最低的国家往往是那些最富裕的国家。女性不愿进行母乳喂养背后有很多复杂的原因，但是不采取母乳喂养会怎么样呢？有确凿的证据可以表明母乳喂养优于配方奶喂养吗？我们很快就会谈论这一点。

▷ 配方奶是什么

配方奶是母乳的替代品，也称为婴儿配方奶，通常是经过处理后适合婴儿饮用的脱脂牛奶。尽管配方奶有很多种，但大体上只分为两大类，一类是需要加水冲调的奶粉，另一类是即食的液体奶。① 配方奶的产业很庞大，而且在不断成长。据估计，2019 年全球所有婴儿配方奶的市场价值为 706 亿美元左右。很多发达国家的母乳喂养率比较低，配方奶给人们提供了较为便利的选择，成为千百万婴幼儿的主要食品。

母乳的成分是没办法完全复制的，因为它的构成十分复杂，不仅是因人而异——就是同一女性分泌的乳汁也会随着时间而产生变化。配方奶的目标是尽可能接近母乳，它是经过推荐且唯一可替代母乳的选择。除了牛奶的基本元素，常规的配方奶还含有一系列添加成分，为的是提供与母乳相似的关键营养物

---

① 还有一种浓缩液体配方奶，需要加水稀释才能给婴儿喂食。——著者注

质。添加的成分包括维生素、矿物质、脂肪（植物油和鱼油，植物油包括棕榈油、椰子油、向日葵油、菜籽油或大豆油）、乳化剂和氨基酸。有些配方奶还含有益生菌和益生元，技术进步还给配方奶研发出可添加的生物活性成分。各品牌的配方奶不仅在制作上不同，蛋白质、脂肪和微量营养素的含量也不一样，所以需要看配方奶的成分标签才可了解具体的情况。配方奶的成分必须严格符合规定，没有证据可以表明某种配方奶比同类产品对婴儿更好，所以无论家长选择哪一种，只要是安全营养的就可以了。

在英国，大多数品牌都会提到自己最富含的蛋白质类型（乳清蛋白或酪蛋白）。富含乳清蛋白的配方奶（有时也称作初段或 1 段奶粉）更易消化，所以建议提供给较小的婴儿食用。这些配方奶所含的乳清蛋白和酪蛋白的比例大约是 60% 及40%，与人乳的比例相似。富含酪蛋白的配方奶针对的是年龄较大、饥饿感更强烈的婴儿，因为这类配方奶（有时也称作 2 段奶粉）必须花上更长时间才能被消化掉。这种配方奶中的乳清蛋白和酪蛋白比例与前者不大相同，约为 20% 及 80%，与牛奶比较类似。

市面上有各种品牌和类型的 2 段奶粉可供选择。这种配方奶是为 6 个月以上的婴儿准备的，是他们断奶饮食的一部分。生产商和卫生组织都给出明确警告，2 段奶粉不能给 6 个月以下的婴儿食用，背后的原因非常多，其中包括这种奶粉所含的铁以及非乳糖糖分（蔗糖和葡萄糖等）超出这个年龄层婴儿的需要。2 段奶粉还含较高的微量营养素。没有证据表明 2 段奶粉在营养价值方面比乳清蛋白配方奶粉更好，这也是各大卫生组织不建议购买的原因。他们的建议是，对于那些食用配方奶的婴儿来说，就算 6 个月后也不需要从 1 段奶粉更换到 2 段奶粉。睡前牛奶也值得提一下。有些配方奶含有 2 段奶粉和谷物（比如大米片或荞麦片），专供 6 个月以上的婴儿食用，商家称可以帮助婴儿安睡。然而，没有独立的证据表明它们确实有助于婴儿的睡眠。

还有成长奶粉和幼儿奶粉可供购买，这两者大大促进了配方奶市场的发展。这两种奶粉标榜可以替代牛奶供一岁以上的幼儿食用，但欧洲食品安全局认为它们在促进饮食均衡方面不存在附加值。在很多情况下，这些奶粉的含糖量比牛奶更高，含钙量却更低，可能还含有香草等调味剂，也许会让孩子偏好甜食。

对于因故不能饮用牛奶的婴儿来说，可以选择豆奶或者特殊配方奶来代替。特殊配方奶可能是氨基酸配方奶、米糊配方奶或水解蛋白配方奶，里面所含的乳清蛋白或酪蛋白被分解成比牛奶或豆奶的蛋白质更小的单位。这些特殊配方奶开发出来是为了满足婴儿特殊的需要，只能在健康专业人士的指导下使用。不同类别的奶（牛奶配方奶、豆奶配方奶和特殊配方奶）在营养成分、热量、消化率、口味和价格方面各不相同。豆奶配方奶的非乳糖糖分含量高于常规配方奶，人们认为它容易导致蛀牙。羊奶配方奶也能购买到，但引起过敏的可能性不小。山羊奶所含蛋白质和牛奶相似，所以不适宜对牛奶过敏的婴儿饮用。还有一些配方奶适合容易吐奶的婴儿食用，它们含有增稠的成分，比如玉米淀粉和角豆胶，让牛奶留在胃里以达到防吐效果。有证据表明，如果婴儿饮用配方奶持续出现严重吐奶现象，那么这些防吐配方奶是可以起到帮助作用的，但是不太建议在一般情况下给婴儿食用。

▷ 母乳优于配方奶吗

自从配方奶出现以来，这个问题热度不断。无论在哪一时刻，总有人在世界的某个角落撰写相关的新闻稿或网络文章，或者在电视或别的活动上谈论这个问题。有些人宣传"母乳最佳"，另一些人则想方设法消除那些选择配方奶喂养的妈妈心中的负疚感。喂养婴儿的方式以及背后的门道就留待其他人来讨论吧，我想避开这些弯弯绕绕，来看看科学是怎么说的。

很多研究表明，母乳喂养有助于婴儿的健康和成长。举个例子，科学家发现，母乳喂养可以降低婴儿罹患一些疾病的风险，包括腹泻、耳部感染、呼吸道感染、牙齿咬合不正、猝死、（1 型和 2 型）糖尿病以及肥胖。此外，母乳喂养的婴儿长大之后在智力测试中表现更好，平均智商比一般水平高出 3 分，（在有些研究中）学业表现更佳以及成年后的收入更多。母乳喂养还有助于促进母亲的健康，降低她们罹患乳腺癌和卵巢癌的风险。支持母乳喂养的其他说法也不少，但并非都已经得到有力的科学研究的证实。比如，没有足够的研究证明母乳有助于预防哮喘、湿疹或食物过敏，也没有确凿的证据表明母乳能够有效控制血压或胆固醇。

这些信息大多来自观察性研究，并没有解释为何母乳具有这么多好处。需要了解的内容还有很多，不过母乳含有各种生物活性成分，明显可以保护婴儿不受疾病侵害，为他们长期的健康成长打下良好基础。比如，母乳中含有很多有益微生物。母乳中的微生物有什么作用，对婴儿有什么影响？关于这方面的研究正在迅速展开。早期研究表明，母乳具有至关重要的作用，能够帮助婴儿在体内形成肠道菌群、建立有益菌落以及启动免疫系统等。有些配方奶特地加入了有益细菌，比如益生菌，为的是发挥类似的作用。但是我们现在还不太了解母乳中所含的微生物及其作用，配方奶不太可能通过模仿达到同样的效果。

权威健康专家强调，一些国家因为缺乏母乳喂养，儿童的健康、营养和成长以及妇女的健康都受到了长期严重的负面影响。一篇发表在《柳叶刀》上的长篇综述有着重大意义，它从数百个独立研究中搜寻证据，估算出如果在全球范围内普遍实现母乳喂养，就可以挽救大约80万婴孩的生命。这个预测结果十分宏大，但我们要将以下信息考虑在内：在有些地区，重大传染病发病率很高，卫生水平低下以及营养不良情况严重，因而使得母乳喂养的好处更为显著。举个例子，母乳喂养除了帮助婴儿提高免疫力，还有助于避免来自不洁水源和奶瓶的污染。对于生活在高收入国家的人来说，卫生条件往往较好，伴随配方奶喂养的短期健康风险较低，尽管婴儿的胃部和耳部出现感染等现象仍然比较常见。不过就算在高收入国家，母乳喂养的长期好处还是十分显著的，比如降低牙齿咬合不正、糖尿病、肥胖的风险以及提高智力。值得注意的是，母乳喂养带来的好处并不一定来自母乳本身，还有可能来自其他相关的社会因素和行为。

理论上，母乳是婴儿最好的食品，但实际上它可能会给一些婴儿带来损害。例如，母乳喂养的幼儿在一岁以后患上蛀牙的可能性较高，这些幼儿缺铁的现象也更为常见。少数婴儿还对母乳产生不良反应——也许不是针对乳汁本身的反应，而是针对其他物质的。有些物质可以通过母亲的饮食或对特定化合物的接触进入母乳。比如，母亲从乳制品或大豆中摄入的蛋白质就会对一些婴儿造成影响，需要把母乳更换为特殊配方奶才能解决。还有其他的营养物质也可能造成不良影响，但是人们很难辨别出是什么物质造成的。母乳中还可能含有其他有害污染物，比如酒精、烟草和（合法或非法的）药物。一般而言，母亲食用的任何物质最终都可能进入母乳当中。

婴儿无法像成人那样消化酒精，要是母乳含有酒精，就会对他们造成相当严重的影响，不过如果酒精含量较低，伤害就没那么严重。如果母亲在哺乳期大量饮酒，就会影响婴儿的睡眠、饮食习惯以及他们的早期成长。母乳中的酒精含量不仅跟母亲的饮酒量相关，还与酒精摄入和母乳分泌之间的时间差有关。有些选择进行母乳喂养但不戒酒的母亲可能听说过"挤出倒掉"，就是在饮酒之后把分泌出来的母乳挤出来倒掉，为的是避免婴儿摄入母乳中的酒精，同时保持母乳的分泌。（我知道少数人在生孩子之后是这么做的。）遗憾的是，这并不是减少母乳中酒精含量的有效方法。关键之处还在于时间。酒精不能在母乳中长存。与在血液中一样，酒精在母乳中是会进行代谢的。随着时间的推移，母乳中的酒精含量变得越来越低。分泌的母乳中含酒精的时间就跟母亲的血液里含酒精的时间一样长，所以饮用的酒越多，酒精存在的时间就越长。一般而言，母亲摄入的酒精只有一小部分会进入母乳当中。

烟草中的尼古丁和其他有害化学物质也会进入母乳当中。有些药物可能会让母乳产生风险，累积起来更会产生毒性反应，但大多数药物在含量较低的情况下不会对婴儿的健康造成影响。处在哺乳期的女性越来越喜欢用草药产品，虽然已知卡瓦根和育亨宾等一些草药具有潜在危害，但是最常用的那些草药（包括甘菊、黑升麻、贯叶连翘、紫锥菊、人参、银杏和缬草）是否安全，目前还是缺少数据加以说明。据报道，一些常用的草药产品对母乳喂养的婴儿产生了危害，不过需要进行更多研究，才能了解这些草药的作用及其对婴儿健康的影响。人们也在母乳中发现了各种非法药物，这也会对婴儿的健康产生消极影响，用来对抗药物滥用的治疗方式也会通过母乳影响婴儿的健康。各种药品、草药和非法药物所含物质的作用方式各不相同，所以我建议女性去咨询医生，看看这些会不会对母乳造成影响。

杀虫剂和重金属等环境污染物也会进入母乳当中，所含的量就取决于女性对这些物质的接触程度。这也是为什么人们建议哺乳期的女性在膳食中限制汞的摄入，比如少吃某些鱼类，因为它们可能增加人体的汞含量。这听起来让人心慌，不过你得知道，重金属等环境污染物也能进入配方奶当中。总而言之，在大多数情况下，母乳或配方奶当中所含的此类污染物较低，不会对婴儿造成影响。

再来看看配方奶的其他潜在危害吧。有些婴儿明显对牛奶或豆奶过敏，这就需要用到专门的配方奶。配方奶在生产和贮存的过程中遭到污染的可能性也很大。如果在准备配方奶时出了差错，婴儿就会生病。虽然污染相对不严重的话（比方奶瓶没有被彻底洗净），只会导致婴儿的胃部出现不适（这对比较脆弱的婴儿来说还是很严重的），但还是存在很多重大污染导致的丑闻。2017 年，有种配方奶受到沙门氏菌污染，世界各地的婴儿食用之后纷纷病倒。生产这种配方奶的是世界乳制品巨头兰特黎斯（Lactalis），因为污染问题，该公司不得不从 83 个国家召回 1200 万罐奶粉。更糟糕的是，在 2008 年，中国有些配方奶受到三聚氰胺（用来生产塑料和化肥）的污染，导致 6 名婴儿死亡以及其他超过 30 万名婴儿患病,其中一些病情非常严重且持续时间很长。你可能认为这是某家工厂出的一次事故。但事实却证明,有 21 家公司卷进这起毒奶粉丑闻,这让中国民众对国产奶粉产生了深深的怀疑。

人类在很多地方都可能犯错误。配方奶不仅可能遭到污染,还可能配错量,或在不适宜的温度下进行运送,又或在喂食的时候混入了空气。人们经常把配方奶和胀气、便秘以及肠胃不适联系起来。就像之前讲过的那样,与母乳喂养相比,配方奶喂养的婴儿更容易出现感染现象和其他疾病。相较于母乳喂养,配方奶及其相关产品(比如奶瓶、消毒器和其他配件)的生产、包装、分销和使用都会对环境产生显著影响。另外,很多婴儿配方奶含有棕榈油。有很多广受关注的运动让公众意识到棕榈油产业对环境造成的巨大影响。棕榈油种植园引发了森林的大面积砍伐(特别是在印度尼西亚),以及濒危物种的急剧减少。

所以,在母乳是否优于配方奶这个问题上,我们不得不说,从食品的角度来看确实如此。母乳所含的营养物质和生物活性物质十分复杂,配方奶在很长时间内都无法与之媲美。在卫生条件优越的高收入国家,配方奶的品质良好,不失为一种安全且营养丰富的选择。这些配方奶为婴儿的成长和发育提供了所需的营养物质,但总体而言,它们不能像母乳那样给婴儿提供健康益处和保护。

动物奶

虽然动物奶的消费量一直在下降，但仍是大多数人膳食中的主要构成部分。在谈论动物奶时，我讲的主要还是牛奶，牛奶是目前生产和消费得最多的乳品。在世界其他地区，人们也经常饮用其他动物的奶，包括山羊奶、绵羊奶、马奶、驴奶、骆驼奶、水牛奶和牦牛奶。

▷ 动物奶的成分是什么

动物奶的成色、风味和成分取决于一系列因素，比如动物种类、变种、动物年龄及饮食习惯、产奶阶段、个体与牧群的变异、放牧方式，以及季节和环境的变化。一般来说，动物奶含有水、微型脂肪球、蛋白质、乳糖、矿物质和其他微量分子［包括维生素（尤其是 B 族维生素）、酶、色素和气体］。水是动物奶含量最高的成分。不同动物奶的含水量从 83%（牦牛奶）到 91%（驴奶）不等。牛奶的含水量是 87% 左右。水牛奶和牦牛奶的含脂量非常高，大约是牛奶的两倍，这两种奶的蛋白质含量也比较高。牦牛奶香甜可口，牧民们通常直接倒进茶里饮用。骆驼奶和牛奶的成分相似，但是比牛奶咸一点，所含的维生素 C 是牛奶的 3 倍。骆驼奶富含不饱和脂肪酸和 B 族维生素，可以直接饮用或发酵后食用。马奶和驴奶所含的脂肪和蛋白质相对较低，但是乳糖含量较高。这两种奶通常要进行发酵才能饮用。山羊奶与牛奶非常相似，不过你可能认为绵羊奶与山羊奶也差不多，但是绵羊奶所含的脂肪和蛋白质比山羊奶和牛奶更高（因此特别适合用来制作口感丰厚的希腊酸奶）。绵羊奶的乳糖含量也比牛奶、水牛奶或山羊奶的高。有项研究发现，山羊奶比牛奶含有更多维生素 B_{12}（高出 22%）和叶酸（高出 11%），不过其他研究显示，山羊奶并不比牛奶更有营养。据发现，绵羊奶所含的维生素 C 约是牛奶的 5 倍，所含的其他维生素也更多。以上总结的是天然动物奶的情况，不过商业加工过的奶（特别是牛奶），可能额外添加了维生素 A 和 D 等营养物质（称为强化奶）。

▷ 如何对奶类进行加工

我要说的是大多数人日常非常熟悉的牛奶加工方式。生奶指的是没有经过巴氏杀菌就直接装瓶的牛奶，但大多数人饮用的是加工过的牛奶。牛奶被挤出来之后就储存在冷藏罐中，然后从农场运送到乳品厂。在乳品厂，人们采用迅速加热迅速冷却的巴氏灭菌法①对牛奶进行杀菌，减少有害细菌的数量。接下来，牛奶被分离成奶油成分和液体成分进入"标准化"过程。在"标准化"过程中，牛奶的奶油成分和液体成分被重新混合起来，但是不同种类的牛奶对脂肪的要求不同，例如全脂牛奶、

---

① 巴氏灭菌法也称低温灭菌法。——译者注

半脱脂牛奶或脱脂牛奶。牛奶大多还会经过均化处理。牛奶本身所含的脂肪球大小不一，如果静置处理，较大的脂肪球就会浮到上层，形成一层奶油。均化处理就是让牛奶在高压的条件下经过一个孔隙，以此来分割当中较大的脂肪球，使之分散到牛奶中，让牛奶的质地更均匀。如果是过滤奶，就还要经过一个处理过程。顾名思义，过滤奶要经过过滤，进一步去除让牛奶变酸的细菌，从而延长其保质期。

谈到保质期问题，我想问问你是否有过露营经历。想象一下这个场景：一大清早，你在沾着湿露水的田野中醒来，周围一片清新，鸟儿在歌唱，你对新的一天充满了兴奋和期待，但是配玉米片的牛奶却有些不同寻常，尝起来热热的，还有些怪味。这样的情况是否似曾相识？你刚刚饮用的很可能是 UHT 牛奶，我一直认为这种牛奶是备用奶，就是你放到橱柜里贮存着，鲜奶用完了可以替代一下。UHT 表示的是"超高温"或"超高热处理"，指的是牛奶所经历的加工过程。牛奶要被加热到大约 140 摄氏度，是巴氏灭菌法标准温度（70 摄氏度）的两倍左右，维持几秒钟即可。由于鲜奶很快就会变质，进行 UHT 处理是为了杀死或灭活所有微生物，不让牛奶在运输和储存的过程中变质。牛奶在灭菌后保质期从几天延长到数月，不再需要放入冰箱里保存（在没开封的状态下 [①]）。在不同的国家，UHT 牛奶的

---

① 一旦开封，牛奶就不再处于无菌状态，又会重新暴露在微生物中，微生物很容易让牛奶变质。——著者注

使用方式也不同。英国人和美国人把 UHT 牛奶当作备用，鲜少进行饮用，但是在比利时、德国、法国和西班牙等国，人们常常饮用 UHT 牛奶，往往将之视为主要食品。

乳糖不耐受是一种常见的症状，患者无法很好地消化牛奶以及其他乳制品中的乳糖。人体会产生一种酶来消化乳糖，这种酶称作乳糖酶，如果乳糖酶的量不够多，就无法完全消化乳糖。乳糖不耐受患者难以消化普通牛奶，一旦饮用了，就会出现胃气胀、腹胀、胃痉挛、腹泻和反胃等症状。你自己或者身边的人对以上症状可能不陌生，还好现在出现了乳糖不耐受患者更容易消化的改良乳制品。他们还是可以受益于牛奶的营养物质，却不会因为乳糖的存在而受到伤害。他们饮用的当然是不含乳糖的牛奶，这类牛奶有不同的制作方法。一种方法是加入乳糖酶，然后牛奶中的乳糖就会被分解为葡萄糖和半乳糖，这些单糖很容易被吸收到血液中，然后用于释放能量。这会让无乳糖牛奶尝起来比普通的牛奶更甜一些，因为单糖比乳糖等复合糖更甜。接着，再对无乳糖牛奶进行 UHT 处理，灭活乳糖酶，从而延长保质期。另一种方法是把乳糖从牛奶中过滤出来，这样也可以把部分乳糖去掉。

A2 牛奶是最近被研发出来的牛奶产品。据宣传，它比普通牛奶更健康，在澳大利亚和中国特别受欢迎。不过 A2 牛奶到底是什么呢？普通牛奶含有牛奶蛋白，包括 A1 和 A2 两种 β-酪蛋白。牛奶中这两种蛋白的比例因奶牛的品种而异，但通常是 50%：50% 左右。A2 牛奶只含 A2 β-酪蛋白。A2 牛奶不同于我之前提到的其他类型的牛奶，它不是经过改良的普通牛奶，而是直接从奶牛身上挤出来的。开发 A2 牛奶的公司通过基因测试鉴定出哪些奶牛产的奶不含 A1 β-酪蛋白，然后专门选择这些奶牛作为产品来源。听起来挺有意思的，但是为何要这样做呢？A2 牛奶的支持者认为，牛奶中的 A1 β-酪蛋白会让很多人消化不良和肠胃不适，这些问题不是无乳糖牛奶可以解决的。有人称，A2 β-酪蛋白与母乳所含的蛋白更为相似，所以不会导致这些问题。稍后我会找出与这些说法有关的依据。

牛奶若想获得有机认证，就必须符合一系列标准。奶牛必须是自由放养的（放牧期平均超过 200 天），放养的牧场必须少用杀虫剂，不用人工化肥。要给奶牛提供草料丰富的饮食，不喂食转基因饲料，较少对奶牛使用抗生素。奶牛能够享受高标准的动物福利，畜牧系统与大自然相协调，一同促进野生动物的成长和生物多样性。这些标准都和牛奶的加工过程无关，而且有机奶牛通常不会像其他奶牛那样被要求产奶量最大化。比起集约化饲养的奶牛，有机奶牛的产奶量平均要少 20% 左右。

▷ 1% 低脂牛奶、脱脂牛奶、半脱脂牛奶、全脂牛奶、淡奶、炼乳和发酵乳之间有什么区别

我发现那些描述牛奶的措辞很让人困惑，在国外的时候尤甚，不知道大家的情况如何。我觉得就相关术语做个总结会对

你们有帮助。在英国，低脂、脱脂、半脱脂和全脂这些词仅与牛奶中的含脂量相关，100 克 1% 低脂牛奶含 1 克脂肪，100 克脱脂牛奶至多含 0.3 克脂肪，100 克半脱脂牛奶含 1.5 克至 1.8 克脂肪，100 克全脂牛奶至少含 3.5 克脂肪。其他国家使用的术语不太一样，牛奶中的含脂量也稍微不同，比如降脂牛奶（含脂量 2%）、低脂牛奶（含脂量 1%）以及无脂奶粉（在某些国家，无脂奶粉的含脂量不超过 0.2%，在另外一些国家，则不能超过 0.15%）。"full-cream milk" 和 "whole milk" 一样，都是指全脂牛奶。海峡群岛、泽西岛和根西岛的奶牛以出产口感特别丰厚顺滑的牛奶著称，这些牛奶被另设类别出售。由于牛奶的分类都特别具体，这也就是为何在加工过程中要先把脂肪去掉，然后再行加入，从而保证同一类型牛奶的含脂量始终一致。

尽管从严格的意义上讲，炼乳和淡奶并不是饮品，但还是有必要解释一下二者的区别（主要是因为别人老是问我这个问题）。炼乳和淡奶都是通过蒸馏全脂或脱脂牛奶中的水分（60% 左右）生产出来的。在蒸馏过程中，由于热量作用，原先的牛奶生成了淡淡的焦糖味，变成了浅褐色。炼乳和淡奶的区别就在于前者在生产的过程中加了糖。淡奶的加工过程比炼乳稍微多一些，因为淡奶需要经过彻底的高温灭菌才能保存，而炼乳的保存有赖于添加的糖分，糖分会抑制微生物生长。有些国家也把淡奶称为无糖炼乳。

发酵乳在很多国家已经存在了数千年，如今却在英国、美国和澳大利亚等国家变得越来越受欢迎。发酵乳就是添加微生物后变酸的牛奶。牛奶中的微生物会把部分乳糖转化为乳酸，从而产生二氧化碳、乙酸、二乙酰、乙醛和乙醇等物质，让酸奶产品具有独特的口感和香味。世界各地有不同种类的发酵乳，包括开菲尔（来自西亚和东欧的发酵牛乳或羊乳）、"filmjolk"（瑞典人喜爱的发酵牛乳）、"kumis"（来自中亚和哥伦比亚的发酵马乳）、"kulenaoto"（肯尼亚马赛人传统的发酵牛乳）、"塔日嘎"（蒙古人传统的发酵马乳、牦牛乳、山羊乳或骆驼乳）、"艾日格"（蒙古人传统的发酵马乳）以及养乐多（一种商业化的发酵牛乳饮品）。虽然酪乳一般不称为发酵乳，但也属于这一类。在过去，酪乳是牛奶在搅拌之后剩下的液体，如今人们往巴氏杀菌后的低脂奶里加入乳酸菌制作酪乳。这样生产出来的酪乳气味浓烈、质地醇厚。除了使用的动物奶的种类不同，这些发酵乳的区别还在于制作方式的差异、使用的微生物不同以及所用的是生奶还是巴氏奶等。发酵在一定程度上有助于奶类的保存，延长其保质期。

牛奶与健康

利物浦足球俱乐部（Liverpool Football Club）的两位年轻球迷在厨房里聊天。其中一个称，利物浦足球运动员伊恩·拉什（Ian Rush）说自己要是没有饮用牛奶的习惯，就只能加入艾宁顿足球俱乐部（Accrington Stanley）。另一个便问："艾宁顿？怎么没听说过这个俱乐部？"第一个球迷回了一句："可不是！"这是一则 1989 年开始播出的电视广告，由英国牛奶营销理事会（UK's Milk Marketing Board）担任制作方，在电视上播放了好几年，相信很多英国人都对它记忆犹新。如果我们不饮用牛奶，那就无法发挥自身潜能，这是广告给我们的印象。这么多年来，劝说我们饮用牛奶的广告层出不穷，但是随着时间的推移，公众越来越质疑乳制品有助于健康的说法。例如，关于乳制品与癌症、肥胖、心脏病以及骨质疏松症有联系的新闻报道铺天盖地，让人们不由得对乳制品产生怀疑。那么，这些怀疑背后有什么科学依据吗？

　　研究人员对与牛奶摄入相关的科学数据进行大规模回顾，总体而言没有发现牛奶对人体有重大损害。事实上，这些研究在很大程度上指出，饮用牛奶可以预防心血管疾病、儿童肥胖、中风以及某些癌症（比如大肠癌和乳腺癌），同时对人体的骨密度也有好处。研究还调查了其他健康领域，没有发现牛奶与骨折、成人肥胖以及其他癌症等疾病有联系（没有益处也没有危害）。有限的证据表明，奶制品摄入会增加罹患前列腺癌的风险，但是两者的内在联系尚未明确。不少与牛奶的影响相关的研究都是由乳制品行业共同参与的，难免存在偏私之嫌。但实际情况却是，其他与该行业无关的研究也得出了同样的结论。

　　有些人担心动物奶所含有的饱和脂肪。摄入饱和脂肪含量

高的食物会导致"坏"胆固醇（非高密度脂蛋白①胆固醇）的
水平上升，这种胆固醇与心血管疾病有关联。一般建议人们在
饮食中减少饱和脂肪的摄入。然而，研究者通过深入观察发现，
不是所有饱和脂肪的作用都相同，不同的脂肪酸对人体有不一
样的影响。且不谈饱和脂肪，饮用牛奶可以摄入其他重要的营
养物质，这些物质对心血管健康有利。实际情况很可能是这样
的：牛奶中的某种成分会对我们的胆固醇水平产生不利影响，
而其他成分却可以预防心血管疾病。所以，总体上说，饮用牛
奶对我们的心脏还是有益的。再者，与我们日常饮食的其他食
品相比，牛奶的脂肪含量其实并不高。从牛奶中摄入饱和脂肪
的多寡与饮用的牛奶类型（全脂或低脂）、饮用量以及饮用的频
率等都有关系。

　　脱脂牛奶、半脱脂牛奶和全脂牛奶之间除了脂肪和热量的
含量不同，在营养成分上几乎没有差别。唯一例外的是维生素，
维生素 A 的含量随着脂肪含量的增加而增加（比如全脂牛奶的
维生素 A 含量是半脱脂牛奶的两倍左右，是脱脂牛奶的 50 倍左
右）。这是因为维生素 A 存在于牛奶的脂肪当中。你可能经常听
说饮用牛奶可以很好地补充维生素 D。其中一个原因是，美国
等国家在牛奶里添加了维生素 D。然而在通常情况下，英国的
牛奶并没有得到强化（添加维生素 D），而牛奶本身所含的维生

---

① 　高密度脂蛋白的缩写为 HDL。——著者注

素 D 低到可以忽略不计。最近，很多营养研究人员和临床医生呼吁欧洲人按照标准对牛奶进行强化，因为维生素 D 缺乏症实在是太普遍了。他们认为，要是能强化牛奶这种人们普遍消费的产品，就能显著改善公众健康，并且减少数十亿欧元的医疗成本。我们且看看有关部门是否会采取如此大规模的行动来强化牛奶，这些引人注目的公共健康主张能否得到实现。与此同时，各大生产商纷纷生产强化奶，对他们来说，公众对健康的日益关注就是巨大的商机。

帮助人体吸收钙质是维生素 D 的关键作用之一。如果有人问及牛奶中的健康成分，大多数人很可能会提到钙质。钙对人体健康是非常重要的，不仅影响人的生长以及维持骨骼健康，还有很多其他益处（比如促进血液凝结和肌肉收缩、发送神经信号以及调节人的心跳）。不可否认的是，饮用牛奶补钙既有效又方便，不过我们还可以从其他食品中摄入钙质，比如绿叶蔬菜、坚果、豆腐和（越来越多的）强化食品。

▷ 有机牛奶

一些研究人员指出有机牛奶的营养价值更高，因为有益的 ω-3 脂肪酸以及维生素 E 的含量更高。然而，尽管这些结论背后的研究涉及 196 篇研究报告，但许多该领域的专家还是认为这些研究者在夸大其词。有机牛奶的 ω-3 脂肪酸实际上只占我们饮食的 1.5% 至 2%，不太可能带来营养或健康方面的好处。

牛奶本身缺乏维生素 E，有机牛奶的维生素 E 含量高出那么一点点也没有多大意义。众所周知，有机牛奶的碘含量比普通牛奶低很多（低 40%），这就造成问题了，因为牛奶和乳制品是很多人摄入碘的主要来源。碘含量不同的原因是，传统畜牧业给非有机奶牛食用加碘的动物饲料，用碘基产品进行消毒，使奶牛暴露在消毒带来的碘当中。人体需要碘来合成甲状腺激素，这种激素对生长、调节新陈代谢以及胎儿发育都有至关重要的作用。人体无法生成碘，你需要从饮食中进行补充，如果你缺碘或难以从其他来源（例如鱼）中摄取碘，那牛奶的选择就有很大影响了。对于孕妇来说，她们需要从饮食中摄入更多碘，来保证胎儿的健康发育，所以选择哪种牛奶的影响就更大了。已经有人呼吁在有机奶牛的饲料中添加天然含碘的食料（比如海藻），一些牧场主现在也在采取措施解决有机牛奶碘含量较少的问题了。

▷ 生奶

　　牛奶很容易受到来自环境或奶牛本身的微生物的污染。只要条件适宜，牛奶就会含有一系列有害微生物，比如沙门氏菌、大肠杆菌、弯曲杆菌、李斯特菌、金黄葡萄球菌、肉毒杆菌、布鲁氏菌以及很多有害的霉菌。再者，食用牛奶和奶制品引起的人畜共患病（可以在动物和人之间传播的疾病）也很常见，这些疾病包括肺结核、钩端螺旋体病、李斯特菌病、布鲁菌病和沙门氏菌病。正是鉴于上述原因，大部分牛奶只有经过处理才能避免微生物对消费者的伤害。然而，有些人却主动选择饮用未经处理的牛奶（即生奶）。喜爱生奶的人觉得这是纯天然无人工干预的产品。不少人认为，生奶富含营养物质以及对肠道有益的细菌，有些人甚至称生奶能增强免疫系统以及防止过敏。那从科学角度，我们该怎么看待这个问题呢？生奶的确富含细菌，但遗憾的是，它含有很多有害细菌。由于免去了巴氏杀菌过程，生奶可能含有能引起食物中毒和其他疾病的有害细菌。我母亲小时候就曾因饮用未经灭菌的牛奶而感染了牛结核病。很多留有记录的病例也显示饮用生奶容易引发疾病。由于会对公众健康造成风险，生奶的销售并非在所有地区都是合法的，只在某些国家或环境中获许，基于这一点，我建议脆弱人群（比如老人、小孩、孕妇和免疫系统有缺陷的人）不要饮用生奶。尽管很多养殖场都采取切实的措施来限制潜在的微生物风险，研究还是发现，多达 1/3 的生奶样本携带病原体，即便这些样本来自健康的奶牛，牛奶本身的质量看上去也不错。那么人们为何还要冒险饮用生奶呢？

据发现，生奶确实含有具有益生菌特性的微生物，比如双歧杆菌和嗜酸乳杆菌。然而，这些微生物在牛奶中的含量较低，因为它们无法与其他在牛奶中自然产生的细菌抗衡。事实上，双歧杆菌的含量高低已被当作生奶是否被粪便污染的指标来使用了。再者，这些微生物对健康的作用还未完全揭晓。不过有些研究人员提出，可以在牛奶经低温杀菌之后再把这些有益细菌加入其中，这样既可以把风险降到最低，又能够获得潜在的益处。另一些人指出，在往牛奶里加益生菌时，使用从人类身上分离出来的菌株比从奶牛身上分离出来的更好。我们对牛奶所含的益生菌的作用了解不多，生奶中的有害细菌带来的风险又如此重大，只能建议大家转而从其他食品中摄取有益细菌了。

巴氏灭菌法的确在一定程度上减少了牛奶中的营养成分，不过我们日常饮食所摄入的营养成分也足以弥补。举个例子，牛奶经过低温杀菌后，所含的维生素 B_{12} 和 C 就会减少，但是减幅不大，牛奶也并非这两种维生素的重要膳食来源，所以不会有什么问题。维生素 D 和 K 似乎不会在低温杀菌的过程中大幅减少，即便维生素 B_2（核黄素）会减少，牛奶也不是补充这种维生素的重要来源，我们还是可以从其他食品中获得足够的补充。据发现，牛奶中维生素 A 的含量在低温杀菌之后反而增加了。

支持者称，饮用生奶有助于预防儿童哮喘和过敏，他们指向的研究对象是那些在乡村地区长大的人，然而，并无有力证据表明饮用生奶有助于缓解过敏现象。人们认为生奶含有天然蛋白质、抗体和微生物，具有增强免疫系统及预防过敏现象的功效，但这些物质会在低温杀菌时遭到破坏。然而，这些功效背后的机制尚不明确，也没有足够的证据可以支持这样的说法。简言之，饮用生奶的风险似乎远远高于其可能带来的益处（所谓的益处并无多少证据可以证明）。

▷ UHT 牛奶

与生奶相反，UHT 牛奶刚好处在另一极端。这种牛奶很容易买到，不过其营养价值比得上一般的巴氏灭菌奶吗？经过超高温处理之后，牛奶中的叶酸成分会降低 20% 至 30%，而且在贮存的时候还会损失更多。这就可惜了，在通常情况下，牛奶是叶酸重要的膳食来源。UHT 牛奶比巴氏灭菌奶少了很多维生素 B_6、B_{12} 和 C。在英国，大多数人只会在没有鲜奶时才饮用 UHT 牛奶，所以不用担心这个问题。然而，其他欧洲国家的人主要饮用 UHT 牛奶，也就是说，这种牛奶的营养缺失问题可能产生重大影响。

▷ 均质牛奶

一些人对牛奶的均化处理颇有微词。他们担心均化处理会改变牛奶的结构，从而增加消费者罹患心血管疾病和其他疾病的风险。人们之所以有这样的担心与所谓的黄嘌呤氧化酶（缩写为 XO）不无关系。据发现，如果人体的黄嘌呤氧化酶水平上升，就会引发炎症以及增加罹患 2 型糖尿病和心血管疾病的风险。牛奶中原本就含有大量黄嘌呤氧化酶。均化处理切割了牛奶中的脂肪球，脂肪球的表面积增加，不仅无法被原来的膜完全覆盖住，还附着了一些蛋白质。人们认为，在没有经过均化处理的牛奶中，这种酶会附着在包裹脂肪球的膜上，与我们胃里的消化液接触之后就会被分解掉，不会完整地进入血液。但是在经过均化处理的牛奶中，这种酶被新生成的较小的脂肪分子包裹着，在某种程度上避开了消化的过程，被完整地吸收到血液中。接着，这种酶就会损害心血管组织，堵塞动脉，引发心脏病。

问题就在于，这些都基于一个人［库尔特·奥斯特（Kurt Oster）博士］在几十年前提出来的假设，这个假设后来遭到很多人质疑。这只是一个没有任何实际科学实验支持的理论而已。实际上，并无有力证据表明均质牛奶和人体内的黄嘌呤氧化酶水平有关系，更无法说明均质牛奶和心血管疾病有关联，甚至不能说均质牛奶中的黄嘌呤氧化酶可以被人体吸收（目前尚未发现这种酶可以通过膳食途径被人体吸收），有了这些前提，整个争论都变得毫无意义。人体确实含有黄嘌呤氧化酶，但不是从体外摄入的，而是人体本来就会生成的（是什么导致这种酶的水平出现变化的就完全要从生理层面考虑了）。尽管这个假设在 1983 年刚被提出来时，就在《美国临床营养学期刊》（*American Journal of Clinical Nutrition*）上被加利福尼亚大学戴维斯分校（University of California at Davis）的研究人员证明是错的，后来又遭到其他研究的批驳，但人们对均质牛奶的怀疑依然不减，并在许多博客和网站上不断抹黑均质牛奶。有趣的是，人们往往愿意相信某个人提出的理论，却会忽视很多其他人摆出来的实实在在的科学证据，其他很多健康理论的遭遇也不过如此。人们总是相信自己愿意相信的（制作巧克力牛奶、冰冻咖啡饮品以及酸奶等食品所使用的牛奶也会经过均化处理，不过人们也许并不想知道这些，他们更愿意心安理得地享用美味）。

▷ 无乳糖牛奶

世界上 65% 至 70% 的人口患有乳糖不耐受症，而乳糖耐受与否取决于基因。乳糖不耐受症在特定的民族群体（比如东亚的人）中更为常见，但在英国，患有这种症状的人相对较少，据估计只有 5% 左右。通常情况下，我们生来就携带大量的乳糖酶以及拥有消化乳糖的能力，只有少数婴儿在出生时就患有乳糖不耐受症。我们需要足够的乳糖酶才能消化母乳（母乳的乳糖含量比牛奶高出 70% 左右），但是在两岁左右断奶之后，饮食不再像之前那样主要由牛奶和奶制品构成时，许多人体内的乳糖酶水平就下降了。这些人的乳糖不耐受症在 5 岁以后才会出现临床症状。在人类进化的过程中，我们度过婴儿期之后就失去了消化乳糖的能力，但是在相对不太久远的过去（大约 7500 年前），一场基因突变席卷了整个欧洲[①]，让部分人可以继续分泌乳糖酶（称为乳糖酶续存性），能够饮用不经发酵的动物奶。

以上所说的都是关于先天性乳糖不耐受症（由基因决定并且往往具有家族遗传性），但是继发性乳糖不耐受症可能出现于

---

① 据判断，促进乳糖酶续存性的基因突变分别发生于西亚、中东和南亚等地。［Curry, A. (2013) 'Archaeology: The milk revolution.' https://www.nature.com/news/archaeology-the-milk-revolution-1.13471］——著者注

任何年龄段的人群，是小肠出现问题引起的，小肠可能受到其他疾病、手术或药物的影响。不含乳糖的牛奶适合这类患者饮用，除了糖分的变化，无乳糖牛奶与普通牛奶的营养成分是相同的。通常不建议乳糖不耐受症患者完全放弃奶制品的消费（除非症状非常严重），否则将无法摄取膳食里重要的营养物质。很多患者仍然可以享用其他乳制品（比如奶酪）而不会感到不适。

乳糖不耐受症和牛奶过敏不一样。乳糖不耐受症意味着你无法很好地消化乳糖，牛奶过敏是人体的免疫系统对牛奶摄入的异常反应，尤其是针对牛奶中的蛋白质[①]。过敏的症状有轻有重，包括皮疹、气喘、流涕、胃痉挛和呕吐，甚至会出现过敏症（一种遍及全身、危及生命的极端反应）。据估计，一岁以下的婴儿中有2%至7.5%对牛奶过敏。虽然这在儿童当中是一种相对常见的过敏现象，但大多数人长大之后就不会出现症状了。如果患上了这类过敏，就只能严格避免摄入牛奶和奶制品。到这里你可以了解到，乳糖不耐受症比牛奶过敏要常见得多了。谈到这个话题，你也许听说过乳糖不耐受症患者饮用山羊奶更好，因为山羊奶的乳糖含量较低。然而，情况并没有这么简单。据发现，山羊奶的乳糖含量与牛奶非常相似，同样会引起不耐受。

▷ A2 牛奶

近年来，有关A2牛奶益处的说法一再变更。首先，A2牛

---

① 牛奶过敏也称为牛奶蛋白过敏（缩写为CMPA）。——著者注

奶被标榜比普通牛奶更健康，因为普通牛奶会增加罹患 1 型糖尿病和心脏病的风险，但 A2 牛奶不会。然而，这样的说法被研究证明是没有事实根据的。证据显示，普通牛奶与 1 型糖尿病、心脏病之间没有联系。最近几年，A2 牛奶促进消化的说法开始流行起来。为了说明 A2 牛奶的益处，需要证明 A1 β-酪蛋白在某种程度上对健康有害。不过，这方面的研究至今尚不能确切显示 A1 β-酪蛋白会损害人体健康。少数研究发现有这样的联系，但其他研究却无法得出相同的结果。目前来说，证据既不够充足又缺乏一致性，需要进行更多的研究，才能有力地证明 A2 牛奶有利于健康。尽管人们对 A2 牛奶背后的科学仍然存在疑问，但是这种牛奶的营销理念最初不过是新西兰一家小型初创公司（a2 牛奶公司）提出的创意罢了，现在却被世界最大的乳制品企业所采纳，包括恒天然集团（Fonterra Co-operative Group Ltd，世界上最大的乳制品出口商）和雀巢公司（Nestlé SA）。A2 牛奶的营销是日益火爆的大型业务，各公司都争相利用这一趋势。毕竟一瓶 A2 牛奶的售价比普通牛奶高出许多，生产商可以从中获得的利润十分可观。

▷ 乳清蛋白饮品

说回牛奶蛋白，牛奶中的乳清蛋白常常被添加到饮品中，销售给那些想要增强肌肉的健身爱好者。最近，其他人也开始饮用乳清蛋白饮品，比如休闲健身者和那些想减肥的人，想通过这种方式快速补充蛋白质。关于乳清蛋白的好处存在不少说法，包括增加肌肉、增强饱腹感、减少体脂、增强耐力以及让人快速从锻炼后的肌肉疲劳中恢复过来。几年前，欧洲食品安全局决定研究一下这些说法，但在总结的时候一一否决了。他们认为没有确凿的证据可以支持这些说法。最近有很多研究发现，乳清蛋白对那些进行抗阻运动之人的肌肉有一定作用，但是可以证明这种蛋白具有其他功效的证据仍然十分有限。乳清蛋白饮品可能造成的危害也被提了出来。有些乳清蛋白饮品添加糖分，增加了消费者所摄入的热量，饮品里的牛奶蛋白质可能导致肠道不适。更令人担忧的是，2018 年的一份报告显示，很多乳清蛋白饮品含有重金属和杀虫剂等污染物。如果想要补充蛋白质，专家建议你从其他食品中进行补充，如果服用蛋白质补充剂，就应该谨慎行事。乳清蛋白还有别的用途，可以有效帮助营养不良的人补充营养。

▷ 发酵乳

　　控制好菌种、发酵温度和时间是制作出可食用发酵乳的关键。这不是放任牛奶在冰箱里变质就可以办到的。人们认为发酵乳比普通牛奶更容易消化，在一些国家和地区，发酵乳被用作婴儿断奶期食品。其中一个原因就是，发酵乳的乳糖含量比普通牛奶低，因为在发酵的过程中牛奶的部分乳糖得到分解，这让乳糖不耐受的人消化起来更加容易。许多发酵乳都对健康大有益处，其中就包括日益流行的开菲尔。

开菲尔与其他发酵乳最明显的区别就在于，它在发酵过程中使用了含有大量酵母菌的开菲尔粒。开菲尔粒实际上并不是颗粒，而是看起来有点像颗粒的凝胶珠，里面含有多种细菌和酵母菌。开菲尔含有很多有益的复杂成分，包括牛奶本身以及种类繁多的细菌和酵母菌（据估计，开菲尔里面含有超过三百种不同的微生物，尽管构成不尽相同）。长期以来，人们一直认为开菲尔有益健康，直到最近几年，才有科学研究想要验证这些说法是否站得住脚。开菲尔的好处确实存在，包括促进消化和乳糖耐受，增强免疫系统，改善胆固醇的新陈代谢，帮助缓解过敏以及预防炎症和癌症。然而，很多发现都是来自动物实验或实验室研究。现在需要进行大量临床实验才能衡量开菲尔对人类的影响，还需要通过研究来解开影响背后的机制，比如开菲尔的有效性如何以及受益群体是哪些人。目前，世界各地生产开菲尔的方式不尽相同，这种饮品的成分因此有了很大差异，所带来的影响也就有所差异了。

人们通过研究调查了很多其他传统发酵乳的健康益处，情况都和开菲尔相似。目前找到的证据显示，发酵乳可能带来一些益处，但还需要通过更多实验来阐明发酵乳含有哪些成分，这些成分具有什么效果以及对哪类人群会产生影响。大量微生物的存在同样也会带来危害。有项小型研究显示，经常饮用肯尼亚发酵乳"mursik"可能引起食道癌，因为这种饮品在发酵的过程中会形成乙醛，饮用者反复接触致癌的乙醛便会得病。这一点还需要更多的实验才能证明，但这也可以表明，发酵乳并不都是一样的。事实上，发酵乳种类繁多，正如你所想，很多品种都是按照传统的方式生产出来的，在安全性、质量和用途等方面缺乏监管与指导。

微生物发酵是一件复杂的事情，而细菌、酵母菌和正在发酵的牛奶之间会进行复杂的相互作用。发酵乳制品的种类非常丰富，对健康的影响也十分重大，就它而言，关键在于确定哪种成分影响最大。只有了解哪种成分对健康最有利，商业研制的发酵乳产品才能做到安全可靠、质量如一、成分稳定，实现功效最大化。生产商希望自家的发酵乳大卖，但是他们的产品又不能带来显著的益处。

不同于开菲尔和其他传统的发酵乳，商业生产出来的益生菌酸奶饮料通常只含有一两种细菌。有证据表明，饮用含有乳双歧杆菌和乳酸菌的益生菌发酵乳可以在一定程度上改善健康成人消化不良的情况，不过这项研究却是在发酵乳生产商达能集团的支持下进行的。然而，其他研究人员并不认同上述说法。有篇综述探究的是含有干酪乳杆菌和乳双歧杆菌的产品（比如益力多和"Actimel"）的广告，得出的结论是，没有足够的证据可以支持这些产品对健康有利的说法。其他研究发现，有益细菌是存在的，但即便能够克服胃部的酸性环境到达肠道，也只能让一小部分人获益。这些人往往患有疾病，饮食需要根据个人需求进行调整。我们会在讨论健康饮品的时候，谈到更多关于益生菌和益生元的内容，详情见第 4 章"冷饮（不含酒精）"。

▷ 牛奶中的抗生素

有人称牛奶的抗生素含量非常高，可能对人体健康有害。乳制品产业使用抗生素来治疗奶牛的常见疾病，比如乳腺炎、牛蹄病和生殖疾病。在英国，奶牛养殖的抗生素用量比猪或家禽养殖低得多，大规模使用抗生素的情况并不常见，使用量也相对较低，这和其他国家的情况不太一样。英国和其他一些国家通过制定法规，禁止正在使用抗生素的奶牛所产的奶进入食物链，还设置了严格的停药期（即在一段时间内，这些奶牛所产的牛奶都要被处理掉）；还要对牛奶进行例行检测，检查是否含有抗生素。如果检测的结果呈阳性，这些牛奶就会被禁止出售，养殖户就会被罚款或吊销牛奶生产的执照。尽管设置了规定和制衡方式，来自各国的大量研究在测试牛奶样本后发现，即饮牛奶里面仍存在药品的残余物。不过只在一小部分样本中发现药物残余，而且抗生素的含量在总体上非常低，不太可能直接危害健康。但长期来说可能会产生影响，不过我们没有证据可以证明这一点。联系前文的内容，你可能记得我讲过自来水也含有药品残余物，那么用水冲调的代乳品也可能含有药品残余物。牛奶中出现激素的问题也让人们十分担心，尽管其他国家在养殖奶牛时会使用激素，但是英国却禁止对畜类使用激素类生长促进剂。

在谈论植物奶之前，我们要说说乳制品产业对环境造成的影响，这是该产业遭到批评的主要原因。乳制品产业是一个庞大的全球性产业，据估计，世界各地一共养殖了 2.7 亿头奶牛。这一产业对环境的影响是多方面的，比如排放温室气体以及污染当地水源，有些不可持续的养殖方式（无论是饲养奶牛还是生产饲料）还会导致土地流失。饲养奶牛需要大量使用水资源和电力。生产牛奶比生产植物奶释放的温室气体更多，使用的土地资源和水资源也更多。有些气候科学家称，拒绝食用肉类和乳制品，可以减少我们对地球环境的影响，这个方式是最管用的。

夜间牛奶

我们都听说过，睡前饮用牛奶（特别是热牛奶）可以帮助睡眠。能够证明这种方法有效的证据其实并不多（想知道更多相关知识，请翻阅第 3 章"麦乳精饮品是什么"一节），不过你听说过"夜间牛奶"吗？夜间牛奶不是指睡前饮用的牛奶，而是奶牛在晚上被挤出来的牛奶。夜晚挤奶是因为这时候牛奶的褪黑素含量较高。褪黑素是人体自然生成的一种激素，在睡眠中起着重要作用，这种激素水平的高低会随着时间的变化而变化。褪黑素水平在天黑以后上升，在有光照的时候下降，与人体的其他机制协作，帮助人体做好睡眠的准备。褪黑素让人感觉更平静和放松，因此褪黑素助眠剂非常流行。尽管人们认为富含褪黑素的牛奶有助于睡眠，商家推广的时候也吹嘘这一功效，但从科学研究得到的相关证据不仅稀少而且缺乏一致性。

植物奶

植物奶是一个蓬勃发展的产业。英国的植物奶销售额预计在 2021 年之前可以增长到 4 亿美元。杏仁奶、豆奶和椰奶都是畅销饮品，其他植物奶在市场上也受到追捧。植物奶曾经是纯素食者和乳糖不耐受患者的专门饮品，如今在其他人群中也大受欢迎。有趣的是，统计数据显示，大多数购买植物奶的人也会购买普通牛奶。许多植物奶成为饮品已经有好几个世纪的历史了，只不过最近几十年才被商家推广到市场上。人们为什么对植物奶（也称作牛奶替代品）的兴趣越来越浓厚呢？背后的原因很多，包括对乳制品消费产生担忧，觉得植物奶在某种程度上更加健康，希望减少动物产品的消费，日益不满于农业工业化的做法[1] 和乳制品行业对环境的影响，以及仅仅想要尝试新事物。另外，在一些发展中国家，动物奶比较昂贵，而植物奶是更经济的选择。世界上有数不胜数的牛奶替代品，人们很容易认为这些饮品都大同小异，但它们还是存在着巨大区别的，让我们来看看有哪些区别吧。

▷ 坚果[2] 奶是什么

早在几年前，杏仁奶就把豆奶挤下了榜首，成为市场上最

---

[1] 指的是奶牛养殖存在的重大道德问题，这里就不展开讨论了。——著者注
[2] 严格来说，有些并不是坚果，但我把它们称作坚果，因为很多人就是这么认为的。——著者注

受欢迎的植物奶。虽然超市里的牛奶替代品以杏仁奶为主，但也有很多其他坚果奶（腰果奶、夏威夷果奶、榛子奶、山核桃奶、核桃奶和开心果奶等）可供选择。当你听完坚果奶的生产过程，就会明白为什么几乎所有坚果都可以被制作成坚果奶了。要制作坚果奶，首先需把坚果进行浸泡、沥干以及冲洗干净，加水搅拌之后把果肉过滤掉就可以了。这样操作得到的液体就是坚果奶，需要进行冰镇保存。这是在家自制坚果奶的基本方法（互联网上有很多关于制作坚果奶的博客和视频），但是商业制作的坚果奶通常会添加其他成分。其中一些成分可以提高坚果奶的营养价值，比如添加钙质和维生素，但另一些却是为了改善口感的，比如加增稠剂（如刺槐豆胶、卡拉胶及米粉）和乳化剂（如向日葵油），又或者是为了改善口味的，比如加糖、盐或者调味剂。

▷ 豆奶是什么

豆奶是用大豆或大豆蛋白制成的饮品。浸泡、碾碎和煮熟大豆，然后把液体提取出来，就成了豆奶。商业制作的豆奶也含有添加成分，比如苹果提取物、酸味剂、盐、稳定剂、增稠剂和调味剂，还会添加钙质和维生素进行强化。在数百年前，中国人就已经懂得用大豆制作豆奶（豆浆）了，不过自20世纪早期以来，豆奶才真正普及到东亚以外地区。豆奶是最早广泛流行的乳制品替代品之一，曾经是纯素食者和乳糖不耐受患者的首选，但后来受喜爱程度就下降了。消费者开始担心大豆会对健康造成不利影响，于是纷纷寻找替代品。

豌豆奶是另一种豆奶。豌豆奶是一种用黄豌豆制成的饮品，不是大家想象的那种由小粒青豌豆制成的黏稠绿色液体。黄豌豆磨成粉之后，要把豌豆蛋白从淀粉和纤维中分离出来，再往豌豆蛋白中加水搅拌，然后添加其他成分，包括向日葵油、糖、盐、增稠剂、调味剂、钙质和维生素，豌豆奶就制成了。

▷ 谷物奶和种子奶是什么

制作谷物奶（比如米奶、燕麦奶和小麦奶）一般要先浸泡选好的谷物，然后加水搅拌均匀即可。谷物奶经常会添加其他成分，包括向日葵油、盐、酸味剂、纤维、稳定剂、增稠剂、钙质以及维生素。种子奶（比如亚麻奶、大麻奶和葵花子奶）的制作方式与谷物奶差不多，只是不一定会先进行浸泡。你对大麻奶感到好奇吗？大麻奶是由大麻植物的种子制成的，而大麻植物是大麻属植物的一种。大麻种子的四氢大麻酚（大麻毒品中具有精神作用的复合物）含量极其微小，四氢大麻酚含量极低的植物在很多国家（包括英国、美国、加拿大、德国、荷兰、比利时、瑞士和奥地利）都普遍用于食品行业。制成的食品不像非法的大麻毒品那样具有精神作用。

与谷物奶一样，种子奶也含有许多乳制品替代品中常见的添加成分。有些种子奶还加入了豌豆蛋白来增加其营养价值。

▷ 椰奶里有什么

我在这里所指的是盒装椰奶，而不是用来熬咖喱的罐装椰奶。椰奶由椰子奶油、椰子汁以及水混合而成，添加的成分包括糖、葡萄汁、乳化剂、增稠剂、稳定剂、盐、调味剂、钙质（有时会添加其他矿物质，比如镁和锌）和维生素。

虽然我列举了商业植物奶可能含有的成分，但并非每一种都包含所有列举的成分。有些较贵的植物奶所含的成分较少，不含糖的版本也能轻易买到。商业植物奶通常需要经过低温杀菌、均化以及消毒这些过程，进而确保生产出来的是安全可靠、品质稳定、富有美感以及保质期够长的产品。

植物奶的味道也各不相同。"坚果味""烤面包味""咸味"都是用来描述坚果奶的词。有些人认为腰果奶的坚果味没那么重，口感更顺滑一些。大麻奶也被说成有坚果味，不过一些人觉得有些油腻。试吃员认为亚麻奶的口感和质地都是中性的。米奶有各种味道，不过人们认为品牌米奶的味道更接近牛奶而不是其他植物奶，虽然质地要稀薄一些。有些人说豆奶的味道和质地很像白垩，另一些人则说豆奶口感顺滑。豆奶的受欢迎程度让位于杏仁奶的其中一个原因是，人们喜欢杏仁奶的味道，不喜欢大豆的豆腥味。跟米奶一样，豆奶被认为是较接近牛奶的植物奶，味道比其他牛奶替代品更加圆润。燕麦奶是灰色的，味道清淡偏中性。相比之下，豌豆奶非常细腻丰富，口感比全脂牛奶还好。试吃员发现，好几个品牌的植物奶都是质地稀薄，口味偏中性。这些作为普通饮品或加入谷物中饮用比较好，但是如果添加到咖啡等烈性饮品中，则没办法对整体口感产生影响，所以添加的意义不大（比如有人加奶是为了冲淡黑咖啡的苦味）。椰奶比较甜润细腻，可以冲淡咖啡或茶的味道，不过有些人觉得椰奶味道太浓，不适宜作为日常的牛奶替代品。如果你很在乎口味，就要好好选择植物奶了。

牛奶替代品与健康

"天然无乳糖""不含谷蛋白""饱和脂肪含量低"等都是宣传植物奶的标语。这些大多标榜的是植物奶不含哪些成分，说得也没错，没什么可辩驳的。坦白说，你用这些话来形容一杯水也没有错。那这些植物奶里面究竟含有什么呢？有些声称添加了钙质和维生素，有些宣称纯天然……"植物炼就的精华"（一种植物奶的标语）到底是什么意思?！不管促销广告有多么夸张，植物奶替代品的定位通常是"比普通牛奶更健康"。人们在牛奶对健康的影响方面做了大量研究，但对植物奶那些直接可观测的功效却明显缺乏研究。缺乏证据也罢，我们还是可以看看植物奶含有什么成分，再思考一下相关的说法。

虽然植物奶所选用的原料含有丰富的营养，但这并不等于植物奶本身营养丰富。有些人称，植物奶所含的植物成分（比如燕麦或坚果）对健康有利，他们指的是直接食用这些成分，至于与其他成分一同摄入是否还有利于健康就另当别论了。要切实评估植物奶功效方面的证据、知道我们摄入了哪些成分，就需要研究饮品本身，因为饮品中的营养物质可能发生相互作用，生产过程也会对最终产品产生影响。事实上，能够进入植物奶当中的植物成分并不多。举个例子，很多坚果都富含蛋白质、健康油脂和纤维，可以降低罹患心脏病和糖尿病的风险；而最受欢迎的坚果奶品牌通常只含 1% 至 2.5% 的坚果成分，其他大部分都是水，这一事实让你吃惊了吗？较贵的品牌含有 5% 至 6% 的坚果成分。在坚果含量这么低的情况下，你不能指望享受到坚果所带来的好处，除非你每天饮用大量坚果奶。谷物奶的情况要好一些，米奶和燕麦奶的主要植物成分含量为 10% 至 17%，但水仍然是饮品的主要成分。纤维含量高是燕麦奶的卖点（一杯燕麦奶约含 2 克纤维），燕麦奶可以帮助你增加每天的纤维摄入量（建议每天补充 30 克纤维）。燕麦奶含有可溶性纤维 β-葡聚糖，据发现，其有助于将胆固醇控制在正常的水平内。一杯燕麦奶的 β-葡聚糖含量是每日所需的 1/3。

植物奶的热量比全脂牛奶低，这也是它受欢迎的原因之一。米奶、芝麻奶和榛子奶的热量与普通半脱脂牛奶差不多，大麻奶、燕麦奶和椰奶的热量与脱脂牛奶的一样。其他植物奶的热量更低。植物奶的热量大多来自碳水化合物。米奶的含糖量与普通牛奶的一样或者稍高一些，不过其他（未加糖的）植物奶的含糖量较少。为了提高人们对植物奶产品的整体接受程度，在植物奶里面添加糖、甜味剂和其他调味剂都是常见的做法，不然很多人可能会觉得味道有点怪。购买植物奶时记得查看一下标签，因为添加糖分和植物油意味着一些植物奶的热量实际上比全脂牛奶还高。许多植物奶中添加的糖分与牛奶的糖分明显不同，消费者可以根据需要选择不添加糖的种类。然而，植物奶所含的盐分较高，这可能也成为一些人担忧的事情。

一般来说，植物奶的脂肪含量低于牛奶。比如，米奶和燕麦奶的脂肪含量就比半脱脂牛奶低，不过大麻奶的脂肪含量要高一些（但没有全脂牛奶那么高）。除了椰奶，其他植物奶所含的脂肪大多是不饱和脂肪。与其他植物奶相比，椰奶所含脂肪相当丰富，并且几乎都是饱和脂肪。而牛奶所含的脂肪有 60% 至 65% 是饱和脂肪。任何植物奶都不含胆固醇。饱和脂肪是否会影响心脏健康，这个问题还存在争议，不过还是建议大家尽量减少饱和脂肪的摄入，用不饱和脂肪来代替。

豌豆奶和豆奶的蛋白质含量比其他植物奶的更高。在推销时，人们称豌豆奶的蛋白质含量与牛奶的蛋白质含量一样高，豆奶的蛋白质含量也与牛奶的蛋白质含量差不多。虽然植物奶含有大量蛋白质，但是研究人员指出，植物奶的蛋白质不同于牛奶蛋白，因为牛奶含有更多人体必需的氨基酸，牛奶的可消

化必需氨基酸评分[①]（蛋白质质量的一种评价方式）更高。大多
数植物奶的蛋白质含量非常低。缺乏蛋白质就意味着，植物奶
对儿童来说不是理想的牛奶替代品。儿童需要更多蛋白质、维
生素和矿物质来支持自身的生长和发育，牛奶是这些营养物质
良好的来源。

　　与牛奶不同的是，一些坚果奶含有大量维生素 E，尽管如
此，植物奶在充当牛奶替代品时，通常需要添加维生素和矿物
质进行强化，比如钙质。纵观各大品牌的植物奶，你会发现它
们都添加了钙质和一些维生素，特别是维生素 D 和 B 族维生素，
很多植物奶的矿物质和维生素含量已经赶超牛奶了。然而，牛
奶和植物奶中含有的天然维生素和矿物质虽然相似，但在生物
有效性（即进入人体循环且能够发挥作用的分量）方面表现却
不同，而添加进去的维生素和矿物质在这方面的表现也不一样。
例如，据发现，人体能吸收牛奶中至少 30% 的钙质，但是从杏
仁和豆类等植物中吸收的钙质仅在 20% 至 30%。钙质和维生素
的类型与吸收量的多寡不无关系，饮品类型与吸收量的多寡也
有关系，所以你不能认为，只要产品标签上所写的钙质或维生
素 D 的含量是相同的就行了，毕竟标签所写的含量不能保证最
后的吸收量。

　　添加钙质和维生素有利于增强植物奶的健康价值，但还是

[①]　缩写为 DIAAS（digestible indispensable amino acid score）。——著者注

不如牛奶的营养成分全面。就拿碘举个例子吧。牛奶是碘的良好来源，但植物奶却不是。萨里大学（University of Surrey）做了一项针对47种植物奶的研究，发现在整体上植物奶的碘含量仅是牛奶的一小部分，而47种植物奶中只有3种添加了碘。很多营养专家总结出，豆奶作为牛奶的替代品，虽不能与之媲美，但总体营养价值是最好的，不过豆奶并不适合所有人，有人不喜欢豆腥味，有人对大豆过敏。

总而言之，植物奶在营养价值上与牛奶没有可比性，因为两者的成分不同，植物奶所含的营养也没有牛奶那么丰富。总的来说，一般不能认为植物奶比牛奶更健康，因为大多数植物奶的钙质、矿物质和维生素含量较低，所含的蛋白质数量较少且质量较低，含有的盐分和糖分往往较高。不过，对于那些出于某种原因不能饮用牛奶的人来说，植物奶确实是一种有效的替代品。由于乳制品在日常饮食中有着重要作用，是许多营养物质的重要来源，所以你如果选择饮用植物奶，就要从其他食品当中补充缺失的营养物质。

现在我们已经知道了植物奶为何不像所宣传的那样拥有诸多好处，但它们是否会对健康造成不利影响呢？

很多人选择植物奶的关键原因就是不想摄入乳糖。乳糖只存在于牛奶中，所有植物奶都是不含乳糖的，有些人饮用普通牛奶后会感到严重不适，那么他们选择植物奶就不难理解了。植物奶也给牛奶过敏的人提供了一种选择。然而，植物奶并不适合所有出现过敏倾向和乳糖不耐受的人。坚果奶显然不适合对坚果过敏的人。有人对大豆或芝麻过敏，一些燕麦奶中含有致敏的谷蛋白。事实上，人们已经发现很多植物奶会引起过敏反应，所以对某些人群来说，选择植物奶并不是简单的事情。

豆奶的安全问题是它在近些年受欢迎程度下降的主要原因之一，人们认为它与乳腺癌以及其他疾病有联系。人们对大豆的看法不一，也做了大量研究来调查大豆对健康的影响。大豆的异黄酮含量高是影响风评的因素之一。异黄酮是一种植物雌激素，功能与人类的雌性激素差不多，但是作用比较温和。异黄酮在人体内会进行复杂的相互作用，科学研究形成的结果会受到许多因素的影响，比如目标人群的种族、大豆产品的类型、人体内的激素水平以及受到影响的部位。就以乳腺癌为例，世界癌症研究基金会（World Cancer Research Fund）评估了 2017年的证据，发现摄入大豆不会增加罹患乳腺癌的风险。此外，并没有确凿的证据可以表明健康人群适量饮用豆奶会出现问题。

在过去几年里，你可能看到过大米的砷含量过高的报道。砷是一种存在于环境中的天然金属元素，一些作物在生长过程中会吸收这类重金属。作为一种有毒物质，砷会严重影响健康，损害多个人体器官。众所周知，水稻的砷含量要高于其他作物（是其他谷物的 10 倍之多）。那么这能否成为人们担心米奶的理由呢？大米的砷含量与水稻类型以及烹饪方式有关，不过人们发现米糠的砷含量最高，所以米糠制品的砷含量高于其他的米制品。米奶就是米糠制品的一种，由于砷是天然生成的，有机米糠制品和传统米糠制品在砷含量上没有区别。有项针对 19 种不同米奶的研究发现，所有这些米奶的砷含量都超过了欧盟规定的饮用水砷含量上限[①]，有些甚至达到了上限含量的 3 倍。先别忙着惊慌，大米或米制品在欧洲人的日常饮食中占比不高，从食品或其他来源接触到的砷物质也在安全水平之内。但是也别掉以轻心。来自欧洲和美国的安全专家一致认为，每周食用数次米制品所接触到的砷并不会造成重大健康风险，不过还是建议人们均衡摄入多种谷物来调整饮食结构。不同国家在消费米制品方面给出的指导意见各不相同，英国食品标准局（Food Standard Agency）建议不要把米奶作为 5 岁以下儿童的牛奶替代品，因为米奶里面含砷。米奶爱好者可以考虑把其他植物奶加入日常饮食当中，与米奶交替饮用。

　　坚果奶等产品中添加的卡拉胶引起了人们的关注（或说社交媒体的恐慌）。卡拉胶是一种被广泛使用的增稠剂，由海藻中提取出来。20 世纪 90 年代，少数研究人员将卡拉胶与肠胃疾病和其他健康问题联系起来。由于坚果奶等产品变成人们日常饮食的一部分，一些人担心经常摄入卡拉胶会产生问题。然而，后来有更多科学家发现上述研究存在缺陷，并反复证明卡拉胶不存在安全问题。美国农业部（US Department of Agriculture）、

---

① 米奶是否按照水的方式进行归类又是另一回事了。——著者注

联合国粮食及农业组织以及世界卫生组织等机构都表明，卡拉胶是安全的。

▷ 环境影响

担心食用动物产品会影响环境，一些消费者选择饮用杏仁奶，但他们可能没有意识到杏仁的培植也会对环境造成重大影响。虽然生产杏仁奶排放的温室气体比生产牛奶少，但是需要大量使用水资源和杀虫剂。说到这个，你知道生产一杯杏仁奶就要耗费大约 74 升水资源吗？一些研究人员估算出来的数量比这还多。不过生产牛奶的耗水量更大，再加上生产 1 升牛奶比生产 1 升杏仁奶多排放 1.31 千克二氧化碳当量[①]的温室气体。如果你担心杏仁奶对环境产生影响，那你需要知道，其他植物奶也好不到哪儿去。

大豆也因为对环境的影响而声名狼藉。美国、巴西和阿根廷生产的大豆加起来占全世界大豆产量的大约 80%。为了满足人们日益增长的大豆需求，大片的森林（包括热带雨林）遭到砍伐，然后空出土地来种植大豆。世界自然基金会（World Wildlife Fund）称，大豆种植是全球森林砍伐的第二大农业原因，仅次于牛肉生产。这显然是个严重的问题。英国有 75% 的大豆是从巴西和美国进口的。当然，你不能把所有责任都推给

① 二氧化碳当量是一种用作比较不同温室气体排放的量度单位。——著者注

豆奶消费。实际上，大部分大豆被用于制作动物饲料、各种食品以及生物柴油。大豆产业正在努力解决这些现存的问题，一些超市尽量只储备拥有可持续来源的大豆产品，要解决这一问题，我们还有很长的路要走。

很多用来生产豆奶的大豆都是转基因的。美国、巴西和阿根廷所生产的大豆中有 90% 都是转基因的。转基因食品我们会另行讨论，但不管拿出什么样的证据，很多消费者都对转基因食品的影响感到惴惴不安，时常想要避而远之。这也是豆奶销量下降的原因之一。值得注意的是，不是所有大豆都是转基因大豆，你如果担心，可以通过查看产品标签来了解相关情况。

所有植物奶都会对环境造成影响，只不过影响程度不一样罢了。对生活在英国的人来说，大多数植物奶中的主要成分都是在别国种植培育出来的，所以这些原料单单是在运输过程中产生的碳足迹就比本国所产的牛奶的碳足迹高出不少了。

▷ **选择植物奶**

由于植物奶普遍缺乏独特的营养价值，有些植物奶还引起了人们的担忧，植物奶所含成分大部分都是水，那些拥有其他选择的人可能就要发问了：到底为什么还要饮用植物奶呢？现在你已经知道商业生产的植物奶含有哪些成分了，由于制作并不复杂，你可能更愿意在家自制植物奶饮用，不过别忘记从其他食品中补充相关的营养物质。各种植物奶的卖点有所不同，选择哪种植物奶取决于你的动机。比如，如果身体容易产生过敏反应，那么你可选择的范围就变窄了，或者你想要的是高蛋白、低热量或对环境无害的饮品，又或者你只是单纯想饮用味道最佳的植物奶。现在市面上的选择多种多样，你可能要考虑一下自己真正想要或需要从植物奶 / 牛奶替代品 / "mylk"中获得什么。

　　作为成人，很多人一想到饮用母乳就不免难为情，但是饮用其他动物的乳汁时却习以为常。如此一来，饮用动物奶是不是变得有点奇怪了呢？不过重点在于，抛开这样的伦理道德问题不看，动物奶营养丰富，可以让人们快速获得许多必需的营养物质，这是牛奶替代品无法媲美的。事实上，最好把牛奶替代品当作另一类食品，这样你就更容易相应地平衡自己的饮食。很多人可以分析不同奶类的利弊，然后进行挑挑拣拣，但动物奶在儿童的饮食中起着至关重要的作用，这是因为饮用动物奶摄入的脂肪量较低，而适宜儿童食用的其他动物类产品也比较少。广泛生产可供成人饮用的母乳可谓困难重重（我不确定处于哺乳期的妇女是否会接受这种想法），所以从营养的角度出发，动物奶是仅次于母乳的最佳选择。然而，并不是所有人都适宜饮用动物奶，所以植物奶给人们提供了一系列便利的选择，不过我们饮用植物奶时需要注意均衡饮食。

世界上最昂贵的奶昔 ①

说回那些世界纪录吧！世界上最昂贵的奶昔是2018年6月出品的LUXE奶昔，售价为100美元。为什么这么贵呢？LUXE奶昔在制作时使用了以富含乳脂而闻名的泽西牛奶、塔希提香草冰激凌、德文郡凝脂奶油、马达加斯加香草豆、23k可食用金箔、掼奶油、稀有的驴焦糖酱，以及美味的酒浸樱桃。这款奶昔被装盛在特别设计的杯子里，杯子的表面点缀着三千多颗施华洛世奇水晶。如果你也希望享用一杯，那就到纽约的奇缘3餐厅（Serendipity 3 restaurant）去吧。

---

① 奶昔是一种甜味冷饮，由冷牛奶和其他配料（比如冰激凌和调味剂）制成。通过摇动或搅拌，各种材料充分混合就制成了一款浓稠且微微起泡的奶昔饮品。——著者注

第**❸**章
热 饮

你对茶的了解有多少呢？你知道低因脱脂、添加豆奶的摩卡奇诺是什么吗？当我还是小孩的时候，大家在咖啡馆就只能点茶或咖啡，也不用提及种类、烹煮方式或者配料。通常都会添加牛奶，唯一需要嘱咐的便是加不加糖。哎呀，从那时到现在发生了多少变化啊?！现在，我们需要花费漫长的时间来排队，等着队伍慢吞吞地移动，等着前面无数的人慢腾腾地点单，等着咖啡店柜台后面复杂的机器把我们点的东西慢慢地制作出来。我们当中有些人还因为不明白咖啡师给出的选择而紧张不已。这么多年来，预言技术进步会加速商品生产的人显然没有

把热饮考虑在内 ①。如今，点一杯热饮竟变成一件耗费时间、复杂无比而且容易让人紧张的事情了。

在本章，我将会讨论世界各地最受欢迎的热饮，也就是茶、咖啡以及可可饮品。选择讨论这三类热饮有两大原因，其一是它们在全球范围广受欢迎，其二是人们对这三类热饮所进行的健康研究多于其他热饮。当然，还有很多其他的热饮也受到人们喜爱，不过我在这里无法展开来做详细介绍。例如，墨西哥玉米粥是一种在冬季很受欢迎的浓稠饮品，由玉米粉与水调和而成，还加入许多不同的配料，饮了舒心又温暖。玉米粥甜咸皆宜，添加的配料包括糖、蜂蜜、水果、巧克力、肉桂、坚果和辣椒。有些人偏爱法国牛肉清汤，还不忘加入保卫尔牛肉汁（这个牌子的牛肉提取物在 19 世纪至 20 世纪特别受欢迎，成了很多人的童年回忆）。还有那简单的热牛奶和暖暖的黑加仑汁，以及许许多多含酒精的热饮。难以展开介绍的内容就说到这儿了，下面开始讨论我们需要关注的热饮吧。

热饮的本质

1992 年，斯特拉·里贝克（Stella Liebeck）在美国阿尔布开克市（Albuquerque）的麦当劳得来速餐厅购买了一杯外带咖

---

① 这是作者的玩笑，意在讽刺点热饮非常耗费时间。——译者注

啡，当时她还没有意识到，即将发生的事情会登上世界各地的新闻头条，直到今天仍被人们谈论不休。79 岁的斯特拉坐在车里，不慎将咖啡洒到腿部，导致全身 16% 的皮肤被严重烫伤，不得不住院接受皮肤移植以及其他治疗。滚烫的咖啡仅在 3 秒钟内就造成了重大伤害，这起事故改变了斯特拉的生活，还引发了一起诉讼。斯特拉·里贝克起诉麦当劳，要求对方赔偿医疗费和误工费，最终赢得了诉讼。里贝克诉麦当劳餐厅案在全世界都很有名，被人们认为是美国过度诉讼的文化以及个人粗心大意导致的结果。我们都有弄洒饮品的时候，以至于这个案子给人的感觉就是，这位老妇人自己笨手笨脚，还想通过诉讼来讹钱。然而，如果你仔细地分析事实，就会发现这起案件中的风险实际上是企业因轻率而招致的。原来，麦当劳出售的咖啡已经滚烫到将消费者置于危险的地步。麦当劳要求员工将咖啡加热到 180 华氏度至 190 华氏度（82.2 摄氏度至 87.8 摄氏度），比许多其他公司和家用咖啡机制出来的咖啡还要高上 30 华氏度至 40 华氏度（16.6 摄氏度至 22.2 摄氏度）。专家证实，麦当劳的咖啡温度确实存在着让人难以接受的高风险。再者，麦当劳在此前已经接到过超出 700 起咖啡烫伤导致的受伤索赔。该公司也承认，至少在 10 年前就知道旗下制作的咖啡有严重烫伤消费者的风险。尽管如此，麦当劳仍然出售滚烫的咖啡，后来又因此惹出很多咖啡烫伤案。他们为什么要出售这么烫的咖啡呢？一开始，麦当劳说是为了让咖啡在人们上班或回家途中冷却到适宜饮用的温度，但是他们自己的调查显示，大多数顾客都是在车里就开始饮用咖啡了。之后，他们声称有位顾问说咖啡在这个温度的味道最佳，但这却是自相矛盾的，因为麦当劳的质检经理证实了咖啡不宜在这个温度下饮用，不然就会烫伤口腔和喉咙。不管麦当劳给出什么样的理由，这个讨论还会继续流行下去。在写本书这个部分的时候，我病了6个星期左右，在这期间只能饮水，因为咖啡太过浓郁，茶水又呈酸性。我的味觉恢复正常后，就像往常一样饮了一杯路易波士茶。我只能说这杯路易波士茶的口感太奇怪了，我感到口腔和喉咙有股热流穿过，体验一点也不好。这种感觉很不愉快，又过了几个星期我才重新适应了饮用热饮。我开始感到好奇：饮用热饮是不是我们慢慢培养起来的习惯而非内在需求呢？

在聚焦各种热饮之前，让我们先来了解一下咖啡因，因为咖啡因是流行热饮的主要成分之一。

咖啡因是什么

咖啡因是一种很多人觉得自己离不开的物质，是来自甲基黄嘌呤类药物的天然兴奋剂。甲基黄嘌呤在茶、咖啡和巧克力中的含量非常高。咖啡因刺激中枢神经系统，提高警觉性，还有可能诱发激动情绪。除了茶、咖啡和巧克力，咖啡因还被发现存在于可乐、功能饮料和其他植物中，比如瓜拉那、可乐果和马黛茶。咖啡因还被用于一系列药物中,比如止痛药和偏头痛药。咖啡因除有助于药物发挥效用以及让人体更快地吸收药物之外,还具有抗炎的功效。

仔细看看标签

你可能没意识到,我们使用或食用的许多产品(有些是公认的利基产品①)都含有咖啡因,比如润唇膏、润肤露、洗发水、口香糖、华夫饼和牛肉干。

你可以通过下表了解一下部分最受欢迎的饮品中的咖啡因含量是多少。(不过这只是一个粗略的指南,你将会进一步发现,不同品种的茶和咖啡里咖啡因含量相去甚远。)如果你不介意知道更多,我可以做个对比,50 毫克的黑巧克力里含有的咖啡因不足 25 毫克,但是同等分量的牛奶巧克力所含的咖啡因则少于 10 毫克。

部分最受欢迎的饮品中的咖啡因含量

	每份大概的咖啡因含量(单位:毫克)
一杯滤挂咖啡	140
一杯速溶咖啡	100

---

① 指该产品表现出来的许多独特利益有别于其他产品,同时也能得到消费者的认同。——编者注

（续表）

	每份大概的咖啡因含量（单位：毫克）
一杯低因滤挂咖啡	2 至 8
一杯茶	50 至 75
一杯低因茶	2 至 5
一杯绿茶	40
可口可乐 *	32
零度可口可乐 *	32
雪碧 *	0
芬达橙汁 *	0
强劲功能饮料（250 毫升 / 听）**	80
红牛功能饮料（250 毫升 / 听）**	80

* 基于英国标准的罐装尺寸——330 毫升
** 还有更大容量的罐装，咖啡因含量随之上升

　　虽然有大量研究对部分国家的咖啡因消费量进行了预估，有些是从饮食调查中得出的，有些是从咖啡销售量得出的，但没有准确的统计数据可以表明全世界的咖啡因消费量。根据近年来的一系列研究可以做出这样的估计：①美国超过 85% 的成人每天摄入咖啡因，平均的日摄入量是 180 毫克；②英国的成人平均每天摄入 130 毫克咖啡因；③澳大利亚人的咖啡因摄入量介于美国和英国之间。这些数据不全是最新的，也不是用同样的方法收集的，但是可以让我们大概知道人们每天的咖啡因

摄入量，尽管每个人的摄入量大不相同。欧洲食品安全局的估计显示，18 岁至 65 岁的人平均每天的咖啡因摄入量在 37 毫克至 319 毫克。

一项关于全世界咖啡因摄入量的大型研究发现，尽管近些年推出了很多含有咖啡因的食品和饮品，但咖啡因的总摄入量在过去 10 年至 15 年一直保持稳定。咖啡、茶和软饮仍是咖啡因摄入的主要来源。让人惊讶的是，功能饮料虽然得到媒体不少关注，但显然对咖啡因的总摄入量贡献不大。在大多数欧洲国家，咖啡是人们摄入咖啡因的主要来源，但在爱尔兰和英国，可以预见茶才是咖啡因摄入的主要来源。然而，情况也不是一成不变的。在 1975 年，英国的人均每周茶叶购买量为 66 克。到了 2015 年，这个数字下降到 24 克。在过去几十年里，英国的茶叶购买量急剧下降，而咖啡的购买量却稳步上升，如果这一趋势继续下去，用不了多久，咖啡的购买量就会赶超茶叶。这样看来，英国虽然一直被称为"饮茶大国"，但很快就要名不副实了。

▷ 低因热饮是如何制作出来的

我在大约 15 年前就戒掉了咖啡因，当时我的睡眠质量非常差，尝试过各种方法来改善睡眠。我们家的人一直很爱喝茶，茶壶就没有闲下来的时候，所以那段戒掉咖啡因的时期十分难熬。有段时间，我努力说服了自己，不摄入咖啡因的话一定比以前更健康。但我现在却考虑是否应该重新饮用咖啡，毕竟总有那么一些信息让我们相信，咖啡因实际上对我们的健康有好处。所以这种说法是真的吗？我应该拥抱咖啡因吗？

很多人像我一样，出于各种原因想戒掉含咖啡因的饮品，但仍抵不过一杯好茶的诱惑。如今，出现了很多低因替代品可供我们选择，这可以说是非常幸运了。需要稍微注意的是，你将会从饮品列表中发现，低因茶或咖啡并非完全不含咖啡因，只不过含量非常低而已。不过咖啡因既然是茶和咖啡的天然成分，要怎么才能将（大部分）咖啡因去掉呢？

去除咖啡中的咖啡因有三种主要的方法。这些方法的主要步骤相似，但提取方式不同。首先，加入水或蒸汽让（未经烘烤的）绿咖啡豆膨胀起来，咖啡因就溶到水中了，然后进行提取。接下来，用蒸汽分离法除去提取时残余的溶剂，再把咖啡豆烘干至正常状态就可以了。下面，让我们来关注一下咖啡因的不同提取方式吧。

水洗法经常被称为瑞士水处理法（Swiss Water Process），就是把咖啡豆浸泡在水里。咖啡因可溶于水，浸泡一段时间后就会溶到水里，然后用活性炭过滤器对溶液进行过滤，咖啡因就被去除掉了。剩下的溶液返回到咖啡豆当中，重新吸收之前流走的香味和油脂。水洗法的缺点是，咖啡可能会损失掉部分香味。为了解决这一问题，人们在返回的溶液中加入了咖啡的液态提取物（当中的咖啡因含量已经降低了）。虽然水洗法在消费者看来是再好不过的了，但在去除咖啡因方面却不是最高效的，算不上是很好的选择，因为这种方法会损害咖啡中那些令人期待的品质。这就是为何有些制造商会采用其他方法来去除咖啡因。

大多数低因咖啡都是用溶剂法生产出来的。溶剂法分直接法和间接法。直接法先让溶剂（比如乙酸乙酯或二氯甲烷）浸泡咖啡豆。溶剂可以有效去除咖啡因，因为咖啡因会随着溶剂一起被蒸馏出去。然后用水把咖啡豆洗干净。间接法首先把咖啡豆浸泡在水中去掉咖啡因（前面说过这样也会去掉香味和油脂）。在含有咖啡因（以及咖啡豆香味）的水中加入溶剂，咖啡因溶入溶剂当中，然后加热蒸馏掉这部分溶剂，再把之前的咖啡豆放到饱含咖啡豆香味的水中进行重吸收。这个过程会重复数遍，直到把咖啡因含量降低到理想水平。之所以称为间接法，是因为溶剂从未直接接触到咖啡豆本身。

第三种方法需要用到二氧化碳。液态二氧化碳在高压下浸泡咖啡豆，咖啡因就溶入了二氧化碳之中。然后，富含咖啡因的二氧化碳被还原为气体抽离，咖啡因也就被抽离出去了。二氧化碳法十分可取，这种方法只会去掉咖啡因，保留了咖啡豆的其他成分，但是这个方法的费用太高，很难用于制作批量较小的极品咖啡。

很多喜饮咖啡的人宁愿饮用别的饮品，也不愿意委屈自己饮用低因咖啡。他们觉得饮用低因咖啡没有任何意义。低因咖啡遭人抱怨的一个原因是，要找到一款品质不错的实在不太容易。这背后是有理由的。我们已经知道，脱因的过程本来就会损害咖啡的香味，即便人们已经设法减少这种影响，烘烤过程也可能雪上加霜。低因咖啡特别不容易烘烤。在烘烤的过程中，咖啡豆的颜色和成分会发生改变。烘烤的时间越长，咖啡豆的颜色越深，香味也会随之改变。脱因咖啡豆的问题就在于，豆子的颜色在脱因的过程中已经变暗了，故而看起来比实际上要成熟多了。脱因咖啡豆的重量比普通咖啡豆更轻，所以对热能的反应也不同。这就让人难以判断应该烘烤多长时间，由于烘烤的时间不容易控制，市场上那些脱因咖啡的质量也就参差不齐了。

从茶叶中去除咖啡因的方法基本上与咖啡脱因无异。不过通常不会使用水洗法，因为人们认为把茶叶浸泡在水中会使茶香味变淡，事实也的确如此。

脱因过程所使用的一些处理方法引起了人们的警觉，这些方法会不会对人体健康造成危害呢？让我们来看看背后的证据吧。乙酸乙酯虽然听起来有点工业化，但却是天然存在于水果和蔬菜当中的物质，在咖啡和酒精饮品中也能找到。脱因用的是合成的乙酸乙酯。吸入乙酸乙酯可能对健康造成不利影响，但没有证实食用会产生问题。二氯甲烷是用于食品技术的溶剂，还可以用作脱漆剂、气雾剂配剂，以及用于制药或电子产品生产中。吸入二氯甲烷也可能对健康造成不利影响，但食用是否会产生问题也存在一些争论。有证据表明二氯甲烷可能是一种致癌物（有可能导致人们患上癌症），但这些数据大多来自动物研究，是通过大量吸入的方式摄入的，与食用无关。食品监管部门认为在脱因过程中使用二氯甲烷是安全无害的。虽然上面讨论了这么多，但在脱因之后能够残余下来的溶剂极少，因为任何残余物都难以在蒸煮、烘烤和泡制的过程中留存下来。这是由于使用的溶剂容易挥发，它们在温度相对较低的时候就挥发掉了。乙酸乙酯的沸点是 77 摄氏度，二氯甲烷的沸点更低，为 39.7 摄氏度。蒸煮过程中的高热使这些溶剂挥发得干干净净。如果仍有溶剂残余，那就得接着经受正常的咖啡或茶叶生产过程中的较高温度。咖啡豆的烘烤温度在 180 摄氏度至 240 摄氏度。另外，沏茶或泡制咖啡的水温都在 70 摄氏度或以上。所以，就算有那么一点点残余物，也会在你饮用咖啡或茶之前挥发干净。

不过我们能否在减少咖啡因摄入的同时从茶和咖啡的其他成分中获得益处呢？脱因过程是否会让咖啡或茶中失去大量其他成分呢，比如那些会对健康产生有利影响的成分（例如抗氧化物质）？这方面的信息既模糊不清又缺乏一致性。尽管如此，从整体上看，茶或咖啡的益处仍能在很大程度上得以保留，所以低因的茶或咖啡对人体产生的影响与普通茶或咖啡是相似的。这些我稍后再详细讨论。

▷ 咖啡因与健康

咖啡因对婴儿的好处

人们经常让早产的婴儿摄入咖啡因来刺激肺部发育，帮助他们的大脑记住如何正常呼吸。等婴儿的肺部发育到可以自行呼吸时，就会戒断咖啡因。

人们已经讨论过咖啡因许多的潜在好处了，无数研究已经或正在探讨此类问题。我稍后会再深入谈谈这些，因为大多数研究都着眼于特定饮品的功效，比如咖啡或茶，很少有针对咖啡因本身的。

虽然含咖啡因的饮品对健康有利，但官方没有告诉我们每天摄入多少为宜。然而，众所周知，咖啡因也有副作用，于是有关部门给出了限度，人们就知道饮用多少算作过量了。过量摄入咖啡因会导致烦躁、焦虑、心率加快、头痛和恶心，以及儿童行为问题，还可能导致骨质流失。摄入多少咖啡因才算过量呢？这一问题取决于不同的人群及其对咖啡因的敏感度。大多数成人不必担心自己摄入过量，平均来说，我们的咖啡因摄入量都在限度之内（成人每天至多饮用 400 毫克）。但是，有些人群应该严格限制自己的摄入量，比如高血压患者。

建议孕妇将每天的咖啡因摄入量控制在 200 毫克或以下。因为在孕期摄入较多咖啡因会导致婴儿的出生体重较轻，继而造成一系列健康问题。咖啡因摄入太多还可能增加流产的风险。

人们认为儿童和青少年对咖啡因特别敏感，这是因为他们的大脑仍处在发育阶段。他们的身体尚未发育完全，可能更容易受到咖啡因的刺激。在大多数国家，巧克力、茶和软饮是儿童摄入咖啡因的主要来源。有精神问题的人也要留心咖啡因的摄入。如果你饱受焦虑或失眠之苦，咖啡因可能会加重症状。

虽然咖啡因的兴奋作用很快起效，15 分钟至 30 分钟内就能感觉到，但是它在体内停留的时间更长，可能持续 8 个小时或以上。这就是为什么专家建议一些人在午后停止摄入咖啡因，否则就会干扰晚上的睡眠。

我已经大致谈论了咖啡因的一系列功效，但我们能否了解清楚茶、咖啡或其他含咖啡因的饮品产生的特定功效呢？

一杯好茶

哪个国家人均饮茶最多

2016 年，土耳其人成为世界上饮茶最多的人，人均饮茶量为 7 磅左右（约 3.18 千克）。如果按人均计算，爱尔兰共和国和英国紧随其后，均为茶叶消费大国。虽然中国是茶叶消费总量最大的国家，但由于人口规模巨大，中国的人均年消费量还是没能排进前十。

乌塔卡蒙德（Ootacamund）的茶叶种植园和多达贝达茶叶厂（Dodabetta Tea Factory）就建在印度泰米尔纳德邦（Tamil

Nadu rehgion）的高山之上，几年前我们前去参观的情景至今让我们难以忘怀。山上的空气很清新，茶树发出阵阵清香，还夹杂着茶叶在加工时释放出来的香气，让人回味无穷。茶的生产程序是如此复杂，我不由得更加欣赏这种传统饮品了。

茶、沏茶、泡茶、药茶……这些都是形容用某种叶子调制的热饮的。真正的茶是一种热饮，是把晒干碾碎的茶树叶子加入沸水中沏成的。人类对茶的热情永不消减，茶在世界上最广泛饮用的饮品中排第二，地位仅次于水。茶拥有兴奋作用和健康益处，因此备受喜爱。

茶的品种很多，每种都有独特之处，人们通常将茶分为五大类：白茶、绿茶、乌龙茶、红茶和普洱茶。（还有黄茶，这是一种稍微发酵过的中国茶叶，是稀有商品。）目前，英美等国饮用得最多的就是红茶，而绿茶在东亚更受欢迎。所有的茶都是同一种植物的叶子，那便是茶树（Camellia sinensis）。茶树是一种产于亚洲的亚热带常绿灌木，有两个公认的品种：中国茶（Camellia sinensis var. sinensis）和印度茶（Camellia sinensis var. assamica），印度茶也称为阿萨姆茶（Assam tea）。茶树生长在炎热潮湿的气候里，偏好酸性土壤，最佳种植坡度为 0.5 度至 10 度，海拔可达 2000 米，因此世界上只有少数地区适宜栽种茶树。中国和印度是世界上最大的两个产茶国。

如果所有的茶基本上都来自同一种植物，那前面所说的类别是如何被定义的呢？其实这一切都取决于茶叶的加工方式。

茶叶从茶树上采摘下来后就进入了加工过程。茶叶先是被铺平晾干,这个阶段叫作"萎凋",可以让茶叶变得柔韧,为"揉捻"做好准备。接下来,茶叶被卷起来塑形,这时茶叶的细胞壁遭到破坏,不仅释放出酶和油脂来改变茶叶的味道,同时也将茶叶暴露到氧气中,启动了氧化过程。氧化过程要求茶叶暴露在氧气中一段时间,这样可以决定茶的颜色、味道和浓度。茶叶被氧化的时间越长,颜色就越深,味道就越浓。正如你所想象的,红茶经过了高度氧化,而白茶和绿茶是氧化程度最低的。等氧化程度到达理想水平,就采取烘干茶叶的方式中断氧化过程,并进一步降低水分含量,确保茶叶能够完好地保存下去。在加工之后,还要根据茶叶的大小和颜色进行筛选和分级,形成不同批次的茶叶。

不是所有品种都要经过全部加工过程,有些茶可能会重复经历不同的阶段。这就解释了相同的茶树叶如何变成了不同品种的茶叶。白茶的加工最少,味道是所有茶中最清淡的。白茶选取的是茶树上新发的芽叶,萎凋之后直接进入烘干阶段。它的制作不涉及揉捻、塑形和氧化这些阶段。绿茶经过萎凋、揉捻和烘干,但是没有进行氧化。由于没有进行氧化作用,绿茶有一股清新的味道。在绿茶经过揉捻之后,人们通常会蒸一下,来防止出现氧化过程,这有助于带出那股清新的味道。红茶经过了全部阶段,并且进行了完全氧化。乌龙茶的制作过程与红茶很相似。不过乌龙茶虽然历经了所有阶段,但并未被完全氧化。由于氧化的程度有所不同，乌龙茶的味道和香气的变化是最大的。普洱茶的制作又与众不同。整个过程和绿茶相似，不过在茶叶完全晾干之前就要被压成某种形状（茶砖或茶饼），然后进行陈化。普洱茶的味道会随着时间的推移而变化。有些普洱茶和葡萄佳酿一样年份很老，由于味道浓郁且具有泥土的芬芳而备受珍视，一些行家就喜欢收藏这种茶。

我在上文介绍的是传统的制茶过程。还有一种非传统的制茶过程，称作切碎—撕裂—卷曲制茶法（the crush-tear-curl）或CTC法。这种方法起源于第二次世界大战时期，制成的茶叶不费地方，茶叶箱的装载量因此变大了。制茶时，茶叶在萎凋之后，就被放进机器进行切碎、撕裂和卷曲。切碎的茶叶被制成小球，然后进行氧化和干燥。整个过程比传统的方法快很多，最后得到的茶叶球是制作茶包的理想材料。这种制茶法经常用来生产红茶。你也许能够猜到，CTC茶的品质不如传统方法制出来的茶，味道更加苦涩又缺乏变化。

▷ 泡一杯好茶

准备好了茶叶（可能是茶包），接下来要怎么做才能泡出一杯好茶呢？从专家的建议来看，我们当中大多数人泡茶的方式也许是错的。

首先，泡茶所用的水会影响到茶的品质。软水泡出的茶更干净，而硬水中的矿物质会在茶水表面形成一层浮沫。有些人说，泡茶最好使用平时就用惯的水，确保是新鲜的就可以了。鲜活的水似乎可以让茶色更明亮、口感更纯净。其次，我们需要考虑水温。我们往往会用水壶烧水泡茶，水一沸腾就往茶叶上浇，但这可能不是泡茶的最佳方式，因为不同的茶对水温的要求不一样。泡茶时间的长短也会影响茶的味道：时间太短，茶水就会淡而无味；时间太长，茶水则变得苦涩。这是怎么回事呢？

虽然人们给出各色指南来说明不同的茶对水温的要求，不过总结起来大致如此：颜色深、气味浓的茶，比如普洱茶、红茶和乌龙茶，在冲泡的时候所需温度较高、时间较长；而颜色较浅、气味清淡的茶，比如绿茶和白茶，所需温度较低、时间较短。不过，大多数茶要求的温度都在水的沸点以下（英国读者请留意！），泡茶的时间在 2 分钟至 5 分钟不等。这当然也和个人口味有关，不过你要是喜欢浓茶，最好还是多放些茶叶，因为茶泡得越久味道就越苦涩。

在泡茶的过程中，茶叶会释放出单宁酸、氨基酸、芳香物质和味道。这些存在于茶叶表面和内部的化合物会缓缓扩散到水中，扩散所需的时间取决于化合物含量、茶的种类以及水温。茶香和茶味迅速溶解到水中（关乎口感的化合物溶解得较慢一些），较轻的多酚和咖啡因溶解得也较快，较重的化合物（包括较重的多酚、黄烷醇和单宁酸）的溶解时间是最长的。泡茶是为了让茶水保持最佳的味道和营养，同时避开单宁酸的苦涩味。

泡茶的时间越久，产生的单宁酸就越多（一会儿工夫就能释放出很多单宁酸）。泡茶时，茶水往往在达到最佳状态之后就开始变得苦涩难饮了。虽说取决于不同的茶，但温度太高会使得单宁酸和茶味的化合物溶解得太快，茶的品质就不均衡了，温度太低则会产生相反的效果，泡出来的茶寡淡无味。

你要考虑的不仅仅是茶的种类与泡茶的水。对茶壶的选择也很重要，茶壶会影响泡茶的时间和茶水的品质。若是需要高温泡制的茶，就用金属或陶器制成的茶壶来泡，这样可以在泡茶的过程中保持热度不散。相反，需要低温泡制的茶，则用容易散热的茶壶来泡，比如玻璃壶或瓷壶。泡茶之前不要忘记给茶壶预热。这有利于把握泡茶的温度。这些规则对茶杯也同样适用。由于材质的原因，某些茶具可以帮你把茶的温度维持得更久一些，但也意味着要等更长的时间，茶才会冷却到最佳饮用温度（即 60 摄氏度左右，如果温度太高，你就不得不同时吸入空气使口中的茶水冷却下来，换句话说就是咂着嘴饮茶）。有位朋友问我，为什么用聚苯乙烯杯子泡茶总是很难喝。我给出了几个说法：①保温时间太长，茶水发烫，难以好好饮用；②茶水装盛在聚苯乙烯的杯子中，在入口之前就心存偏见，认为味道一定不好；③聚苯乙烯把自身的味道渗漏到茶水中；④杯子吸走茶味。不出所料，这些说法都无法拿出有力的证据来支撑。不过，值得注意的是，当你用聚苯乙烯杯子饮茶时，也许没有心情去品尝茶的好坏。想想你会在什么时候用这样的杯子饮茶：在工作会议上？开研讨会？在医院的走廊徘徊？参加户外节日想要取暖？这些情景都不是可以放松下来或专心饮茶的。

用微波炉泡茶失礼吗

用微波炉泡过茶的请举手。我知道，这种时候有些人会不太好意思地举起手来。这样泡茶确实很方便，但我们的直觉却是，用微波炉来泡茶不太好。这对茶的品质有什么影响吗？所幸的是，科学家已经对这个问题着手研究了。事实证明，微波炉里的水受热不均匀，温度难以把控，并不适合用来泡茶。澳大利亚有个研究小组发现，微波炉泡茶比传统方式泡茶更能提取出茶中的咖啡因和有益化合物。他们的泡茶方式是这样的：先把茶包放进杯子里，加入白开水，静置30秒之后放到微波炉里加热60秒。这样就泡出一杯很棒的茶。不过，科学家指出，这种方法泡出来的茶，味道相当浓郁，也比茶叶商介绍的苦涩一些。我不确定这种方式是否值得跟风。

现在来谈谈牛奶吧。很多人喜欢往茶里加奶。这个习惯得追溯到很久以前，那时普通的陶瓷杯子没有现在的那么坚固，沸腾的液体倒进去会让杯子破裂。这是因为杯子无法承受高温。所以，人们先往杯里倒牛奶，从而防止热茶损坏杯子。不过，那时的优质骨瓷杯却不会出现类似的问题。饮茶加奶是普遍做法，不过，倒茶前加奶还是倒茶后加奶却变成了社会地位的象征：如果先加牛奶，就表示你买不起最好的骨瓷；而后加牛奶，就表示你的茶具可以经受茶水的高温，等于在炫耀自己的社会地位。往茶里加奶是我们维持了好几个世纪的传统，不过这对茶本身有什么影响吗？有些研究表明，牛奶容易和茶多酚结合，能降低多酚的生物有效性，从而抑制了有益人体的抗氧化作用。然而，这些结论具有争议。也有研究人员表明，无论茶中是否添加牛奶，到达血液中的抗氧化物质的数量都是一致的。所以，添加牛奶能否影响茶的健康效益尚未明确。至于口味方面，来自拉夫堡大学（Loughborough University）的化学工程师安德鲁·斯特普利博士（Dr Andrew Stapley）声称，科学证明了应该在倒茶之前往杯里加入牛奶。他的实验表明，如果在倒茶之后加入牛奶，牛奶中的蛋白质遇到高温就会凝结成一团，不过如果先在杯里加入牛奶，发生这种情况的可能性就降低了。蛋白质结团就意味着，茶的味道没有那么好了（尽管还有待商榷）。如果你想了解更多，去看看英国皇家化学学会（Royal Society of Chemistry）根据科学原理制定的泡茶指南。或者你可以选择相信自己的味蕾，人类几百年来不都是这样做的吗？

▷ 茶包的功与过

你可能觉得，这些讲得都不错啊，不过换成普通的茶包又会怎么样呢？我们能把茶包放到杯子里，然后用滚烫的开水泡茶吗？你可能发现，我讲到的大部分内容都与散装茶叶有关，但是大多数人使用的其实是茶包。早在20世纪初茶包就出现了，美国人欣然接受这种新鲜事物。英国人则不然，他们一开始对茶包持怀疑态度。到了20世纪50年代，茶包这种便利的小东西风靡起来，终于为英国人所接受了。在20世纪60年代，茶包仅占英国茶叶市场的3%，不过它的市场份额增长很快，据估计，英国如今有96%的饮茶者使用的都是茶包。

茶包大多是由蔬菜与木材纤维制成的纸做成的，不过很多常见的茶包也含有塑料（准确地说是聚丙烯），是用来封袋的。消费者出于环保的考虑对此日益不满，因为这些茶包不容易降解①，一些制造商现在把塑料换成了植物性材料（比如玉米淀粉）。还有其他种类的茶包，比如用尼龙或聚对苯二甲酸乙二醇酯制成的网兜（形状与金字塔相似），通常用来装盛较昂贵的茶叶。这种茶包显然不能进行生物降解。有人还质疑，塑料在热茶中泡着是否会影响饮品的安全性。目前没有确凿的证据表明茶包有实质性的健康风险，不过还没有专门针对这方面的大型研究。为了美观，很多茶包都经过漂白，因为人们觉得漂白后的茶包优于那些颜色较深、自然着色的茶包。茶包在漂白过程中可能接触到氯气、氧气、臭氧或过氧化氢。这让一些消费者感到担忧，制造商也意识到消费者对天然产品的需求，于是原色茶包日渐受到欢迎。

---

① 你可能认为，不就几个茶包嘛，能对环境造成多大影响？但是你想想，全世界生产出的茶包有数十亿之多，造成的问题还不严重吗？——著者注

商业制作的茶包常常被认为不如散装茶。优质茶叶用于制作散装茶，而大多数茶包内装的是用 CTC 法切碎的低档茶叶（称为茶末和茶粉）。在泡茶的过程中，散装茶叶会被浸透并膨胀起来，在水体内上下浮动，缓慢地释放出天然化合物。然而，茶包的浸透能力是有限的，它没有足够的空间让茶叶膨胀。茶包的加工方式以及空间的限制导致其泡出来的茶在味道上缺乏变化。

用 CTC 法能够生产出大批量保质期很长的茶。但是贮存时间越长，茶包内的茶就越不如散装茶新鲜，其风味也会受损。虽然茶包和散装茶叶的抗氧化物质含量没有根本差异（有些研究发现茶包的含量更高，有些发现散装茶叶的含量更高，另外一些则发现没什么差别），但贮存时间越长，抗氧化物质的含量越低，茶包更可能出现这样的情况。茶富含一种被称为儿茶素的化合物，尤其是绿茶，人们认为这是茶饮有益的原因之一。新鲜的茶叶里含有大量的儿茶素，但茶叶一旦被摘下，儿茶素就慢慢降解，所以茶叶贮存的时间越久，儿茶素就越少。茶包在这方面受到的影响更严重，因为茶包内的茶叶被切成了小片，表面积变得更大，接触到更多阳光和氧气，儿茶素因此降解得更快。茶的味道也会受影响，因为芳香油脂也比较容易挥发。（这就是为什么橱柜里的陈茶尝起来味道不佳。）茶叶的表面积增加，就意味着泡茶时能够与水进行更有效的相互作用，释放出更多单宁酸，所以茶包的最佳泡制时间通常比散装茶叶短一些。茶叶表面积增加的好处是可以更好地释放出茶氨酸等成分，这些物质赋予茶水令人放松的特性。茶和咖啡都含有咖啡因，你要是想知道为何只有茶是令人放松的，咖啡却让人兴奋，那么茶氨酸可以解答你的疑惑。茶氨酸是一种独特的氨基酸，只能在茶叶中找到（咖啡不含有这种成分），它能帮助我们放松下来，还不会引起睡意。

茶包用起来非常方便，不过有一点是明确的，如果直接在杯子里使用茶包，不应该先加牛奶。牛奶降低了杯内温度，水温就变得不适宜泡茶了，这样泡出来的茶很寡淡（坦白点说就是非常糟糕）。

办公室茶歇

手头的事情做得不太顺心，想趁上午的茶歇休息一下？那你可要注意饮茶卫生了，免得遇到更糟心的事情。有项针对英国办公室做的拭子研究发现，茶歇可能引发细菌危害。据研究人员记录，存放茶叶的罐子或盒子上的微生物水平比马桶座还要高出 17 倍。水壶、冰箱门的把手以及糖碗也是重灾区。据发现，使用同事的马克杯也会增加疾病传染的风险。糟糕的卫生习惯，比如泡茶之前不洗手或不洗杯子，是造成上述情况的原因。

一天的辛劳结束了，怎么享用茶饮是个人口味问题（我不能指手画脚），但如果你想品尝到风味最佳的茶水，可以试着参考前文的观察结果，看完之后或许你也能对茶水进行鉴赏了。

▷ 茶含有什么成分，有宣传的那么好吗

几个世纪以来，人们饮茶是为了获得药用价值，不过究竟是什么成分让茶有益健康呢？茶里饱含趣味无穷且大有裨益的化合物。茶所含的化学成分有数千种，仅芳香物质就超出700种。除了这些化合物，茶还富含多酚、氨基酸、酶、甲基黄嘌呤、矿物质和维生素等具有生物活性成分的物质。正因如此，人们努力研究茶里的各种化合物，探索这些物质能否作为功能食品的成分（也就是说，这些成分可以单独使用，也可以结合起来使用，不过常常需要加大剂量，加入食品或保健品中增强其健康益处）。要弄清楚茶中哪些化合物对我们有益（如果有）不太容易办到，但人们认为茶叶中有3种主要的生物活性成分[1]，即儿茶素、咖啡因和茶氨酸。

▷ 多酚

多酚是茶的主要成分，影响了茶水的涩味[2]、味道和颜色。茶中估计含有3万种多酚类化合物。据发现，多酚具有抗氧化特性，也就是说可以防止或对抗细胞损伤，有些多酚还具有抗

---

[1] 这些化合物不是必要的营养物质，但人们认为会给健康带来影响。——著者注

[2] 由于多酚与唾液发生反应，口腔产生缩拢、干燥的感觉。多酚与唾液结合后让口腔变得干燥。——著者注

炎或抗癌的功效。红茶中含量最丰富的多酚是单宁酸，绿茶中含量最丰富的多酚是儿茶素。

▷ 单宁酸

单宁酸是水溶性多酚，通常存在于植物和水果中。单宁酸作为植物的一种防御机制，可以抵御疾病和来自动物的攻击，这种物质通常会产生不舒服或苦涩的味道，引起攻击对象的消极反应。如果茶中的单宁酸含量过高，就会产生苦涩的味道。适量的单宁酸有助于丰富茶体的味道，缺乏单宁酸的茶体则寡淡如水。单宁酸的种类繁多，功效也各不相同。它有时被认为具有抗营养作用，因为有些研究显示，单宁酸可以抑制其他营养物质的功效。例如，过去有完备的记载表明，单宁酸会损坏膳食中铁质的生物有效性，因此减少人们的铁摄入量。然而，相关证据不具有一致性，有项研究综述调查了单宁酸对膳食铁的影响，表明人体含铁量的多寡并不总是受到单宁酸摄入量的影响。单宁酸可以与蛋白质结合，包括牛奶所含的酪蛋白（一种蛋白质）。在饮茶完毕之后，你会发现加奶的茶杯要比一般茶杯干净一些，污渍也少一些，这就是因为具有着色作用的单宁酸与牛奶结合起来，随着茶水一起被饮用了。一些人给出建议，往茶里加牛奶有助于保持牙齿洁白（相对于饮用不加牛奶的茶来说），因为茶中大量的单宁酸会与牛奶结合，不会在你的牙齿上留下污渍。单宁酸还被发现具有抗癌和抗菌等益处。

单宁酸、茶黄素和茶红素影响了红茶的颜色、涩味和茶体。一些研究发现，这些物质与绿茶中的儿茶素具有相似的抗氧化作用，对健康有益处，不过我们还需要更多研究来对这方面进行探索。

▷ **儿茶素**

茶类（尤其是绿茶）富含的儿茶素是一种黄酮类化合物，茶所具有的很多健康益处都被认为与此相关。在茶的成分当中，儿茶素可以说是被人们研究得最充分的。它已被证明具有抗氧化的特性，可以预防癌症，降低胆固醇，减轻体重，还在预防帕金森病和阿尔茨海默病等疾病方面发挥作用。尽管通过实验室研究发现了这些潜在的益处，但在实际应用中，儿茶素的功效还是有限的。它容易与其他化合物（比如咖啡因）结合，降低了自身的生物有效性。儿茶素还能与蛋白质或铁发生相互作用，阻碍人体吸收食品中的蛋白质和铁。儿茶素还不太稳定，存放条件不佳或温度高（高于80摄氏度）的情况下很容易降解，如果想让绿茶的健康益处最大化，那在泡茶的时候就要留心温度了。

▷ **甲基黄嘌呤（回想之前说到的咖啡因！）**

茶含有大量甲基黄嘌呤物质，最引人注目的是咖啡因，还有少量可可碱和茶碱。许多研究调查了咖啡因对健康的影响。

我们之前已经谈到过咖啡因的缺点，提到咖啡因可能与儿茶素结合从而降低后者的有效性，但是咖啡因也有许多有益健康的功效，可以改善情绪与认知能力，减轻焦虑，刺激中枢神经系统与心肌，以及提高运动能力。人们认为可可碱可以扩张血管且有利尿的功效。茶碱是有名的利尿剂与中枢神经系统兴奋剂，也有放松肺部平滑肌等功效。茶碱还是一种已被证实有效的支气管扩张剂，可与其他药物一起用于治疗哮喘、支气管炎、肺气肿和其他肺部疾病。临床实验发现，咖啡因和茶碱可用于治疗早产儿，治疗哮喘，缓解疼痛以及充任利尿剂。

▷ 茶氨酸

茶氨酸是一种非常独特的氨基酸，大多存在于茶树当中，它让我们品尝到茶的"鲜味"。你可能在谈论其他食物时听说过"鲜味"，因为这个词自从近几年得到人们的认可后就变成了热词。"鲜味"是指我们的舌头可以感觉到的除甜、咸、苦、酸之外的第五种味道。奶酪、西红柿和肉类等食物就有这种丰富可口的味道。茶氨酸除了促成茶的香气和味道，还对健康有益。之前提到过，茶氨酸有令人放松的效果。它可以促进 α 脑电波与神经递质 γ-氨基丁酸的产生，这些物质让人的精神处于既放松又警觉的状态，可以提高人们的学习能力。茶氨酸还可以防癌、治疗阿尔茨海默病、调节血压以及减轻体重。

▷ 氟化物

氟化物虽然不是茶的主要成分，但含量也不少，足可产生影响。氟化物对饮茶者的牙齿有益，有助于防止蛀牙（想了解更多内容的话，请翻阅本书第 1 章"水"）。然而，少数人原本的氟化物摄入量就很高，他们也许会受到不利影响。爱尔兰共和国就是一个很好的例子。大多数爱尔兰人接触到的供水都是经过氟化处理的，他们还有大量饮用红茶的习惯，这就可能导致氟化物摄入过量。一些研究人员呼吁实施降低风险的措施，减少对自来水的加氟处理。他们认为，爱尔兰人的饮茶习惯可能会引起一系列疾病，降低氟化物的摄入则可以减少或避免这些疾病。关于茶水中氟化物的危害还有一个公认的极端案例，一位 47 岁的美国妇女患上了氟骨症，不仅要忍受慢性骨痛，其牙齿还因为太过脆弱只能被全部拔掉。这种情况在自来水氟化物含量不高的地方比较罕见。后来发现，她在过去的 17 年里每天都要饮用一壶用 100 到 150 个茶包泡制的浓茶！她每天从茶水中摄入的氟化物估计超过限量的 6 倍。

▷ 茶杯风云与健康警告

你要记住，大部分针对茶水成分的研究都是在实验室里进行的，并没有在人类身上实验过。我们还不了解人体如何摄入这些成分，这些成分如何与我们的饮食及生理机制发生相互作用，以及它们会在何种程度上给我们带来益处。此外，茶水的很多功效都是各种化合物共同作用的结果。所以，从表面上看，我们似乎可以通过增加饮茶量来预防癌症、阿尔茨海默病与肥胖症，但在实际上事情绝没这么简单。我们都知道，有些人尽管在过去几十年里大量饮茶，但还是患上了这些疾病。

泡茶的温度和时间、茶叶类型和质量都影响着茶水中有益化合物的含量，以及这些物质有多少最终能够发挥有效性，对健康产生有利影响（也就是说，有多少能够进入我们的细胞发挥作用，而不是迅速分解之后就被排出体外）。

时间问题

茶叶的采摘时间会影响其品质。茶叶的品质由所含的淀粉决定，而淀粉生成于黎明和黄昏时分，早晨采摘的茶叶通常含有更多淀粉，所以其品质比当天晚些时候采摘的要更好。

请记住这些警告，茶水富含有益化合物，经常摄入这些物质可能在某些方面带给我们好处。不过现在让我们快速看看科学在整体上怎么评价茶的好处。

茶饮与健康

虽然在动物实验中发现茶里的提取物以及化合物是有益的，但在整体上看，茶对人类的健康作用似乎尚未定论。不过，这并不是在否定这种美妙的饮品，因为这类研究的前景还是十分光明的。

一些针对茶水益处的研究表明，饮茶可以降低罹患 2 型糖尿病的风险。然而，很多研究都以老鼠为实验对象，与以人为实验对象的研究得到的结果往往并不一致。2014 年，中国的一个研究小组对此进行了荟萃分析^①，发现尽管研究结果并不一致，但每天饮用至少 3 杯茶水能够降低罹患 2 型糖尿病的风险。遗憾的是，这个分析无法确定参与者所饮用的茶是哪种类型。

饮茶能否降低罹患癌症、心脏病、痴呆症、糖尿病和关节炎等一系列疾病的风险？当实验对象是人时，研究的结果最终无法达成一致。变量似乎多到让人难以确定茶水对健康的影响：茶的种类和品质，泡茶的方式，每天饮用多少杯茶以及饮用多长时间，是否在就餐时饮茶，个人的健康状况……以上这些都会对研究结果造成影响。

研究已经给出有力证据，证明不同种类的茶均含有对健康有益的化合物。然而，这些物质有多少能够进入我们的茶水中，有多少可以被人体吸收并产生益处，我们仍不清楚。总而言之，我们都认同茶是好东西，但再好的东西也不能摄入过量吧？我们知道，饮茶过多会导致氟化物摄入过量，咖啡因摄入过量对有些人来说也不是好事，但是每天饮几杯茶却不太可能造成太

———————————
① 一种结合了来自多项研究的数据的研究。比起独立研究，这种方法在解读研究结果方面更加严谨可靠。——著者注

大的问题。还有别的方面值得关注吗？事实上，茶水中可能还含有更糟糕的东西。很多针对茶的研究已经确认，茶水中存在铝、铅、锰、镉和铜等金属，这些金属要么是茶树在生长时从环境中吸收的，要么是泡茶的水含有的。先别惊慌，这些物质的含量一般都很低，在大多数情况下，我们认为健康人群适量饮用泡制 3 分钟左右的茶，此类物质的摄入量较少，不会有害健康。不过脆弱人群应当控制饮茶量，小心为上总是不会错的。

▷ 红茶

红茶是人们饮用得最多的茶。红茶的种类繁多，要么是按照单一产地划分（比如阿萨姆红茶、大吉岭红茶、锡兰红茶、正山小种红茶和土耳其红茶），要么是按照调味划分（比如英式早餐茶、下午茶和俄国商队茶）。有些调味茶也加入了调料，比如伯爵茶（加入了佛手柑果皮油，我曾经品尝过这种柑橘类水果，它有一股独特的花香，味道非常浓郁，你可以试试看）与仕女伯爵茶（伯爵茶加上橘子和柠檬的果皮）。你点过柴茶（chai tea）吗？如果点过，你知道自己实际上要的是"茶茶"吗？这是因为"chai"在印度语中就是茶的意思。我们在咖啡店里点的柴茶是一种用红茶混合香料、糖以及牛奶制成的饮品。你猜得没错，柴茶的配方的确因地而异。据报道，这种茶与传统的印度茶相去甚远。

虽然绿茶常常因为有益健康而被写上新闻头条，但人们对红茶的功效也做了长期研究。有项发表在著名刊物《欧洲临床营养学期刊》（*European Journal of Clinical Nutrition*）上的分析研究，在回顾一系列与红茶影响健康有关的研究之后得出的结论是，有充分的证据可以证明饮茶（每天至少 3 杯）可以降低罹患冠心病的风险。但值得注意的是，这项研究是由英国茶叶委员会（The Tea Council）赞助的，可能存在一定的偏向。另一个研究小组所进行的一项独立分析发现，虽然饮用红茶对总胆固醇水平没有影响，但可以降低 LDL[①] 胆固醇水平，这种胆固醇有时被称为"坏胆固醇"。然而，2014 年的另一项荟萃分析发现这一领域的研究结果缺乏一致性，得出的结论是，根据前人的研究结果，红茶不太能对我们的胆固醇水平产生显著的影响。

有项研究发现饮用红茶对健康没有害处，但还是建议人们将每天的红茶摄入量控制在 8 杯以内，以免影响铁的吸收。其他研究发现，红茶对大多数人体内的含铁量没有明显的影响。至于那些体内铁含量较低或有缺铁风险的人，建议他们在两餐之间少喝茶，以免茶阻碍人体吸收食品中的铁质。

一个澳大利亚的研究小组证明，经常饮用红茶（即在 6 个月内每天饮用 3 杯）可以降低血压，这是针对正常人或高血压患者来说的。并不是所有关于红茶潜在益处的研究都发现了这一好处。

---

① 低密度脂蛋白。——著者注

值得再次指出的是，这项研究的赞助商是联合利华（Unilever），世界最受欢迎的红茶品牌大都出自联合利华的旗下。

▷ **绿茶**

绿茶在中国、日本和韩国最受欢迎，但近年来也在世界其他许多地区流行起来。茉莉花茶也是茶，通常是吸收了茉莉花香的绿茶。在晾干的绿茶上面放好茉莉花，再静置几个小时，绿茶就吸收了茉莉花释放的香气。

人们很早就知道绿茶富含有益的化合物（尤其是儿茶素），而且对健康有很多好处。有些针对人类做的研究发现，经常饮用绿茶的人不容易患上某些癌症（不是所有的研究都发现了这种效果），他们死于心血管疾病或心脏病的风险也比较低。关于绿茶抗炎作用的研究取得了积极成果，一些研究甚至发现，饮用绿茶可以预防流感以及减轻感冒与流感的症状。绿茶的降压效果也得到了证实。此外，研究还发现绿茶有助于减轻焦虑，提升记忆力和注意力，在其他认知方面也具有益处，甚至有证据表明，绿茶的儿茶素可以抑制口腔内细菌被膜的形成（也就是说，儿茶素使细菌不容易在口腔中集聚起来形成被膜黏附在牙齿上），从而帮助我们保持牙齿和牙龈健康。然而，并不是所有关于绿茶益处的研究都有所发现。尽管有些人认为绿茶有助于减轻体重，但是一项拥有 14 个随机对照实验的科克伦系统评价（Cochrane Systematic Review）发现，服用绿茶制品的人与不服用绿茶制品的人在减重方面没有显著区别，据此判断，绿茶不太可能帮助减肥。

然而，很多研究还处于观察阶段，并不能证明绿茶在某种程度上可以预防疾病，尽管证据越来越多，但是就目前来说，数据还不太一致，难以形成结论。需要进一步的研究来巩固这些研究的成果，以提供更加有力的证据证明绿茶的益处。有趣的是，白茶的儿茶素和多酚的含量与绿茶相似，同样对健康有益，不过针对白茶的研究并不多。

是否过犹不及

2014 年，美国得克萨斯州的吉姆·麦坎（Jim McCants）发现，饮用太多绿茶可能对健康造成危害。他人到中年，希望保持健康，又听说了绿茶对心脏有益，便开始服用绿茶保健品。大约 3 个月后，麦坎突发急病，医生告诉他需要进行肝移植。据推测，他肝脏受损的原因是服用了那些保健品。麦坎并不是唯一一个受此不良影响的人，还有数十桩肝受损的病例与绿茶提取物有关。我们目前尚未完全弄清楚究竟是绿茶提取物中的什么成分造成了肝受损，但似乎与一种被称为表没食子儿茶素没食子酸酯（EGCG）的儿茶素有关。EGCG 在动物研究中被发现有毒性作用。欧洲食品安全局称，虽然不必担心饮用绿茶会造成健康问题，但是保健品中所用的绿茶提取物可能损害健康，对有些人来说，后果可能十分严重。

你也许见过所谓的抹茶。抹茶现在风头正劲，被标榜为超级食品，不过它究竟是什么呢？抹茶是用日本绿茶磨成的干燥茶叶粉末。用来生产抹茶的茶树与普通茶树的处理方式略有不同，在采摘茶叶的前几周就要将茶树覆盖好，随着叶绿素含量增加，茶叶就变得又细又绿。据推测，这种方式有助于控制茶的苦味，同时使茶味饱满。抹茶粉可以制成气泡茶饮或用作蛋糕、冰激凌、格兰诺拉麦片、糖果、冰沙等各类食品的材料。抹茶为何如此了不得？对我们有什么特别的益处吗？抹茶之所以被认为优于普通茶，其中一个理由就在于，你饮用抹茶就相当于服食茶叶，而饮用普通茶时则要将茶叶隔滤出来。这在理论上意味着，你摄入了更多有益化合物。然而，即便你把茶叶服食进去，也并不意味着它们像普通茶水那样具备生物有效性，或者说它们未必能给你带来更多益处。事实上，目前几乎没有独立的科学证据可以表明，抹茶比普通绿茶对健康更有益，当然也没有令人信服的证据可以证明，用抹茶制成的产品对健康更有益。抹茶粉的味道独特，要习惯了才会慢慢喜欢上，既然抹茶对健康的额外益处尚未得到证实，那我就不打算在烘焙中使用抹茶粉。

▷ 草药茶是什么

我们把很多其他饮品称为"茶"，但它们其实并不是茶。严格来说，用从茶树上摘下来的叶子泡的水才是茶，否则就只能称为"汤剂",汤剂指的是用植物沏成的饮品(比如薄荷茶、甘菊茶、路易波士茶和水果茶)。很多植物的叶子、花、种子、树皮、根或果实都能制成汤剂,即所谓的草药茶。

路易波士茶,又称"红灌木",是人们广泛饮用的草药茶。这种饮品由南非土生土长的一种被称为"Aspalathus linearis"的植物制成。近年来,路易波士茶在南非以外的地区变得越来越受欢迎,部分原因在于亚历山大·梅可·史密斯(Alexander McCall Smith)所著的《第一女子侦探所》(*The No.1 Ladies Detectives Agency*)系列畅销书,书里那位了不起的普雷舍丝·拉莫茨维(Precious Ramotswe)女士常常夸赞这种饮品的好处。路易波士茶与很多草药茶一样,天然不含咖啡因,单宁酸含量比绿茶和红茶更少,味道没有那么苦。据称,路易波士茶含有丰富的抗氧化物质,许多名人都对这种茶的药效赞不绝口,几乎所有路易波士茶的包装上都标榜着它的健康功效。难道这就是我们苦苦寻找的超级饮品?一言以蔽之,非也!遗憾的是,没有科学证据可以证明这种饮品具有特定的好处。即便路易波士的叶子含有大量多酚,这些物质在加工的过程(即传统的① 发酵、晒干、筛分和蒸制)中也大幅缩水了,抗癌与抗氧化的特性也就减弱了。很多研究发现,路易波士茶的茶叶提取

---

① 我们中大多数人可能会购买用传统方式发酵的路易波士茶,不过你也可以买到呈绿色的尚未发酵的路易波士茶。绿色的路易波士茶的抗氧化物质含量显然更高,尽管它的健康功效尚未得到证明。——著者注

物（一般通过冷冻干燥及磨碎茶叶制成）有利健康，因为提取物的多酚含量较高，用路易波士茶叶冲泡出来的草药茶似乎并无此效。路易波士茶作为草药提取物时可能对健康有好处，但是作为饮品来说，目前尚无有力证据可以证明它的健康功效。我们还需要进行充分的实验，比对那些大量饮用路易波士茶的人与不饮用它的人各自所受到的影响，弄清这种饮品真正的优势在哪里。这样的结果让我感到苦恼，因为路易波士茶正是鄙人的心头好。我现在每天起来都要饮用一杯路易波士茶，当然，换成一杯热水也还行。

人们经常研究"真"茶的健康功效，却很少关注草药茶，能够证明草药茶具有健康益处的科学证据也相当匮乏。研究已经发现，各种草药茶所含的一系列化合物具有潜在的益处，比如薄荷茶的抗菌功效和甘菊茶的抗炎功效，但就目前来说，我们尚未做出严谨充分的研究，来证明这些草药茶对人体的影响。另外，我们必须把针对植物提取物的研究与那些针对饮品本身的研究区分开来，因为二者在化合物含量以及潜在的健康益处方面有显著区别。事实可能会证明，要想真正获得益处，我们需要食用那些植物制成的营养品，而不是烧水泡制草药茶。

排毒茶迅速风靡"Instagram"，名人纷纷为之代言，声称这种茶具有快速修复健康的作用。排毒茶俨然成了时下流行的健康饮品。（我指的当然是在撰写本书期间的"时下"，不过这样的趋势发展得很快，等你阅读本书时，也许又在流行别的东西了。）排毒茶一般是混合草药茶，据称可以从内部净化人体，改善消化与滋养肝脏，增强免疫系统与调节新陈代谢，有助于减肥，消除腹胀，清洁皮肤以及在总体上改善健康状况。很多此类产品都特别关注减肥和瘦腹。排毒茶的种类不计其数，所含的成分组合也不尽相同，如薄荷、甘菊、生姜、路易波士茶叶、玫瑰花瓣、番泻叶以及茶叶（例如绿茶或乌龙茶）。排毒茶有利尿通便的功效，通常还含有大量咖啡因，所以人们以为它能起作用。但从长期来看，却没发现这些茶对健康有任何有益的影响。纵然排毒的概念大受欢迎，但专家们一再指出这是无稽之谈［想要了解更多关于排毒的内容，请翻阅本书第 4 章"冷饮（不含酒精）"的"健康饮品是什么"一节］。更糟糕的是，一些医生警告说，排毒茶可能对健康有害，比如导致消化问题和脱水，干扰避孕药的有效性以及加剧饮食失调。这些危害在很大程度上是排毒茶中的番泻叶造成的，番泻叶具有泻药的功效。

▷ **马黛茶是什么**

马黛茶是一种饮品，据说尝起来有点像烟熏的绿茶，在南美洲特别受欢迎。实际上，这种茶已经成为阿根廷、巴拉圭和乌拉圭等国的国民饮品，它在这些国家比咖啡、茶和巧克力加起来还受欢迎。马黛茶备受这些人的推崇，据说它能提供咖啡的活力、茶的健康效益以及巧克力的快感。听起来真不错！马黛茶是由南美冬青树（学名巴拉圭冬青树）的树叶制成的。这种茶的泡制方式多种多样，或使用茶叶浸泡器泡制，或把茶包放到马克杯里泡制，或用咖啡机或法式咖啡壶泡制，或用传统的葫芦和滤网管子泡制①。这种茶冷热皆宜，配料丰富（可以加入牛奶、蜂蜜、柠檬等）。马黛茶天然含有咖啡因，也含有在茶与咖啡中发现的茶碱、可可碱以及兴奋物质。与普通茶不一样，马黛茶的单宁酸含量较低，所以冲泡的温度高或时间长也不会变苦。它对健康有很多好处，包括对抗肥胖症和消除炎症。但是有人担心饮用马黛茶会导致食道癌、喉癌以及口腔癌等疾病。数据显示，饮用马黛茶的人罹患这类癌症的风险可能会增加，但是原因尚不明确。至于是与马黛茶的温度较高有关，还是与茶水的成分有关，我们就不得而知了。目前能明确的是，需要进行更多的研究来弄清楚背后的原因是什么。遗憾的是，马黛茶的相关证据与茶类和草药茶的相关证据一样，大多是从观察性实验得出的，或者来自实验室和动物研究，研究时用到的通常是马黛茶提取物。

▷ **关于商业制作的冰茶与珍珠奶茶**

很多人喜欢在大热天自制一壶清爽的冰茶解暑。在某些国家超市的软饮区找到现成的冰茶也不难。表面上看，冰茶能让人恢复体力，比苏打水健康，但果真如此吗？不是的。除了水

---

① 饮用巴拉圭茶时用到的一种带滤网的小管子。——译者注

和少量茶类提取物（不到总量的 0.5%），商业制作的冰茶通常还含有糖、甜味剂以及调味剂等成分。最重要的是，在健康益处方面，商业制作的冰茶与其他软饮没什么区别。珍珠奶茶的情况也一样。在这几年，珍珠奶茶店似乎遍地开花。珍珠奶茶来自中国台湾，但在世界各地都很受欢迎，是一种由红茶、牛奶、糖和果汁混合而成的饮品，还加入了耐嚼的珍珠粉圆。珍珠奶茶冷热皆宜，其名称来自珍珠粉圆和制作过程中剧烈摇晃所产生的气泡。

咖啡是什么

据称，普鲁士国王腓特烈大帝（Frederick the Great）在1777 年禁止德国人饮用咖啡，他认为咖啡影响了啤酒的销售与消费。他认为啤酒优于咖啡，宣称他的祖先和他自己都是饮啤酒长大的，许多士兵也靠啤酒哺养。这位大帝将咖啡的风靡称作"令人不快的事"。现在，咖啡馆几乎遍布世界的各个角落，可想而知，如果腓特烈大帝还活着，他该是多么愤怒啊！

咖啡是一种热饮，由热水与烘焙磨粉的咖啡豆制作而成。它在世界最受喜爱的饮品中排名第三，人们看重它的兴奋作用。很多人把浓咖啡当成日常必需品，一旦缺少，就会感到头昏脑涨。旺盛的日需意味着咖啡销售是笔大生意。据估计，2017 到2018 年，全球生产了 1596.63 亿包咖啡（每包 60 千克）。芬兰是世界上咖啡消费量最多的国家，芬兰人 2016 年的人均咖啡消费量（干重）为 12.5 千克。事实上，北欧国家占据了咖啡消费榜的前 5 名，他们需要饮用咖啡来对抗寒冷的气候。国际咖啡组织（International Coffee Organization）表示，英国人购买咖啡的支出最多（比如，2016 年，英国人平均为每磅可溶咖啡支付 11.45 英镑，意大利人支付 5.24 英镑，波兰人仅仅支付 2.23 英镑）。

咖啡豆来自咖啡属植物。据估计，咖啡树有将近一百种，有的是矮小的灌木，有的是高大的乔木。不过通常来说，能够生产咖啡饮品的都是高大的咖啡树，它们能长到 10 米之高。这种咖啡树的果实俗称咖啡樱桃（学术上称为咖啡浆果），咖啡豆是包裹在咖啡樱桃里的种子。商业咖啡主要有两个品种，分别是阿拉比卡和罗布斯塔，其中前者所占比例最大。三大咖啡生产国分别是巴西、越南和哥伦比亚。咖啡树的生长需要特定的环境条件，而阿拉比卡和罗布斯塔对环境的需求有所不同。阿拉比卡生长的最佳温度是 15 摄氏度至 24 摄氏度，而罗布斯塔喜热，生长的温度是 24 摄氏度至 30 摄氏度。罗布斯塔可以在海拔较低的地区生长，而阿拉比卡则通常长在海拔较高的丘陵地带，对降雨量的要求也不大。一般来说，阿拉比卡咖啡比罗布斯塔咖啡更甜，口味更丰富，咖啡因含量也更低（是罗布斯塔咖啡的一半左右）。罗布斯塔咖啡的生产成本较低，因为这种咖啡树的适应性较强，更容易在低海拔地区栽种收获，产量也更高。因此，罗布斯塔咖啡往往被用于制作比较便宜的咖啡，比如速溶咖啡。

人们把咖啡樱桃从树上摘下来，首先将咖啡豆从咖啡樱桃中分离出来。这时，要么通过打浆机除去咖啡樱桃的果皮和果肉，接下来进行清洗和干燥；要么放到阳光下晒干，再把咖啡豆从咖啡樱桃中取出来。然后，人们按照咖啡豆的大小和重量进行分级和分类。这个阶段的咖啡豆被称为咖啡青豆，可以装袋出售。接下来是最重要的烘焙环节。咖啡的香气和风味正是在这个环节中形成的。据估计，咖啡含有上千种芳香物质成分。咖啡的风味因烘焙条件不同而产生变化。咖啡豆的烘焙温度是180 摄氏度至 240 摄氏度，烘焙时间是 15 分钟至 20 分钟。咖啡豆烘焙至棕色时，就流出了咖啡醇（一种赋予咖啡独特香气和风味的油脂）。咖啡豆烘焙的时间越长，温度越高，制作出来的咖啡饮品的香气和风味也就更浓郁。浅度烘焙往往强调的是咖啡豆本身的味道，出品的咖啡香味细腻，苦味较轻，酸度较高，比深度烘焙的更甜。深度烘焙强调的是烘焙特色，此类咖啡酸度较低，苦味较重，香味没那么细腻。中度烘焙介乎两者之间，味道比较饱满。深度烘焙的咖啡味道浓烈，你可能会认为这种咖啡的咖啡因含量更高，饮用后兴奋作用更强烈，但事实恰恰相反。浅度烘焙的咖啡因含量实际上更高一些。

人们根据需求（比如用于浓缩咖啡机、咖啡过滤器和法式咖啡壶，或用作速溶咖啡）对烘焙后的咖啡豆进行研磨，增加咖啡的表面积，让香味和其他化合物更容易被萃取出来。要怎么制作速溶咖啡呢？先冲泡磨好的咖啡粉，然后对咖啡液进行干燥就可以了。咖啡液可以通过两种方式进行干燥，一是冷冻干燥（先把咖啡液进行冷冻，再切成颗粒，然后在低温下进行干燥），二是喷雾干燥（把咖啡液喷洒到热气流中，等液体滴落了就会变成细细的粉末，然后转化成颗粒）。

▷ 煮咖啡的艺术

尽管标题用上了"艺术"二字，但煮咖啡并没有特别的艺术，因为这完全取决于个人喜好。话虽如此，你还是可以下点功夫来提升咖啡的品质的。

首先要保证泡制咖啡的器具是干净的，用水是新鲜的。举个例子，不倒掉咖啡机或咖啡壶里的咖啡渣，不及时清理滤网，会让咖啡醇和水垢累积起来，从而影响咖啡的味道。当然啦，咖啡的好坏还取决于原材料的品质。选择适合自己口味的咖啡品种（或综合咖啡）以及烘焙程度。刚被烘焙完毕的咖啡口感更好，所以用现磨咖啡粉来冲泡的咖啡味道最佳。定期购买少量的咖啡豆或咖啡粉也许是保鲜的好办法。用热水冲泡咖啡，才能萃取出好味道，但不要用沸水，沸水会影响咖啡本身的味道。冲泡的时长也很重要，既要有足够的时间溶解风味成分，又不能冲泡太久，以防被萃取出的化合物过多导致咖啡的味道苦涩。冲泡时长还取决于所用器具。

制作咖啡的设备有很多，有咖啡过滤器、浓缩咖啡机（也称为摩卡壶）、法式咖啡壶（也称为法压壶）、爱乐压以及手冲咖啡器。咖啡过滤器的作用就如同说明书写的那样，在过滤器上放入咖啡，加上水就可以制作出咖啡饮品。咖啡过滤器通常是纸质的，用网状结构的软木浆制成，可以滤掉咖啡渣，萃取出咖啡液。先把滤纸放在咖啡过滤器里面，然后往滤纸里加入咖啡，把水加入过滤器的相应位置，水沸腾之后就会流到咖啡中，咖啡的油脂、香气和其他化合物溶解到水里，就制作出了咖啡饮品。浓缩咖啡机有三个部分：底部用来装水，中部装盛咖啡粉，顶部用来盛放萃取后的咖啡。底部的水被加热至沸腾，水蒸气被迫向上流动，咖啡粉就浸泡在水蒸气中。萃取出来的咖啡通过喷嘴洒到顶部，并被收集起来。用法式咖啡壶泡咖啡的话，把热水倒到磨碎的咖啡上让其浸泡就可以了，就像用茶壶泡茶那样。到了合适的时间或达到想要的浓度后，把柱塞往下压，咖啡渣便被阻隔在壶的底部，倒出来的咖啡也就不含杂质了。相对而言，爱乐压是比较新鲜的咖啡制作工具。把磨碎的咖啡放入容器内，加入热水搅拌几秒钟。然后压下柱塞，把壶中的空气推进滤筒里，迫使咖啡液与咖啡渣分离，流经过滤器进入杯子里。这被认为是制作浓缩咖啡较为简单的方法，然而这种方式也可以用于制作大杯咖啡。手冲咖啡器的作用不言而喻。先把咖啡粉放到过滤器上，再倒上热水，咖啡会慢慢滴入容器内。手冲咖啡器很像咖啡过滤器，不过还是有细微的区别，前者可以控制水温，后者只能依靠自动设置。

可供选择的设备这么多，有人还会将咖啡煮得不好归咎为设备问题吗？咖啡爱好者都有自己喜爱的方式和设备，这在很大程度上取决于个人口味。泡制咖啡的方式不计其数，适合自己的就是最佳的。

▷ 咖啡的制作

在我们继续讨论之前，先问问大家：为什么咖啡有时候被称为"a cup of joe"？这个问题不好回答，因为这一称呼的起源并不确定，而是众说纷纭，大多数说法都与美国相关。其中一个说法认为"joe"指向普通人，俗语"your average joe"就是"普通人"的意思，而咖啡正是普通人经常饮用的饮品，就称之为"cup of joe"，意为"普通人的饮品"。语言学家认为，"joe"是"Jamoke"的缩写，"Jamoke"是"java"和"mocha"的混合词，曾是咖啡在 20 世纪 30 年代常见的昵称。"cup of Jamoke"被缩写为"cup of joe"也是有可能的。另一种说法是，这个称呼指向美国海军部长约瑟夫斯·丹尼尔斯（Josephus Daniels），他于 1914 年禁止人们在美国的船只上提供酒精饮品。这一禁令使水手们转而饮用更多咖啡，那时咖啡消费量上涨要归功于约瑟夫斯，人们便用他的名字来称呼咖啡。然而，很多人并不认同此说法，并且指出了这则逸事的种种漏洞。还有许多其他的说法，但无论如何，这个称呼已经存在了数十载，并且流传了下来。

我们已经讨论了很多在家自制咖啡的方法，不过从全球范围来看，咖啡销售所产生的利润非常可观。如今，咖啡的制作方式千变万化，咖啡饮品不仅各有千秋，还各自拥有忠实爱好者。对一些人来说，想要点一杯简单的咖啡，却面临着五花八门的选择和乱七八糟的装饰物（有人喝过脱脂大豆肉桂拿铁吗？），往往让人不知所措。让我们来看看，在那些最大的咖啡连锁店里，主打的咖啡品种之间有哪些差异吧。

我们购买的咖啡饮品很多都以意大利浓缩咖啡为基础，再加上其他材料制成。意大利浓缩咖啡是先将深度烘焙的咖啡豆研磨成粉，然后用蒸汽加压萃取出的口感浓烈的黑咖啡。意大利浓缩咖啡是浓缩咖啡的一种。美式咖啡是由意大利浓缩咖啡加热水制成的。据说，美式咖啡与第二次世界大战期间驻意大利的美国士兵有关，他们那时把当地的浓缩咖啡加水稀释，让咖啡的味道变得更适于饮用。卡布奇诺可以说是咖啡店里最受欢迎的咖啡品种之一，这是一种分为三层的饮品：底层是一份意大利浓缩咖啡，中层是蒸汽牛奶，顶层是奶泡。最后可以加上粉状或屑状巧克力当装饰。意大利人会在早餐时饮用卡布奇诺，过了早上就不再饮用了。来到意大利的游客们经常被建议不要在上午 11 点之后点卡布奇诺，否则会惹人侧目。拿铁咖啡（2017 年至 2018 年英国人最常购买的咖啡品种）是由一份意大利浓缩咖啡加上蒸气泡沫牛奶制成的，澳大利亚和新西兰特别流行的馥芮白则是在意大利浓缩咖啡上面加入一层薄薄的顺滑的蒸汽牛奶。玛奇朵与卡布奇诺相似，不过玛奇朵是更轻柔的饮品，不添加蒸汽牛奶，而是直接把奶泡加进意大利浓缩咖啡里就可以了。摩卡咖啡是拿铁咖啡的变种，在意大利浓缩咖啡中加入巧克力糖浆、蒸汽牛奶和淡奶油就可以制成了。

咖啡包和咖啡胶囊又是另外一回事，它们的作用有点像茶包，不过是用来泡咖啡的。咖啡胶囊从外观上看是一个塑料盒子，里面装有一份咖啡粉，表面用铝箔封着。咖啡包则是把咖啡粉装在滤纸包里。把咖啡胶囊放到胶囊咖啡机内，铝箔会被瞬间破开，咖啡机对水进行加热，在高压下将咖啡冲泡好，然后让咖啡流出去，装满你放在咖啡机下耐心等待着的杯子。胶囊咖啡机和传统的浓缩咖啡机很像，制作咖啡很容易，可以省去很多麻烦，于是胶囊咖啡机越来越受欢迎。这些胶囊咖啡机每次制作出来的咖啡都是一样的，也会制作咖啡店提供的品种，但价格比咖啡店实惠很多。然而，咖啡包或咖啡胶囊的单独包装既造成浪费又不环保，使用它们来制作咖啡，也许会比其他在家自制咖啡所花费用更多，因为你很难控制咖啡粉的用量。

世界各地存在着多种咖啡制作方式。制作土耳其咖啡时，要将磨好的咖啡放到土耳其壶（一种由黄铜或紫铜制成的小壶）里慢炖，有时还会加入糖或香料。土耳其咖啡的成品是口感浓烈、顶部有着丰富泡沫的黑咖啡。土耳其壶没有过滤器，所以咖啡渣也会随着咖啡液被倒到杯子里，不过渣子沉在杯底，大多没有被人们饮用。鸳鸯咖啡（也称为"Kopi Cham"）是一种马来西亚咖啡饮品，冷热皆宜，由黑咖啡与加奶红茶混合而成。越南鸡蛋咖啡是一种用蛋黄、糖和炼乳制成的咖啡。在墨西哥，陶壶烧咖啡是一种传统的香料咖啡，其做法是把咖啡、蔗糖和肉桂棒放进黏土锅里煮制。摩洛哥、塞内加尔和沙特阿拉伯等国也会在流行的咖啡里加入香料。人们还喜欢往咖啡里添加酒精。爱尔兰咖啡里加入了少量的爱尔兰威士忌、奶油和糖，而德国的"Pharisaer"咖啡则把其中的威士忌换成了朗姆酒，并在咖啡上撒上了巧克力屑。在葡萄牙，马扎格兰咖啡是一种受欢迎的冰咖啡，由浓缩咖啡和柠檬汁（或柠檬苏打）制成。

▷ 咖啡含有哪些成分

咖啡除了含有芳香化合物以及咖啡醇，还含有哪些成分呢？首先肯定含有起兴奋作用的咖啡因和其他甲基黄嘌呤，这些都是人们最了解的咖啡成分（可以翻阅前文"咖啡因是什么"一节）。除了甲基黄嘌呤，未经烘焙的咖啡豆中的绿原酸（CGAs）含量占其干重的10%以上，不过在烘焙过程中大量绿原酸会被降解。这些抗氧化物质导致了咖啡的苦味，还会让不宜饮用咖啡的人胃酸倒流。绿原酸在肠道中被分解，有利于刺激肠道细菌，实际上起到了益生元的作用，这种物质可能还具有抗炎特性。这一领域的研究还处于早期阶段，不过目前人们十分热衷于探索肠道环境（或肠道微生物群系），咖啡对肠道的影响早晚能得到积极的研究。

二萜类化合物（主要是咖啡醇和咖啡豆醇）是咖啡里的油性物质。目前来看，能够证明这些物质起作用的证据杂糅在了一起。一些研究表明，这些化合物会使胆固醇水平升高，尤其是所谓的"坏胆固醇"，但好消息是，只有喜欢饮用未经过滤的咖啡的人才会受到影响。未经过滤的咖啡包括法压壶泡出来的咖啡以及土耳其咖啡，不过大多数人饮用的都是过滤咖啡。二萜类化合物很容易被过滤掉。然而，它可能具有一些有益的功效（比如抗癌，尽管此项研究尚处在早期阶段，未能证明这项益处），但咖啡在过滤后就没有这些益处了。

葫芦巴碱虽然只占咖啡重量的 1% 左右，但是在烘焙的过程中对咖啡风味成分的发挥水平起着重要作用。在烘焙的过程中，大量葫芦巴碱化合物被高温破坏，生成了吡啶以及其他物质。吡啶赋予咖啡常见的甜味和泥土般的芳香。葫芦巴碱分解后的另一产物是烟酸（也称为维生素 B_3）。烟酸帮助人体将食物转化为能量，对保持神经系统、消化系统以及皮肤的健康十分重要。一杯美式咖啡的烟酸含量在 1 毫克至 3 毫克。烟酸的每天建议摄入量为女性 14 毫克，男性 16 毫克，如果你每天饮用两三杯咖啡，咖啡便是你摄入维生素 B_3 的重要来源。葫芦巴碱本身还有别的健康益处。一些研究发现，葫芦巴碱有助于预防龋齿，因为它可以抑制牙齿上的变异链球菌，该菌是蛀牙的主要成因。

又说到牙齿问题了，导致牙齿变色的不只是茶中的单宁酸，常常饮用咖啡的人也会遇到牙齿变色的问题。红茶中的大量单宁酸是牙齿变色的罪魁祸首，而咖啡中的某些成分同样让我们笑起来羞于露齿。咖啡中含有大量发色团，这些物质所携带的黑色素（与咖啡的颜色有关）会附着在牙釉质上。单宁酸可以和发色团结合，使之更具黏性。如果只有单宁酸，可以在茶中加入牛奶解决问题，因为牛奶会和单宁酸结合，但在咖啡中加牛奶却不能根绝发色团对牙齿的影响。不过，加入牛奶后，咖啡中的部分单宁酸与牛奶结合，可以直接减轻着色，因为这样一来，部分单宁酸就无法与发色团结合来增强其黏性了。

咖啡是蟑螂最喜欢的饮品吗

除热水之外，你的咖啡中还含有数不胜数的化学物质。阿拉比卡咖啡中含有 2-乙基苯酚，这种物质有助于咖啡香味的形成，但它也可以充当蟑螂的信息素，帮助蟑螂通过化学方式进行交流。咖啡对蟑螂有特别的吸引力吗？关于这一问题人们尚未达成定论，正反两方都有人站队，不过在气候温暖的地方，人们往往会在咖啡机里发现蟑螂。这算给你提个醒吧！

由于咖啡制作方式、冲泡方法以及加入的作料千变万化，咖啡成品中不同化合物的含量有所差异就不足为奇了。

咖啡与健康

不论咖啡中的成分单独作用时有何功效，有一点是毫无疑问的，那就是我们常常听说的咖啡有益健康（不加奶油和糖浆的时候）。那么这个结论是否可以找到有力的依据呢？

首先，很多观察性研究发现，经常饮用咖啡可以降低早逝的风险。这对咖啡爱好者来说无疑是佳音。观察性研究还得出了这样的结论：咖啡能够降低罹患某些癌症的风险。有些人担心，经常饮用咖啡会对心脏产生不利影响，但科学并不支持这一点。没有确凿的证据能够表明，适量饮用咖啡会增加罹患冠心病或充血性心衰的风险，或导致心源性猝死。人们从荟萃分析中得到了充分的证据，表明咖啡甚至可以降低罹患心血管病、帕金森病或中风的风险，预防 2 型糖尿病、肝病和胆结石。咖啡能够降低罹患 2 型糖尿病的风险，能够证实这一点的证据尤其充分。这些研究涉及了 100 多万人，表明了经常饮用咖啡可以降低罹患 2 型糖尿病 30% 的风险。

咖啡对大脑有什么影响呢？关于咖啡因对大脑影响的研究有很多，但我们现在感兴趣的是咖啡对大脑的影响。有报告称，咖啡可以帮助我们在短时间内改善智力，就长期来说也有利于预防认知功能衰退或痴呆。先说咖啡的短期影响，不同的研究得到的结果往往不一致，不同的人群与不一样的认知功能衡量方式都可能让结果出现不一致的地方，这使得相关证据出现自相矛盾的情况。有些研究观察到，经常饮用咖啡的人（比如老年女性）在记忆测试中的表现更好，而另一些研究尽管也付出了努力，却没能发现咖啡与人（比如老年男性）的认知表现有什么显著联系。

闻闻咖啡香

一项不同寻常的研究发现，与那些没有接触任何特别味道的人相比，闻到咖啡香（不必饮用咖啡）的人在商学院的能力测试中表现更佳。这项研究测试了大约 100 名商学院学生，用问卷的形式调查他们的表现，发现在有咖啡香的环境里，参与者的分析任务完成得更好，他们对自己的表现也有着更高的预期。换言之，他们认为自己在分析推理方面会表现得更好，因为他们觉得咖啡改善了自己的生理机能，比如让人思维敏捷。研究人员得出的结论是，咖啡香在人的表现方面具有安慰剂效应。这就让人好奇：该不该在专心完成任务之前在身边放上一杯浓咖啡呢（即便无心饮用咖啡）？

说到咖啡的长期影响，从目前的研究来看，有迹象表明经常饮用咖啡能够降低罹患认知功能衰退、痴呆症或阿尔茨海默病的风险。然而，还没有充分的数据或决定性的证据可以予以证明。对于咖啡是否有益大脑健康，我们最好持保留态度，等待人们进一步完成那些严谨的大型实验之后再行分析。

人们一直认为咖啡因能够增强体能。这一领域的研究通常着眼于运动员，不过有证据可以表明，咖啡还可以增强（除受过训练的运动员以外的）其他人的体能。这一点倒不足为奇，但是你能从咖啡（而不是从具有兴奋作用的咖啡因）中获得同样的效果吗？有不少证据表明，咖啡可以帮助自行车运动员和赛跑运动员改善耐力方面的表现。多项研究发现，要是在进行耐力测试前（至少45分钟）饮用了咖啡，运动员就会表现得更出色。

咖啡似乎对健康有很多益处，但这些好处都是咖啡因带来的吗？功能饮料也有同样的好处吗？毕竟我们看到的"咖啡有利健康"的新闻报道都是与咖啡因有关的。或许咖啡因才是真正的灵丹妙药。虽然我们总是提起咖啡就想到咖啡因，但实际上，咖啡的健康益处似乎可以归结为咖啡中许多化合物共同作用的结果。人们在那些低因咖啡饮用者身上发现了咖啡带来的诸多益处，这就表明咖啡因可能不是咖啡有益健康的唯一原因，咖啡中许多其他化合物也在发生作用。这就提醒了我们，看到关于咖啡作用的报道时，不要以为就是咖啡因在起作用，这两样事物不能相互替代（请健康小报的记者注意了！）。

但并非所有关于咖啡潜在健康益处的研究都得出了可靠的结果。要是在就餐前饮用一杯咖啡就可以降低食欲，进而控制体重，那该有多好啊！常说咖啡有助于控制食欲，如果这是真的，人们肯定会欣然接受。然而，当前的研究并未能得出有力的结论证实这一点。人们还调查了其他许多健康状况与饮用咖啡之间的关系，但是目前缺乏确凿证据，来证实咖啡确有种种功效。

对一些人来说，饮用咖啡会带来问题。大量饮用咖啡的孕妇往往有如下问题：生出低出生体重儿、早产或流产。这也解释了公共卫生机构为何强烈建议在孕期限制咖啡因的摄入量。另外，咖啡摄入量太高会对骨骼健康产生不利影响。有些研究发现，饮用咖啡较多的女性骨折的风险更大。但也正是这些研究发现，饮用咖啡较多的男性骨折的风险较低，因此咖啡与骨骼健康之间的关系尚未明确。这也说明咖啡的影响因人而异，把一般情况套用在个人身上也许并不准确。

我们如果认为咖啡有诸多益处，就需要知道是什么让咖啡具有这些益处。为什么咖啡对心脏有益，可以降低罹患糖尿病的风险以及预防癌症呢？就咖啡与健康之间的联系来说，了解其背后的机制是一件非常复杂的事情，也是现在很多研究的关键所在。说到对健康的益处，咖啡中不同的成分（比如咖啡因、绿原酸和二萜类化合物）可能产生不同的功效，这些成分既可以单独发挥作用，又可以结合起来产生效果。甲基黄嘌呤的兴奋作用可能是咖啡改善运动表现的关键原因，人们还认为，咖啡中的咖啡因会影响肾上腺素的分泌，减轻我们消耗体力时感到的疲劳。咖啡的抗氧化以及抗癌特性可能在人体其他部位（比如肝脏）发挥有益作用。饮用咖啡时人体究竟发生了哪些有益健康的变化，关于这一点我们还有很多内容需要了解。

总而言之，科学似乎给出了不少证据证明咖啡对健康有益，不过证明咖啡有害的证据就十分有限。你可能想知道：饮用多少咖啡才能做到趋利避害呢？那些得出咖啡有益健康结论的研究表明，对于普通人（既非孕妇，又非容易患病的人）来说，每天饮用三四杯咖啡比一点咖啡也不沾更合适。对此你可以持有自己的看法。

可可是什么

巧克力啊！一想到巧克力我就食指大动。（我知道你们也有同感。）巧克力各种成分的搭配是多么完美，以至我们对它钟爱有加、念念不忘。就个人来说，我更喜欢块状的巧克力，不过很多人也喜欢巧克力饮品，而人类对巧克力的需求可以追溯到很久以前。可可被制成食品已经有好几个世纪的历史了，它在古代南美洲是一种重要的作物。举个例子，玛雅人发明了一种在结婚仪式上饮用的可可饮品，到了 17 世纪中期，可可饮品经西班牙探险家传入欧洲，继而在法国流行起来。后来有位法国人在伦敦开了第一家热巧克力店，到了 18 世纪，类似的巧克力饮品店已经在英国遍地开花了。

可可来自可可树结出的可可豆。这种热带树木生长在炎热潮湿的环境里，世界上大多数的可可豆都来自西非国家。虽然市场对这种流行作物的需求很大，但绝大部分的可可来自小型农场。可可豆实际上是从粗糙的可可豆荚中取出来的种子，每枚可可豆荚里含有 20 颗至 50 颗可可豆。收获的时候，先把可可豆放到遮盖好的木桶里堆着发酵（可可豆荚内的果肉开始升温，让可可豆得到发酵），然后晾干和清洗，接着包装好，再准备加工成食品。

可可豆首先要经过烘焙，才会生成巧克力的味道和颜色。烘焙的温度和时间取决于可可豆的类型以及最终的成品要求。把可可豆的外壳去掉，留下果核（可可豆的内容物），然后磨碎成糊状，研磨的过程会产生热量，让可可脂融化，可可液块就此产生了。虽然称为液块，这种物质在室温下却是固态的。可以使用碱剂（比如碳酸钾）对可可液块进行处理，来降低其酸性。此举会让可可液块颜色更深，味道更柔，更像巧克力。下一步就是利用高压把可可液块分离成可可脂与固态的可可饼。可可脂用来生产巧克力，可可饼被研磨成可可粉。

好大一堆可可豆

大概要 400 颗可可豆才能制成 1 磅（约 0.45 千克）巧克力。也就是说，1 枚可可豆荚大约只能生产 1 块巧克力。可可树从种下到结出果实要 3 年至 5 年时间，1 棵可可树每年只能结出 30 枚至 50 枚可可豆荚，人类每年消费的巧克力那么多，需要栽种很多可可树才能满足要求。据统计，我们每年消费的可可豆多达 450 多万吨。

▷ 热可可和热巧克力有什么区别

热可可由可可粉调制而成，严格来说，热巧克力则是由含有可可脂的黑巧克力制成的。因此，真正的热巧克力是一种成分较丰富的饮品。在制作这些饮品时，需要把巧克力粉或巧克力与其他一系列成分混合起来，比如热牛奶、热水、糖和调味剂。你可以购买可可粉或巧克力粉，然后添加配料制成自己喜欢的饮品，不过速溶可可粉或巧克力粉也非常受欢迎。

无论是商业制作的热巧克力饮品（就像你在咖啡馆购买的那些），还是家庭储备的袋装热巧克力粉，通常都含有很多其他成分。比如，星巴克的"经典热巧克力"配料清单上就写着：牛奶、水、经典热巧克力（糖、用碱处理过的可可粉、牛奶、可可脂、香草醛）、淡奶油［奶油、糖、压缩气体（一氧化二氮和氮气）、乳化剂（E471）、调味剂、稳定剂（卡拉胶）］[1]。如果做成焦糖热巧克力，就要添加以下成分：焦糖风味糖浆［糖、水、天然调味剂、食品着色剂（浓缩苹果汁、胡萝卜汁、木槿汁以及糖蜜）、酸味剂（柠檬酸）和防腐剂（山梨酸钾）］、焦糖淋酱［糖、葡萄糖、葡萄糖浆、黄油、果糖、双层奶油、脱脂奶粉、天然调味剂、乳化剂（大豆磷脂和单、双甘油脂肪酸酯）、酸味剂（柠檬酸钠和盐）、稳定剂（三磷酸盐）、消泡剂

---

[1]　Starbucks, 'Summer 2 2018 beverage ingredients.' https://globalassets.starbucks.com/assets/68FC43D2BE3244C9A70EE30EA57B4880.pdf. ——著者注

（聚二甲基硅氧烷）]①。这个清单内容太多，让人有点不知所措，但为什么要添加这么多成分呢？除了丰富饮品的味道，加入的这些成分还有很多作用，例如给饮品增稠增色，让原材料在贮存的时候保持干燥与稳定以及延长原材料的保质期，还要确保每次制出的饮品质量如一。

▷ **可可饮品对健康有益吗**

可可饮品对健康的影响在很大程度上取决于它所含的其他成分及它的制作方式。（从健康的角度来说，一大杯加了棉花糖和淡奶油的甜腻腻热巧克力不太可能比得上一杯简简单单的不加配料的热可可。）为了弄清楚可可对健康有何益处，我们需要从巧克力饮品及其各种成分中整理出可可的作用。

可可粉含有数量惊人的纤维（占其成分的 26% 至 40%）、蛋白质、碳水化合物、脂肪、矿物质和维生素。营养物质十分全面！可可还含有甲基黄嘌呤、咖啡因和可可碱。观察性研究显示，饮用可可有助于控制血压。鉴于可可对健康有益，可可富含的黄酮类化合物引起了很多研究者的兴趣。可可中的黄酮

---

① 拿超市里常见的吉百利热巧克力粉作为参考，其成分有：糖、（牛奶）乳清粉、低脂可可脂、葡萄糖浆、植物油（椰油、棕榈油）、脱脂奶粉、牛奶巧克力［牛奶、糖、可可浆、可可脂、植物油（棕榈油和乳木果油）、乳化剂（E442）以及各种调味剂］、增稠剂（E466）、盐、牛奶蛋白、抗凝剂（E551）、调味剂、酸味剂（碳酸钠）、乳化剂（E471）、稳定剂（E339）。（Cadbury, 'Hot chocolate instant.' https://www.cadbury.co.uk/products/cadbury-hot-chocolate-instant-11688）——著者注

类化合物对心脏和动脉有益，可以维持血液的正常流动。然而，这些研究结果大多来自动物研究，并未在人的身上得到可靠的验证。可可的抗氧化以及抗炎效果也得到了证明，人们又开始关注它能否帮助预防癌症，但我们在这一领域的知识有限，仍需强有力的临床干预实验来证明这个领域的发现。

虽然可可含有多种有益化合物，但我们大多数人的摄入量并不充足，难以发挥实效。如果是以饮用巧克力的形式，我敢肯定人们会很愿意增加摄入量，但是这样的话不健康的脂肪和糖类也将随之进入人体，不仅抵消了益处，还增加了潜在危害。可可本身是苦的，增加纯可可的摄入量大多数人都难以办到。只有大量饮用可可的人才能真正体验到它在控制血压方面的好处，这些人分布在世界各个角落的村落中，他们饮用的是富含多酚的可可（比如巴拿马库纳岛上的居民每天饮用 5 杯富含黄酮类化合物的可可，可可原料是当地出产的，他们患高血压的比值极低）。此外，很多人饮用的可可都经历了一轮又一轮的商业加工，所含有益化合物少了很多，因为每轮加工都会损失一些有益化合物。举个例子，新鲜发酵的可可豆在加工之前含有 10% 的黄酮醇（一种黄酮类化合物），最后生产出来的可可粉就只含 3.6% 的黄酮醇了。

针对可可饮品的健康研究没有像茶和咖啡那么多，所以我们未能掌握可可发挥功效背后的证据。迄今为止，关于可可健康效益的研究结果各不相同，但从观察性研究、机理研究以及干预实验的综合结果来看，可可的功效还是值得期待的。即便不存在其他功效，我们也不会放弃这些美味可口的饮品，毕竟有时候，食品给生活带来的意义已经大于其本身的营养价值了。

麦乳精饮品是什么

现在我们来谈谈饮品世界的慰藉：世界各地有许多人在睡前都习惯饮用一杯麦乳精，这个系列的饮品在睡前时分起着重要作用。麦乳精饮品究竟是什么呢？它是一种典型的牛奶热饮，由麦芽[①]、糖和其他配料制成。"麦芽"一词来源于麦芽糖，麦芽糖是淀粉分解产生的糖，将发芽的谷物磨碎之后加入热水混合就成了麦芽糖。麦芽的形成过程大体上是这样的：先对大麦进行干燥，再浸泡在水中促使其发芽，然后再次进行干燥，最后放到烤箱中烘烤就行了。在刚开始发芽的时候，淀粉含量到达顶峰，此时就要中断发芽过程，这样的话大麦中的淀粉就更容易转化为糖类。麦芽进一步加工的方式有很多种，加工后的麦芽用途很广，包括酿酒（想了解更多内容，请翻阅第5章"酒精类饮品"）以及制作食品。先在麦芽中加入热水搅拌，等淀粉转化成复合糖和氨基酸再除去水分，这样形成的黏稠混合物就是麦芽提取物。麦芽提取物通常用于生产食品和麦芽饮品，可

[①] 其他谷物也可以用类似的方法制成胚芽，比如燕麦、小麦和大米，但用大麦来制麦芽最为常见。——著者注

以直接使用，也可以进一步干燥成粉状。麦芽烘焙过后的气味、颜色和甜味是什么样的？你看看麦乳精产品就知道了。

麦乳精饮品界有三大著名品牌：好立克［来自英国的好立克兄弟（the Horlicks brothers）于 1873 年在美国创立的品牌］、阿华田［瑞士化学家乔治·万德（George Wander）于 1904 年发明出"Ovomaltine"，1909 年这种饮品被进口到英国的时候，由于申请商标时出现拼写错误，成就了现在的名字"Ovaltine"］，以及美禄［澳大利亚食品科学家托马斯·梅恩（Thomas Mayne）于 1934 年发明的，此后他每天都饮用这种饮品，直至以 93 岁高龄去世］。你可能认为这些饮品没什么不同，实际上它们还是有一些细微的差别的。[①] 好立克是由小麦粉、麦芽、糖、牛奶、棕榈油、盐以及维生素制成的粉状物，加入热牛奶就可以做成饮品。阿华田是麦芽、牛奶、可可、糖、菜籽油、维生素和矿物质制成的粉状物。美禄在成分上与阿华田很相似，不过还含有木薯粉和未标明的调味剂，用棕榈油代替了菜籽油，所含的维生素和矿物质也略有不同。然而，与好立克和阿华田不同的是，美禄麦乳精不用加入牛奶，直接用冷水或热水冲制就可以了。

"舒心""温暖"与"宽慰"，这些都是描述麦乳精的词语。麦乳精常被认为有助于就寝和睡眠，但这样的说法有科学依据吗？在思考这些饮品能否助眠之前，还是先问问它们是否会妨

① 所列出的是这三款饮品英国版的成分。——著者注

碍睡眠吧。毕竟我们知道，一些麦乳精里包括了可可的成分，而可可里面包含起兴奋作用的咖啡因。不过，尽管有些麦乳精饮品中添加了可可，但含量非常少，所以就算有咖啡因成分，也可以忽略不计。就这一点来说，麦乳精可以很好地代替其他热饮，成为适宜晚上饮用的饮品。然而，麦乳精的含糖量很高（一份好立克或阿华田就含有 5 茶匙以上糖分，想象一下在你的茶或咖啡里放这么多糖会是怎样）。糖能够让人体快速产生能量，会让血糖和胰岛素快速上升。这种效果对就寝并没有什么帮助。

或许你换上拖鞋，拿起一罐好立克，准备喝完睡个好觉，但在这之前我得告诉你，很遗憾的是，没有确凿的证据可以证明麦乳精能够改善睡眠。虽然各种小型研究显示，麦乳精有助眠的功效，但要是从麦乳精的成分上看，这个作用应该归功于热牛奶或添加的维生素，换言之就是与麦芽无关。据说，正是因为热牛奶中含有色氨酸（一种氨基酸），才会让人容易进入睡眠状态。色氨酸的用途很广，不仅是婴儿成长必需的物质，还是 5-羟色胺和褪黑素的前体。褪黑素调节睡眠和清醒的状态，5-羟色胺是一种神经递质，可以促进多种生理作用，包括调节睡眠和情绪。然而，牛奶本身所含的色氨酸并不足以产生显著的助眠效果。你要饮用大量牛奶才会进入昏昏欲睡的状态。不过牛奶确实含有其他能让人感到平静的元素，即有减压特性的酪蛋白水解物，以及帮助减轻焦虑的镁元素。这些物质的特性共同发挥作用，让人感到平静舒缓。某些维生素（特别是 B 族维生素）和牛奶一样，能够改善睡眠，麦乳精中含有维生素，这可能是它有助于睡眠的原因之一。我之所以说"可能"，是因为这种可能性背后的科学依据并不十分充分。

麦乳精明显利用了消费者的心理，让他们相信这些饮品会让自己感到放松自在。其实这就成功了一半，你希望这样的饮品能让自己放松，就说明你已经在心理上做好放松的准备了。有热牛奶，还有丰富的味道，这让人回想起童年，睡前的热牛奶让人得到安慰。现在渐渐放松，慢慢入睡……

热饮的利与弊

有句古老的格言说，我们应该在大热天饮用热饮而不是冷饮，因为热饮促使人体释放热量，从而达到降温效果。格言是一回事，不过真是这样吗？事实上，还真有证据能够证明。研究员奥利·杰伊（Ollie Jay）2012 年做的一项小型研究发现，热饮给人体带来热量，人体会产生显著的反应，加快排汗的速度，释放的热量多于热饮所带来的，从而达到降温的效果。他发现，只要汗液可以顺利蒸发掉，热饮就能很好地帮你降温。如果汗液不容易蒸发（可能天气太过闷热，或者穿衣太多），那么热饮只会让你感觉更热，这时你应该喝冷饮。

那么饮用热饮会造成什么危害吗？大量研究调查了饮用热

饮或食用热食能否对食道及身体的其他部位造成伤害。有篇综述分析了 59 项研究结果后发现，咖啡、茶和巴拉圭茶在饮用时温度越高，越容易增加罹患食道癌的风险。另一篇综述也得出了相似的结果，认为罹患食道鳞状细胞癌风险尤其高。人们认为是热饮对食道内壁造成了热损伤。尽管这些研究在方法上存在诸多限制，但得到的证据十分充足，这就让国际癌症研究机构（International Agency for Research on Cancer）在 2016 年将高温热饮列为可能的致癌物质。请注意，这里所指的高温是指超过大多数人所能接受的 149 华氏度（即 65 摄氏度）。

自热式罐装饮品

很快你就可以（再次）购买到自热式罐装茶、咖啡或印度茶拿铁了，这些饮品加热起来十分方便。自 20 世纪初以来，自热式罐头的技术就已经存在了。这种罐头设有三个隔间：一个存放饮品（比如咖啡），一个盛水，还有一个放置加热剂（不同产品的加热剂类型有所不同）。这种罐头一旦被激活，比如按压罐头底部的按钮，或者拉扯拉环，水和加热剂之间的隔板（饮品的隔板仍完好）就被破坏了，两种物质互相接触后便开始发生放热反应（一种放热或发光的化学反应）。饮品吸收了热量就会变得热起来。整个过程才花费两三分钟。其他类型的自热式罐头含有两种不同的化学物质（而不是一种化学物质与水），这些化学物质相接触的时候就会产生放热反应。

自热式罐头一开始是为探险者和登山者设计的，帮助他们加热食品（这些人显然需要方便的温热食品），不过后来市场扩大了，在一些地区可以购买到装在自热式罐头里的汤或其他食品。到了 20 世纪 40 年代，自热式罐头虽然还继续用作露营食品，但受欢迎程度有所下降，不过近年来，这种罐头又重新引起了人们的商业兴趣。20 世纪 90 年代末，食品巨头雀巢公司推出了自热式咖啡罐头，但是这项业务未能占领市场，因为顾客觉得罐头内的咖啡不够热。这些罐头只能让内容物加热 40 摄氏度左右，如果罐头原本的温度是 25 摄氏度左右就没有问题，可要是低于这个温度效果就不太好。你想想看，在寒冷的天气，人们可能很想要一杯热饮，但在这时候罐头的基准温度却远远低于 25 摄氏度。给罐头配备适量的试剂和包装也不容易。起初，罐头可能因为加热太过而无法碰触，有时候甚至会爆炸。其他公司也不甘落后，纷纷忙着投资这项技术，美国和西班牙的企业也在 2018 年推出了自热式饮品，比如茶、咖啡和热巧克力。有趣的是，西班牙的 42 度公司（the 42 Degree Company）最初利用这项技术开发出食品和饮品产品，目标客户群是需要紧急服务的人、志愿者以及在自然灾害或人道主义危机中的受害者，但后来该公司改变想法，认为应该让人人都有机会享用他们的产品。

第 **4** 章

冷饮（不含酒精）

　　腹内的气体积聚起来，撑大胃容量，刺激胃壁的感受器。感受器产生反应，食道下端的括约肌一放松，气体就顺着食道往上走，从食道上端的括约肌跑出来。这时候你就会听到声音，有时候还十分响亮。我刚刚说的是什么呢？当然是打嗝啦！打嗝实质上是一种让多余气体从胃部排出体外的生理现象。虽然这只是一种自然的生理现象，但在世界上许多地方，人们不太能接受在社交场合打嗝的行为。不过，还是有少数地方把打嗝当作赞赏，比如说巴林、印度部分地区和中国部分地区的人们就是这样认为的。许多食物、疾病或药物都能让人们打嗝，但汽水显然是罪魁祸首。大多数人喝了汽水之后都要打嗝，只不过有些人打嗝声响亮夸张，有些人动静不大罢了。汽水之类的软饮真是太受欢迎了，所以无论什么时候，世界上都有成千上万的人在打嗝。不妨想象一下，如果我们能够捕捉和量化这些打嗝的声音会是什么样的！

商店的冰柜里塞满了厂家生产的形形色色的软饮。它们显然比水更有吸引力，厂家还夸口说喝了能够让人更健康。于是有些人信以为真，但是谁能确定饮用后不会弊大于利？

冷饮的本质

软饮不是现代才发明的。我们之前可能以为，在很久以前，人们出于水源不洁的缘故，饮用的不是啤酒就是葡萄酒，但真相却是，我们今天饮用的很多软饮都是在几百年前发明的。我们现在经常购买麦芽汁，把它当作可稀释的甜果汁饮品，但麦芽汁在一开始不过是珍珠大麦和水的调制品，其源头可以追溯到 14 世纪。烹煮药草做成饮品也是很久之前就有的做法，这并不让人感到多惊讶。我们熟悉的饮品，比如蒲公英牛蒡茶和根汁汽水，都起源于很多个世纪之前。人们［如詹姆斯·库克（James Cook）船长］那时正在新西兰进行探索，他们将发酵的根茎稍微煮一下就当作药物治病（库克船长煮云杉啤酒就是为了避免人们得维生素 C 缺乏病）。当然，现在的饮品和原始版本已经有了天差地别。

软饮是相对含酒精的"硬饮"而言的，拥有很多不同的定义，但在这里我指的是那些带甜味不含酒精的饮品。软饮往往是按份计算的冷饮，包括苏打水、果汁、各种口味的水、可稀释的果汁饮品、运动和能量饮料以及健康饮品。当下流行的软饮往往包括这些特点：采用天然的原料，保留自然的味道以及加入功能性添加剂（最好每喝一口都能延年益寿，或者让消费者相信喝了能够延年益寿）。

与热饮相比，我们显然更青睐冷饮

我们刚出生时饮用的是温热的牛奶或母乳，但是慢慢长大后，我们似乎形成了饮用冷饮的喜好。人们之所以更喜欢冷饮，可能是因为冷饮能解渴，口腔冰凉的感觉会让人生出愉悦感。没有明确的证据可以解释人们为何喜欢冷饮，不过有些人认为，我们把冰凉的感觉与解渴联系到一起，所以饮用冷饮后会觉得精力充沛。（值得提及的是，支持这一说法的研究有部分是由一家著名的食品饮料生产商组织的，这家生产商肯定很愿意散布这类说法。）

软饮是什么

各类软饮虽然在外观和口味上各不相同，但都含有许多相同的成分。软饮中的水是我们非常熟悉的成分，本书在第 1 章已介绍过。值得一提的是，生产商往往会用软水来生产软饮，因为软水不会带来异味。除水之外，软饮主要含有糖分、果汁和添加剂（比如甜味剂、酸、防腐剂和色素）等成分。苏打水还含有二氧化碳。

▷ "甜言蜜语"

谈到软饮的主要成分，我们最先想到的除了水，就是糖分。软饮中存在各类糖分，都是从不同的植物中提取出来的，其中以从甘蔗和甜菜中提取的蔗糖最为常见。蔗糖是由一个葡萄糖分子和一个果糖分子构成的。葡萄糖、果糖和半乳糖都是结构简单的糖，称为单糖，单糖是构成所有碳水化合物的物质。葡萄糖和果糖以不同的形式结合起来，组成复杂的碳水化合物。尽管碳水化合物的构成不同，但是进到体内就会再次分解为上述三种单糖。[1] 生产商在软饮中添加糖分是为了让饮品变甜。蔗糖和软饮中的酸结合起来，就会转化为等份的葡萄糖和果糖。葡萄糖或果糖糖浆也能增加饮品的甜度。各类糖分的甜度也有所不同（比如，果糖比蔗糖甜，蔗糖比葡萄糖甜），但提供的热量都是一样多的（每克糖分产生 4 千卡热量）。

尽管有些健康专家不爱听到这一点，但我们的饮食确实需要一些糖分。食物在体内转化为葡萄糖之后，被肠道吸收后进

---

[1]　既然结构简单的糖称为单糖，你可能已经猜到蔗糖是二糖（即含有两个单糖）了。其他二糖包括乳糖（葡萄糖加半乳糖）和麦芽糖（两个葡萄糖）。你可能还听说过多糖，多糖是指超过 10 个单糖组成的物质，比如淀粉。——著者注

入血液，成为所谓的血糖。维持血糖稳定对人体健康非常重要。人体分泌的胰岛素把葡萄糖转化为细胞需要的能量，这些能量可以直接被人体利用，或者储存起来以备后用。人体大多数细胞都需要葡萄糖来维持运转，尤其是脑部细胞。如果没有足够的葡萄糖，大脑就无法获得所需的能量，进而无法保证神经元和身体其他部分能够进行有效沟通。正因如此，如果你错过一顿饭或者进食不够多，就会发现自己在短时间内难以集中精力或记住事情，还会感到疲累和烦躁。从长期来看，大脑缺乏葡萄糖会导致严重后果，比如产生认知障碍。然而，糖分过量也会损害健康。研究表明，饮用含糖饮品会使体重增加，让人容易患上 2 型糖尿病、蛀牙和肥胖症。还有证据表明，大量饮用含糖饮品会导致非酒精性脂肪肝病和心脏病。尽管人体需要糖分，但大多数人无疑从饮食中摄入得太多，所以我们不需要从饮品中获取额外的糖分。

软饮中有种被称作高果糖玉米糖浆的成分，近年来受到特别关注，经常成为头条新闻。这种糖浆由玉米淀粉制成，人们先将玉米淀粉分解为葡萄糖分子，然后加入酶让部分葡萄糖转化为果糖。高果糖玉米糖浆中的果糖含量不尽相同，但比例通常高于 50%，[①] 剩余的成分就是葡萄糖和水。人体处理果糖的方式不同于葡萄糖。果糖不像葡萄糖那样对血糖或胰岛素的水平

---

① 这里指的大多是美国的比例，因为软饮中添加高果糖玉米糖浆在美国十分常见。——著者注

有着显著影响，但是却会对血脂（甘油三酯）产生直接影响。研究发现，如果摄入大量果糖，就会导致甘油三酯偏高和高脂血症，降低胰岛素敏感性和增加尿酸水平（造成痛风）。有些人担心高果糖玉米糖浆在某种程度上比蔗糖对健康更不利，因为高果糖玉米糖浆的果糖含量太高，而果糖的代谢途径不像葡萄糖代谢那样受控制（换句话说，果糖生成脂肪是不受控制的）。然而，目前的研究无法给出明确而具体的证据，难以证明高果糖玉米糖浆比蔗糖对健康更为不利。（值得注意的是，有些研究是软饮行业赞助的，软饮生产者会在产品中添加高果糖玉米糖浆，他们属于既得利益者。）关于糖类对健康的影响众说纷纭，但是断言说任何糖类摄入太多都对健康有害，又未免太过武断。

超出 2/3（在撰写本书时这一数值为 70.2%）的美国人体重超标或患有肥胖症，在美国人的膳食中，加糖饮品既是摄入添加糖的唯一最大来源，又是能量摄入的首要来源。随着许多其他国家在这方面的统计数据上越来越向美国靠拢，公共卫生专家呼吁人们采取行动，减少对含糖饮品的消费。英国从 2018 年 4 月 6 日开始对软饮制造商征收"糖税"。这项政策的目的是引导制造商调整软饮配方，减少软饮的含糖量。制造商缴税的金额取决于他们产品的含糖量，有 50% 的制造商在政策生效之前就已经重新调整了饮品配方，做好了万全准备。降低这些产品的含糖量，相当于每年少用 4500 万千克糖。政府征收糖税是为了解决儿童的肥胖症问题，这一举措也符合研究的结果，研究显示，减少含糖饮品的摄入能够降低肥胖症和相关疾病的流行。有意思的是，可口可乐宣布不会减少经典款可乐的含糖量，而是选择支付糖税，然后把成本转嫁给零售商。不过该公司正在把原来的瓶子换成较小的（即容量减少，价格不变，希望消费者没有注意到这一变化），同时把健怡可乐和零度可乐等无糖版可乐的瓶子换成较大的。可口可乐希望此举能够鼓励消费者转而购买无糖版可乐。在征收糖税方面，英国并非独树一帜，墨西哥、法国、爱尔兰和匈牙利等国也有类似的政策，许多其他国家的公共卫生官员也致力于利用这类举措来减少糖的消费量。很想看看这些措施能否切实削减含糖软饮的市场，减少肥胖症的发病率。

▷ 人工甜味剂是什么

用糖量减少，自然就需要更多人工甜味剂来补充，甜味剂便受到了关注。随着人们日益担心糖的危害，越来越多消费者转而消费糖的替代品，来满足自己对甜食的需要。人工甜味剂的日益流行并不只是因为消费者偏好。一些健康专家建议罹患肥胖症或糖尿病（或有此风险）的人转而消费糖的替代品，促进饮食健康，帮助减轻体重。

人工甜味剂，也称糖的替代品，这类物质不含热量或含较低热量，可以替代糖，是甜味食品和饮品的食品添加剂。很多甜味剂都被用于生产软饮，最常见的包括蔗糖素、安赛蜜（A-K

171

糖）、阿斯巴甜、糖精和甜菊糖。由于原料和构成各不相同，甜味剂的味道、甜味受体存在的区域和化学稳定性也相去甚远。举个例子，人们也许会尝试把不同的甜味剂组合起来，形成一种特殊的味道或掩盖某种甜味剂的苦涩余味。总体上说，甜味剂的甜度高于糖，少量使用即可，大多数甜味剂不会在人体内发生分解，而是被完整地排出体外。因此，人们认为甜味剂不参与代谢，对我们的生理健康没有影响。然而，有些研究人员认为，甜味剂虽然对代谢没有影响，但还是会与肠道微生物群系发生相互作用，可能会破坏人体脆弱的微生态系统，进而影响健康。据发现，蔗糖素、阿斯巴甜和糖精都会影响肠道微生物的平衡和多样性。很多研究都调查了甜味剂可能存在的有利和不利影响，但目前得到的证据缺乏一致性。一些小型研究也关注甜味剂的潜在问题，但当这些研究结果汇集起来时，却拿不出确凿的证据证明甜味剂有害健康。

蔗糖素是一种不含热量的甜味剂，甜度是各种低热量食物中糖分的 700 倍以上。由于蔗糖素甜度较高，人们经常要加入含热量的甜味成分（比如葡萄糖或麦芽糖糊精）来进行稀释，这真让人啼笑皆非。蔗糖素是将糖（就是你经常食用的蔗糖）氯化后制成的。有人认为蔗糖素有副作用，比如引起偏头痛和免疫系统疾病，但这一点尚未得到大型研究的证实。欧盟食品科学委员会（EU Scientific Committee on Food）确定蔗糖素在常规消费中是安全的，世界各地的政府机构也批准使用蔗糖素。

安赛蜜是很多低热量食品和饮品中含有的甜味剂，本身不含热量，甜度比糖高出 200 倍左右。尽管美国食品药品监督管理局和欧洲食品安全局都认为安赛蜜安全可食用，但并非所有人都相信这一点。有些批评者认为，目前的研究质量不太高，难以证明安赛蜜的安全性，而这种甜味剂可能对健康不利，与很多疾病有关联。最近的研究表明，长期摄入安赛蜜可能改变肠道细菌，甚至会使体重增加，不过还需要进一步的实验来验证这些联系。

阿斯巴甜是一种经过特别检验的添加剂，甜度比糖高 200 倍左右，带有极微的苦味，用于生产成千上万种食物和饮料产品。阿斯巴甜在消化过程中被分解为天门冬氨酸、苯丙氨酸和甲醇。天门冬氨酸和苯丙氨酸是很多富含蛋白质的食品中的天然成分，甲醇则被发现存在于水果和蔬菜及其汁液当中。虽然高浓度的甲醇具有毒性，但阿斯巴甜代谢所产生的甲醇量要低于很多其他食物源含有的。天门冬氨酸和苯丙氨酸对大多数人来说是安全的，尽管有小部分人[1]需要避免摄入可能生成苯丙氨酸的物质，阿斯巴甜也包括在内，因为他们的身体无法分解苯丙氨酸。21 世纪初，欧洲拉马齐尼基金会（European Ramazzini Foundation）所做的许多研究发现，摄入阿斯巴甜会

---

[1]　那些患有苯丙酮尿症（一种罕见的遗传性疾病）的人。——著者注

增加患癌（特别是淋巴瘤和白血病）的风险。然而，这些研究的实验对象是老鼠而不是人类，而且研究的质量也受到了欧洲食品安全局的批评。欧洲食品安全局仔细考虑了所有可用的证据，再次确认了阿斯巴甜的安全性。2006年，美国国家癌症研究所（US National Cancer Institute）进行了关于阿斯巴甜对人体影响的研究（研究对象为285079名男性和188905名女性），发现没有证据能够证明阿斯巴甜会增加罹患白血病、淋巴瘤或脑癌的风险。2013年，欧洲食品安全局根据之前的评估、其他文献和最新数据，重新对阿斯巴甜的安全性进行了评价，得到的结论是，就预估的摄入量或每日允许摄入量（Acceptable Daily Intake）来看，阿斯巴甜不存在安全隐患。

糖精的甜度比糖高三四百倍，带有轻微的苦味和金属味，是历史最悠久的人工甜味剂。糖精的发现者是19世纪的化学家伊拉·莱姆森（Ira Remsen）和康斯坦丁·法尔伯格（Constantin Fahlberg）。尽管人们在20世纪70年代开始担心糖精会增加患癌的风险，但欧盟食品科学委员会和国际癌症研究机构等评估得出的结论是，糖精的安全性没有问题。

甜菊糖来自纯化的甜叶菊提取物，被人们当成糖的天然替代品。甜菊糖属于不含热量的甜味剂，甜度比糖高两三百倍，用于生产许多食物和饮品。欧洲食品安全局认为甜菊糖总的来说是安全的，但估计很多人的摄入量容易超出每日允许摄入量，特别是在饮用软饮时。

随着人工甜味剂消费量的增加，人们会进一步审查长期大量使用甜味剂的影响，确保我们没有前门拒虎（糖），后门进狼（甜味剂）。人工甜味剂的甜度远远高于糖，这个市场的快速发展可能会让人们更偏爱甜食，这就在某种程度上有违减少糖消费量的初衷。如果经常摄入人工甜味剂，你可能会觉得水果等食物变得索然无味，倾向于选择甜味十足的人工调味食品和饮品，从而错过那些更有营养的食物。如果儿童养成这种口味偏好，到成年后也没发生改变，那就特别令人担心了。

超级味觉者与甜味剂

有些人的味觉感知力比其他人更强烈，对苦味、油腻和甜味食物更敏感，往往不太喜欢西蓝花、菠菜、黑巧克力和咖啡。这些人被称为超级味觉者，他们舌部的味蕾特别多（尽管这一点仍存在争议）。超级味觉者约占总人口的 1/4，本人就是其中之一[①]，这也可以解释为何我一直不喜欢添加人工甜味剂的饮品。我从记事时起就能分辨出一款饮品是否添加了人工甜味剂，其他超级味觉者也有此能力，可能是察觉出甜味剂的苦涩余味，也可能是感觉到甜味太浓烈。

---

① 经过特殊试纸验证。我的嗅觉也很灵敏，这与味觉不无关系。不过这样的本领有时算不上是好事。——著者注

▷ **调味剂是什么**

甜味剂是一种调味剂，那么其他调味剂呢？（注意听！我要讲到可口可乐的成分了！）与软饮的其他成分相比，调味剂的用量相对较少，我们接触到的分量很少。调味剂可以是从水果、蔬菜、坚果、树皮、叶子、药草、香料和油脂中提取出来的天然物质，也可以是从酯、醛、醇和酸等化合物中提取出来的人工合成物质。添加调味剂能赋予饮品某种味道，也能弥补饮品在生产过程中失去的味道，还能增强某种味道。尽管调味剂在名义上有天然与非天然之分，但两者之间的界线实际上比较模糊。天然调味剂可能并非你所想的那样，举个例子，山莓味调味剂一开始可能是在山莓中发现的化学物质，经过提取和纯化之后，再被添加到饮料产品中。天然调味剂的价格往往高于人工合成的，而且容易受到天气、环境和社会因素的影响；人工调味剂则稳定、均一、容易购得且更具成本效益。通常来说，调味剂需要具有水溶性才能均匀地分布在饮品中，一般都是可溶于酒精和水的调味油等提取物，常用于生产柠檬水或姜汁汽水等澄澈的饮品，也用于生产乳浊液（混合物），乳浊液是调味油均匀悬浮的混浊饮品。

由于饮品中的调味剂含量很少，制造商只需要在成分表中写上"调味剂"即可，不用列出确切的种类。饮品中可能添加了几十种不同的调味剂，但人们很难知道具体是哪些。这就意味着我们很难评估调味剂的安全性以及潜在的健康益处。有意思的是，调味剂在欧盟眼中并不是食品添加剂，因此没有 E 代码。[①] 这并不是说调味剂不用遵守严格的安全规定（还是需要遵守的）。总体上看，饮品中的调味剂含量非常少，不太可能对健康产生正面或负面的重大影响，但是可以提高饮品中实际成分的透明度。

▷ 酸味剂是什么

酸味剂是食品添加剂，用于改变或控制饮品的酸碱度，实质上有助于平衡软饮的甜度。酸味剂能够帮助产品加工以及改善产品的口味和安全性。关于安全性问题，如果产品的 pH 控制不当，就会导致细菌滋生，造成潜在的健康风险，而酸味剂能够改变这种情况。我们的食品和饮品中含有很多酸味剂，包括柠檬酸（可能是软饮中最常用的）、苹果酸和磷酸。人们很少关注柠檬酸和苹果酸的健康影响（摄入量在正常范围内的情况下），却认为磷酸对骨骼健康有负面影响。

磷酸是可乐的关键成分，但不存在于其他碳酸饮品中。研究发现，饮用可乐会降低骨密度，饮用其他碳酸饮料则不会。研究人员认为这是可乐所含的咖啡因和磷酸导致的，因为比起不含咖啡因的可乐，含咖啡因版本的似乎影响更为显著。磷酸

---

① E 代码是食品添加剂的代码，意味着添加剂已经过严格的安全测试，获准在欧盟内使用。——著者注

也被视为增加健康风险的因素，比如会对肾脏和心血管系统造成伤害，但这方面的证据仍具有不确定性和猜测性。

可口可乐的秘方

众所周知，可口可乐的配方已经保密长达一百多年之久。我们知道可乐含有碳酸水（生成气泡）、糖（生成甜味，在英国添加的是糖，其他国家用高果糖玉米糖浆代替）、焦糖色素（显然是为了着色）、磷酸（生成酸味）、咖啡因（加入细微的苦味），以及"天然调味剂"（也称为7X成分，这就是所谓的秘密）。2013年，历史学家马克·彭德格拉斯特（Mark Pendergrast）在自己一本书中声称，他在可口可乐公司进行研究时无意中发现了可口可乐的原始配方。彭德格拉斯特并不是唯一一个自称发现秘方的人，其他人对可口可乐的成分也进行了实验室分析。然而，该公司否定了彭德格拉斯特和其他人的说法，坚称这一秘方仍被存放在亚特兰大市的一个保险库内。不管真相究竟如何，这些"调味剂"似乎由油类和提取物混合而成，包括酸橙汁、橙油、柠檬油、芫荽油、橙花油以及香草提取物，还含有肉豆蔻、肉桂皮、芫荽、柠檬酸、抗坏血酸、胭脂虫红以及酒精。可口可乐中曾含有古柯叶的提取物，古柯叶是可卡因的来源。"可口可乐"于1886年得名，因其中具有两种关键药用成分：古柯叶（兴奋剂）和可乐果（咖啡因）。事实上，可口可乐的初始版本所含的可卡因就非常少，从1929年起，可口可乐便不再含有可卡因。另外，现在的可口可乐中的咖啡因也不再来源于可乐果。

▷ **汽水的气泡从何而来**

二氧化碳是一种无毒无味的安全气体，可以让汽水产生气泡，"碳酸饮品"一词就是这么来的。二氧化碳在高压下溶解到水中，就会形成碳酸。事实上，饮用可乐时刺激你舌头的不是气泡，而是碳酸。为了让可乐有气泡，需要在高压下泵入二氧化碳，然后密封好可乐瓶。密封好的可乐瓶内部压力很大，当瓶子再次被打开时，压力得到释放，二氧化碳的气泡就会溢出。随着二氧化碳的流失，可乐的气也慢慢跑光，我们都体验过这种情况。酸味剂和碳酸都可以延长软饮的保存时间。

▷ **色素是什么**

你也许能推断出，饮品成分表上的色素指的是能够改变或改善该产品颜色的添加剂，可以让产品变得更美观。色素有三个主要类型，分别是天然色素、人工色素和焦糖色素。天然色素来自植物、水果和蔬菜。在欧盟和美国，天然色素的使用量不断增加，而人工色素的使用量却在减少，这是因为消费者更偏向天然的产品。人工色素一直受到严格的监管和审查，人们担心这类物质会对健康造成影响。（上小学的时候，我曾经浑身长疹子，变得跟甜菜一个颜色，我居然以为是吃了学校晚餐提供的红色食物才变成这样的。）有些人工色素会诱发过敏反应，加剧哮喘症状以及导致儿童多动症。尽管欧盟、美国和世界其他地区都有类似的监管框架和安全评估，但有些色素在一些国家获准使用，在另一些国家却遭到禁用，包括丽春红 4R（E124）、喹啉黄（E104）和酸性红（E122）。英国食品标准局出于安全方面的考虑，在 2008 年敦促欧盟禁用以上色素，拟禁用的色素还包括柠檬黄（E102）、日落黄（E110）和诱惑红（E129）。欧盟拒绝接受这一建议，于是这些色素至今仍可出现在我们的食物和饮品中。那些关于人工色素潜在危害的科学证据受到人们质疑，被怀疑质量不佳，所以我们至今仍不能确定这些添加剂有无安全问题。值得注意的是，现在的饮品中很少含有这些色素。

▷ 防腐剂是什么

防腐剂的功效可谓名副其实，加入软饮中的目的是：①减缓或阻止微生物（比如酵母菌、细菌和霉菌）生长，延长软饮保质期；②防止维生素和矿物质的降解；③防止饮品褪色。不是所有软饮都含有防腐剂，但是那些含有果汁的饮品往往需要添加防腐剂，才能防止微生物引起变质。软饮可添加的防腐剂主要有四种：山梨酸盐、苯甲酸盐、亚硫酸盐和二甲基二碳酸盐。

山梨酸盐可以有效抑制酵母菌、霉菌和细菌，但是会影响产品的味道。山梨酸盐经常和苯甲酸盐一起使用，特别是用于酸度较高的软饮中。软饮中最常添加的防腐剂是山梨酸钾和苯甲酸钠。山梨酸钾对健康无害，顺便说一句，根据目前的使用情况，尚未发现二甲基二碳酸盐存在安全问题。

苯甲酸钠被广泛用作防腐剂已有超过一百年的历史。在一定条件下，有些同时加入苯甲酸钠和抗坏血酸（维生素 C）的碳酸饮品中会生成少量苯。如果这类饮品长时间处于高温下，生成的苯就会增多。苯属于致癌物质（也就是能够致癌），这就让人们担忧饮品的安全问题。不过多年以来，加工技术已经得到改进，可以减少苯的生成，再者，人们也减少了苯甲酸盐的使用，来防止或降低苯的生成。即便有些产品仍含有苯，量也非常低，一般认为也不会对消费者造成安全问题。尽管如此，一项 2007 年发表在《柳叶刀》上的颇具影响力的研究发现，苯甲酸钠可能导致儿童多动症，于是公共卫生方面的活动家呼吁在食物和饮品中禁用苯甲酸钠。另一项 2010 年的研究显示，饮用苯甲酸钠含量较高的饮品的大学生出现了与注意力缺陷多动障碍（Attention Deficit Hyperactivity Disorder）相关的症状。目前还不清楚在这些研究中的苯甲酸钠摄入量与当下软饮的苯甲酸钠含量有何差别，但问题仍在于我们是否应该继续在饮品中添加这种防腐剂。

亚硫酸盐被用作防腐剂也有数百年历史。据古老的记载，在古罗马时期，人们让未经发酵的葡萄汁接触硫黄燃烧产生的烟气，这样可以保存葡萄酒，亚硫酸盐在当时也不乏其他用处。在 19 世纪，人们在装果汁的木桶里加入亚硫酸盐来保存果汁。

如今，亚硫酸盐常常被加到软饮和酒精饮品（比如啤酒、苹果酒和葡萄酒）中，阻止饮品的发酵。据记录，亚硫酸盐可能引起不良的健康反应。亚硫酸盐过敏的人大多都会出现哮喘症状，还可能出现鼻炎、皮肤反应或胃部不适等问题。哮喘患者如果饮用含有亚硫酸盐的软饮，可能会面临呼吸系统疾病发作，他们似乎更容易受到这种防腐剂的影响。目前还不清楚亚硫酸盐如何导致了这些不良健康影响。不过我们都知道，亚硫酸盐生成的二氧化硫会刺激我们的呼吸道，还会造成空气污染和酸雨，人们认为亚硫酸盐是通过多种机制引起过敏反应的。

▷ 稳定剂是什么

如果你看过食物或饮品的成分表，就可能看到"稳定剂"一词。稳定剂有很多作用，比如调和味道、使颗粒物悬浮、让蛋白质稳定以及提升产品口感。有些稳定剂对饮品的外观和口感很重要，但另一些则用于生产出符合要求的最终产品。由于饮品行业希望生产出各种含有特定营养物质、矿物质和鲜味剂的饮品，这就需要加入稳定剂，以确保上述添加物不会影响产品的风味、外观或口感。稳定剂的品种很多，选择添加哪种取决于饮品的其他成分以及对最终产品的要求。例如，添加瓜尔胶与刺槐豆胶（或果胶与黄原胶）有助于提升低糖饮品的口感以及减少果汁饮品的沉淀物。

现在我们已经讲完专业术语，接下来就讨论主要的软饮类型吧。

非碳酸饮品与果汁饮品

我们已经对饮品成分做了详细的介绍，你可能认为关于非碳酸饮品与果汁饮品可讲的内容不多——"这些饮品不就是果汁兑水吗？"其实不然，它们还含有其他成分。非碳酸饮品、果汁和果汁饮品是根据饮品中果汁含量的多少来定义的，三者之间的区别已被写入法律条例。能够被称为果汁的产品指的是100%纯果汁，不含甜味剂、防腐剂或人工色素。果汁饮品实际上是较浓的果汁（严格来说是果酱），不能直接饮用（比如杏汁和梨汁），需要加水稀释和加糖调味后才能饮用。果汁饮品的果汁含量为25%至99%。非碳酸饮品通常指不含气泡、果汁含量在25%以下的饮品。

▷ 果汁和冰沙的成分分别是什么

成千上万的人已经习惯在早晨饮用一杯橙汁[①]，然后开启一天的生活。橙汁凉爽的温度可以解渴，其柑橘味让人心旷神怡，橙汁的糖分能够提供能量，起提神醒脑的作用。果汁品种繁多，

①　橙汁的英文缩写为 OJ。——著者注

广受欢迎，既能满足补充水分的需求，也能让人们觉得自己饮用的是健康饮品，而不是汽水或其他含糖软饮。无论是鲜榨还是浓缩，果汁说到底还是果汁，那么果汁的成分是什么呢？举个例子，橙汁和苹果汁中将近 90% 的成分是水，其他成分主要是糖，特别是葡萄糖（约 2%）、果糖（橙汁含 2.4%，苹果汁含5.5%）和蔗糖（橙汁含 4.2%，苹果汁含 1.8%）。果汁还含有少量蛋白质和微量营养素，包括维生素 C 和 E、B 族维生素（含叶酸）和矿物质（含钾、氯、钙、镁、磷、钠、铁、铜、锌、锰和硒）。所有这些营养物质听上去都很不错，不过我们现在还是先回到果汁的含糖量上吧。

2014 年，果汁在健康方面的美誉受到重大打击。尽管多年前人们就开始担心果汁的含糖量问题，但当伦敦东区一所小学的校长实施没收儿童午餐中果汁的规定时，这个问题成了报纸的头条新闻。与此同时，政府顾问兼资深营养学人士苏珊·杰布教授（Professor Susan Jebb）抨击官方的建议，认为不该把果汁列为每日推荐摄入的 5 份水果和蔬菜之一。她强调果汁与完整的水果所带来的益处不尽相同，果汁吸收得较快，会让血糖迅速升高；完整的水果则不同，其含有的纤维，可以减缓吸收速度，不会让血糖飙升。果汁中含有果糖，却缺乏能够产生饱腹感的纤维，在这种情况下，果糖可能会促使你摄入更多食物。有些研究表明，葡萄糖的摄入可以提醒大脑我们已经吃饱喝足，但果糖对大脑控制食欲的区域不仅没有正面影响，甚至会增加食欲，让我们摄入过多热量。公共卫生专家的建议是，尽量食用完整的水果，如果选择饮用果汁，那就应该取用较少的分量，加水稀释后饮用，最好在吃饭时饮用，这样可以减缓果汁的吸收速度。

　　既然谈到了果汁的话题，那就有必要交代一下大家可能会看到的术语。果汁经常被用来制作软饮，但形态有所不同。浓缩果汁指的是把水果原汁中的水分蒸发掉一部分后留下的浓度高、体积小的产品；与普通果汁相比，浓缩果汁的保质期更长，也更容易包装、运输和储存。复原果汁指的是添加水分让浓缩果汁还原的产品。我知道这听起来很莫名其妙，但这种做法更经济，因为你可以把浓缩果汁运到有需要的地方（其他工厂），然后按要求进行复原，再生产出新的饮品。人们很容易将 NFC 果汁 ① 与鲜果汁（现榨果汁）混为一谈。NFC 果汁指的是在水果原产地榨出果汁，经过瞬间杀菌后冰冻或冷藏，再运到包装所在地的产品。现榨果汁是用水果制作出来的，供人们立即饮用的产品。"Fruit comminute"是一种用整个柑橘类水果（包括果皮和衬皮）制成的果酱，需要滤掉籽等多余成分。由于含有果皮和衬皮，这种果酱的味道与一般果汁不太一样。大多数果汁都要经过低温杀菌才能进行包装，这样可以确保产品的安全性。现榨果汁一般不进行低温杀菌。

---

① 　也称为"非浓缩还原果汁"。——译者注

在适宜的时候饮用一杯美味的冰沙会令人非常惬意。商业制作的冰沙通常含有捣碎的水果、果酱以及果汁。瓶装冰沙的水果含量远远高于普通果汁。冰沙还可能含有其他成分，比如酸奶、牛奶、植物提取物或甜味剂（如枫糖浆或蜂蜜）。冰沙给人的印象是，只要饮用了它，就相当于一口气吃完每日推荐摄入的水果分量。很多冰沙所含的糖分和热量与可乐一样，甚至更多，尽管两者所含糖分的种类不同，对身体的影响也不相同。那些含有乳制品和其他非水果成分的冰沙所含的热量可能更高。例如，英国玛莎百货（Marks & Spencer）出售的香草豆和枫糖浆冰沙所含的热量是经典可口可乐的两倍有余，这倒一点都不让人吃惊。（不过这款冰沙非常美味！）

2013 年，哈佛大学的研究人员分析了 1984 年到 2008 年三个长期研究（共有 187382 名参与者）所得出的数据，然后发表了一篇有关调查结果的文章。他们发现，食用整个水果（特别是蓝莓、苹果和葡萄）可以降低罹患 2 型糖尿病的风险，饮用果汁的效果则恰恰相反。大量饮用果汁实际上会增加罹患 2 型糖尿病的风险。其他研究表明，食用完整的水果比饮用果汁或冰沙更容易让你产生饱腹感。所以，问题就在于，在一天内，如果你饮用的是果汁，就可能摄入更多热量，这是因为果汁不会带来饱腹感，你会摄入更多其他食物来充饥。

拉西酸奶奶昔是另一种在世界上某些地区受到欢迎的饮品，尤其是在印度次大陆。这种奶昔甜咸皆宜，由酸奶或酪乳与水混合而成，还添加了果酱、糖或香料等配料，其中杧果拉西深受人们喜爱。拉西在本质上也是一种冰沙，很多人称其有益健康，尤其是因为它含有酸奶（一般认为对肠道有益）和水果。拉西有多健康在很大程度上取决于它所含的成分。有些拉西的含糖量很高（如果加了蜂蜜），有些含有大量果酱，有些含脂量相对较高（如果加了椰奶和全脂酸奶）。我们已经知道液态食品不如固态食品那样容易让人产生饱腹感，消费者需要多加注意，不要在摄入日常的固态食物之外，还从拉西中摄入过多热量。

▷ 可稀释的果汁饮品

　　可稀释的果汁饮品也称果汁浓浆，通常是一种果味浓缩糖汁（比如橙汁、黑加仑汁或酸橙汁），只要加水就可以冲调出令人心旷神怡的冷饮（或热饮，很多英国人都是喝着热乎乎的黑加仑汁长大的）。在英国，最受欢迎的可稀释果汁饮品当数橙汁浓浆，但随着市场逐年扩大，消费者希望拥有更多选择，于是山莓、接骨木花以及石榴口味等果汁浓浆纷纷上市。可稀释的果汁饮品十分受欢迎，因为它们价格不贵、便于冲调，可以放到橱柜中当备用品。现在绝大多数果汁浓浆都是低热量或零热量的产品。这些饮品通常含有水、浓缩果汁、酸味剂、甜味剂（有些会加糖）、防腐剂、稳定剂、增稠剂、色素和调味剂。麦芽汁中还添加了大麦粉，因此需要标明含有谷蛋白。如果你对英国果味饮品威拓（Vimto）比较熟悉，想知道其成分，我可以给你提供一些信息。除了我之前提到的种种成分，威拓的调味剂还含有水果、药草、麦芽^①和香料的天然提取物。好吧，我知道得也不是很具体，但是我们之前也提过，制造商并不需要列出调味剂的清单。这就解释了为什么很多饮品都自称拥有调味秘方。

网球运动员最喜爱这款饮品吗

罗宾逊麦芽汁（Robinsons Barley Water）是英国一款著名的果汁浓浆，很多孩子都是喝着它长大的。该公司的品牌形象十分强劲，因为它长期与温布尔登网球锦标赛（Wimbledon tennis tournament）保持合作关系，每次比赛都会在裁判的椅子下放置瓶装麦芽汁，供运动员取用。当然，现在的网球运动员在场上不再碰麦芽汁了，他们饮用的是精心搭配的补水饮品。很多人甚至没留意到场上有麦芽汁，那些在赛场之外品尝过它的人也没有表现出多大兴趣（它似乎更符合孩子们的口味）。该公司与温布尔登的关系可以追溯到20世纪30年代，那时他们研发出了能帮锦标赛运动员补水的柠檬麦芽汁。之后该公司进入商业生产领域，这款饮品与锦标赛的关系也一直延续至今。2015年，双方又把合作协议延长到2020年，成就了一段体育史上持续时间第二长的合作伙伴关系。

---

① 尽管含有大麦麦芽，但谷蛋白含量非常低，可以归为无谷蛋白那一类。（Vimto, 'FAQ'. http://www.vimto.co.uk/faq.aspx）——著者注

▷ **风味水**

我们谈论的是商业制作和推广的风味水（flavoured water），而不是一般的软饮或在家自制的饮品。风味水通常含99%的水分（无论是山泉水、矿泉水、非碳酸饮品，还是汽水），以及调味剂、防腐剂和甜味剂。调味剂中通常含有少量果汁。通常来说，风味水所使用的防腐剂是山梨酸钾和二甲基二碳酸盐，没什么可让人担心的。虽然有些风味水含有糖分，但大多数都用甜味剂代替了糖分，通常用的是蔗糖素、安赛蜜和甜菊糖。你会发现一款风味水所用的甜味剂不止一种。风味水会腐蚀牙齿，这点已经得到证实，专业人士建议把它们归为酸性饮品而非风味水（这又是另一种想法了）。

其他非碳酸软饮包括冰茶、冰咖啡、添加水与以牛奶或牛奶替代品为基础的饮品。你可以在本书的其他章节找到相关内容。

碳酸软饮

经典汽水仍然受到消费者的喜爱。碳酸软饮有时也称为苏打水，是英国软饮市场最大的门类，2016年占了38%的市场份额。其他地区的情况也差不多。自18世纪晚期英国化学家约瑟夫·普利斯特利博士（Dr Joseph Priestly）发明碳酸软饮以来，汽水便随处可见了。市场上的碳酸软饮五花八门，包括柠檬水、可乐、果汁汽水、奎宁水和混合汽水。

碳酸饮品的制作过程相对简单，但需要技术知识和精心准备的配料。首先，制作饮品的水不能含有潜在污染物，因此要对水进行一系列消毒操作，包括煮沸、过滤和氯化。接下来把主要成分（粉末或糖浆）加入水中，再对全部成分进行消毒，防止添加的成分中出现任何污染物。然后加入气泡封瓶，贴上标签，做好包装就万事大吉了。

甜味碳酸饮品对健康不利是明摆着的事情。想要了解这些饮品可能产生的问题，可以回顾前文关于糖、甜味剂和其他软饮成分的内容。

功能饮料是什么

功能饮料指的是那些旨在提供额外健康益处的饮品。制造商研发这类饮品是为了提供特定的健康益处（理论上是这样），比如通过补充能量提高运动表现、帮助消化、改善营养物质摄入以及促进心脏健康。这类饮品包括运动饮料、能量饮料和健康饮品。让我们来依次讨论这些饮品吧。

苏格兰的另一款民族饮料

苏格兰读者可以跳过下面的内容！"Irn-Bru"常常被称为

苏格兰的另一款民族饮料（毕竟威士忌才是正牌民族饮料）。苏格兰人十分喜爱"Irn-Bru（含糖量很高）"，所以当生产商宣布减少配方中的用糖量时，有些苏格兰人就开始囤货了。"Irn-Bru"呈鲜亮的橙黄色，是一种甜度很高的碳酸饮品，凭借它那份能配出 32 种风味的秘方而闻名。尽管这种饮料是苏格兰的象征，但它却另有来源。19 世纪末期，纽约的马斯 & 华尔斯坦化学公司（the Maas & Waldstein chemicals company）发明了一种被称为铁酿（IRONBREW）的香精。其他地区的公司进口以铁酿调味的糖浆，用来生产贴有"铁酿"（Iron Brew）标签的饮料。久而久之，各地生产商研究出属于自己的配方，"铁酿"就变成指代这类饮料的通用词，就像所谓的可乐或柠檬水一样。AG 巴尔公司（AG Barr & Co.）是"Irn-Bru"的生产商，他们在 1901 年研制出属于自己的原始配方，并在饮料标签上印上苏格兰著名运动员亚当·布朗（Adam Brown）的形象。铁酿与苏格兰之间就这样建立起联系，而这种联系与日俱深。在过去的数十年中，铁酿发生了很多变化，被迫改名一事尤其重大。由于第二次世界大战后严格的标签规定出台，铁酿在 1947 年更名为"Irn-Bru"[①]，但苏格兰人对这种荧光色饮料的喜爱没有消减。"Irn-Bru"现在是苏格兰最畅销的软饮。尽管这种饮料的名称与铁有关，广告也戏称它是由钢梁酿成的，但它的含铁量其实微乎其微。

---

① 读音与"Iron Brew"相似。——译者注

▷ **运动饮料是什么**

运动饮料的基本理念是帮助运动员在运动前、运动时和运动后有效地补充水分。这类饮料可以是碳酸或非碳酸的，可以是即享的或需要冲调的可溶性粉末或浓缩液，可以是果味或非果味的。除了水分，它们还含有大量能够补充能量的糖分和矿物电解质，比如钠、钾和氯。运动饮料可以分成三种主要类型：低渗饮料、等渗饮料和高渗饮料，据称每种类型有不同的功能。低渗饮料的盐糖浓度低于人体，等渗饮料的盐糖浓度与人体相同，高渗饮料的盐糖浓度高于人体。低渗和等渗饮料旨在帮人在运动时迅速补充体液，不过等渗饮料还添加了糖分，可以补充能量。高渗饮料最好在运动后饮用，它能给运动员补充糖分，使提供的能量最大化（最适合能量要求特别高的耐力项目），高渗饮料吸收得比其他运动饮料慢。市场上的高渗饮料不多，大部分运动饮料都是等渗的。话说得十分诱人，但这些饮料真有用吗？

有项针对网球运动员的随机对照实验发现，运动饮料缓解了运动员的疲劳，让他们感觉在比赛中不那么吃力。然而，这是一项小型研究，而且是与一家运动营养公司合作进行的，该公司的两名员工也参与其中，所以上述发现可能并不是最客观的。事实上，很多关于运动饮料对运动表现影响的研究都是那些会从这类产品中得利的公司开展或赞助的。尽管经过了数十载的研究，但几乎没发表过可以确切证明运动饮料价值的有力证据。这些研究一般只有少数参与者，而且参与者通常不是经常饮用这类饮料的人。《英国医学杂志》(*The British Medical Journal*，*BMJ*) 非常担忧运动饮料行业的宣传、该行业与研究之间的联系以及这类饮料对消费者的潜在负面影响，所以他们发起了调查。2012 年 7 月，该杂志发表了一系列文章，聚焦运动饮料行业以及监管机构如何评估相关证据。他们发现，运动医学研究与运动饮料行业密切相关，许多研究所和学术期刊与运动饮料制造商保持长期合作关系。这就意味着，我们不能以客观的态度看待那些关于运动饮料可信度的现存证据，这些证据不能充分有力地证明运动饮料的功效，特别是对一般人群的功效，即便他们就是此类饮料的宣传对象。

人们非常担心运动饮料会增加体重，因为很多消费者摄入了饮料中添加的热量，但自身却没有消耗足够的热量，这就导致体内的热量过多。尽管缺乏证据证明运动饮料的有效性，但这类饮料是专门为那些长时间（一小时或以上）进行高强度锻炼的人设计的，不过一项 2012 年的研究发现，那些饮用运动饮料的英国人中有 1/4 是坐在办公桌前不运动的。所以，当你穿着莱卡衣物在公园里散步或在游泳池里悠闲地游了几圈之后就开始饮用运动饮料时，你以为自己在补水，其实很可能只是在增肥。牙科专家也担心含糖运动饮料会对消费者的牙齿造成潜在危害。不幸的是，运动饮料特别招青少年的喜爱，他们中很多人认为这类饮料是健康的。一项 2014 年的调查发现，在饮用运动饮料的英国青少年中，只有 16% 的人是出于既定的目的进行饮用的。另一项 2016 年的研究发现，在威尔士 12 岁至 14 岁的青少年中，近 90% 的人饮用运动饮料。在儿童和青少年肥胖率急剧上升的时代，那些额外或不必要的热量摄入应该引起重大关注。事实确实如此。很多研究都在调查运动饮料摄入与体重增加之间的关系。例如，2004 年至 2011 年在美国进行的一项针对 7500 名儿童和青少年的前瞻性队列研究发现，经常饮用运动饮料预示着身高体重指数（BMI[①]）会有更大幅度的增长。换句话说，参与者的运动饮料摄入与体重增长之间存在联系。

▷ 能量饮料是什么

能量饮料是另一大健康话题，在青少年的家长当中尤甚。能量饮料现在占据软饮市场的很大份额。据估计，英国的能量饮料市场价值超过 20 亿英镑，而美国的能量饮料市场价值则接近 100 亿美元。在美国，18 岁至 34 岁的人消耗的能量饮料最多，近 1/3 的青少年经常饮用能量饮料。据报道，与其他 16 个欧洲国家的同龄人相比，英国青少年饮用的能量饮料最多[②]。

能量饮料主要通过糖分和咖啡因给消费者提供能量支持，

---

① 用体重和身高来计算一个人的体重是否在正常范围内。——著者注
② 英国青少年每月饮用 3.1 升能量饮料，而其他国家的青少年每月平均饮用 2 升能量饮料。——著者注

其他兴奋物质也有一定作用。能量饮料中的咖啡因含量各不相同，但一罐 250 毫升的能量饮料的咖啡因含量通常与一杯普通咖啡相差无几。然而，能量饮料的罐装容量通常是 500 毫升，所以咖啡因和其他成分的摄入量也就翻倍了。能量饮料中常常含有瓜拉那，这种物质来自瓜拉那植物，学名为 Paullinia cupana，是亚马孙地区原住民传统的饮品。瓜拉那的咖啡因含量较高，并因此受到珍视，被人们添加到能量饮料中。瓜拉那植物的种子与咖啡豆的大小差不多，但咖啡因含量却是咖啡豆的两倍左右。能量饮料可能还含有其他富含咖啡因的植物提取物，包括茶、人参和马黛茶。能量饮料的含糖量较高（尽管也有一些版本是无糖的），它们还含有药草、矿物质和维生素等成分。大多数能量饮料都是碳酸饮料，含有牛磺酸和葡醛内酯。牛磺酸是人体能够自行制造的氨基酸，在心血管功能、肌肉功能和神经系统功能方面发挥作用，据说能给饮用者提供能量。葡醛内酯是人体自然存在的物质，由肝脏中的葡萄糖代谢生成，把这种物质加入能量饮料中，据称可以对抗疲劳，让人感觉身心舒畅。

▷ 我们需要担心能量饮料吗

一份 2017 年的综述分析了关于能量饮料影响的证据，得出的结论是，总体而言其负面影响大于任何正面影响。有些报告称，能量饮料可以在短期内暂时改善成人和青少年精神与身体上的耐力，还能提高警觉性和促进疲劳恢复。然而，大多数关于短期或长期饮用能量饮料的研究都表明，能量饮料会对健康产生负面影响，尤其是咖啡因和糖分，但也强调需要对其他成分的影响进行更多研究。例如，牛磺酸和葡醛内酯潜在的益处或危害尚不明确，因为针对这两种物质的研究相对较少，甚至连英国软饮协会（British Soft Drinks Association）也指出，没有证据可以证明牛磺酸对健康人有任何益处。饮用能量饮料所引发的一系列副作用却得到广泛报道，包括头痛、高血压、易怒、睡眠问题和胃痛。人们认为这主要是因为这类饮料中含有咖啡因。也有新的证据可以表明，能量饮料会引起诱发问题的冒险行为，造成心脏、肾脏和牙齿方面的问题。多动症与能量饮料相关的消息也常见诸报端，有相当数量的受伤，甚至是死亡案例都被归咎于过度摄入能量饮料。有个特殊的问题是，很多人把能量饮料与酒混合起来饮用，这会让他们感觉没那么容易喝醉，从而诱发更过激的冒险行为。含糖量也是个大问题，据报道，能量饮料所含热量比其他软饮高出 60%，所含糖分高出 65%。这种情况与运动饮料相似，意味着人们从饮料中摄入大量多余的热量。能量饮料的摄入也会导致体重增加。

人们担心能量饮料对儿童和青少年的影响。年轻人是能量饮料的目标人群，但很少有研究专门探讨这类饮料对他们的影响。年轻人可能比成年人更容易受到能量饮料的影响，尤其是大量咖啡因的影响，因为他们的身体仍在发育阶段，体重较轻，更容易吸收这些兴奋物质。能量饮料的含糖量较高也是不可取的，这可能会影响他们的口味偏好，长期饮用能量饮料会让他们更喜欢甜度较高的食物和饮品。能量饮料的消费和酒精的摄入以及高危行为之间存在着很强的联系。即便没有这些饮料掺和，青少年时期和成年初期也是很多人体验人生和冒险的阶段，因为他们在这段时期逐渐独立起来，如果把能量饮料和酒精混合饮用，可能会加剧负面行为和后果。很多研究发现，对于大学生来说，同时摄入能量饮料和酒精会产生严重的不良后果，他们遭遇袭击或袭击他人、受伤以及需要住院治疗的风险更高。频繁饮用能量饮料（特别是与酒精混合饮用），可能会增加此类风险。有高危行为和健康问题（如心脏疾病、饮食失调或焦虑）的年轻人可能比较容易受到能量饮料的影响。尽管有些年轻人可能认为能量饮料能帮自己集中精力学习，但研究发现，摄入过多咖啡因实际上会损害认知能力。虽然饮用了能量饮料的学生感觉自己在研究的测试中表现得更机敏和活跃，但他们的表现不如那些没有摄入能量饮料的同龄人。

这些就是人们所担心的能量饮料对健康的影响，很多健康机构都发布了关于能量饮料的警告，瑞典和立陶宛等几个欧洲国家（英国很快也会参与）甚至禁止向儿童出售能量饮料。许多国家还对能量饮料征收高额税，为的就是降低其受欢迎程度。

咖啡因滋养的军队

研究表明，美国军人的咖啡因摄入量远远高于同龄的普通民众。咖啡因的摄入源因时代不同而异，年轻人更喜欢能量饮料而非咖啡。军人也好，百姓也罢，他们在这一偏好上并无二致。

健康饮品是什么

现在让我们来畅谈健康饮品背后的故事。近年来，所谓的健康饮品变得火爆起来，因为消费者越来越关注身心健康，希望在饮品中添加额外物质。谁不希望只饮用一瓶包装精美的饮品就能让自己容光焕发、身心愉悦呢？网络上的博主与健康美容网站纷纷随大溜，向主流社会强推健康饮品，综合利用科学术语、市场炒作和美图作秀等手段，以求发挥最大影响。

"健康饮品"并不是专业术语，更像一种噱头，用来宣传那些旨在以某种方式（比如通过添加额外的维生素和矿物质或其他促进健康的营养物质）促进健康的饮品。当然，要是学究气一点，你可以说水是最好的健康饮品，也可以说去掉或降低饮料中的糖分是增加其健康价值的好办法。果汁和冰沙也是人们用来代替含糖碳酸饮料的健康选择，但我在这里特别关注那些专门针对健康饮品市场的产品，它们声称含有促进健康的成分，比如提高认知能力、改善免疫系统或具有美容效果。

植物饮品

植物的能量及其固有的价值较高的营养物质是许多健康饮品的基础。我将把关注点放在果汁类植物饮品上，因为另一类植物饮品，即乳制品代替品（比如燕麦奶、坚果奶和米奶）已经在第 2 章"乳类饮品"中介绍过了。

▷ 芦荟汁是什么

芦荟是像仙人掌那样有刺的肉质植物，叶片宽而肥厚，通常生长在热带气候中，也会出现在人们的厨房中。芦荟在希腊、印度、墨西哥和中国等地入药已有数千年历史。据说，埃及王后娜芙蒂蒂（Nefertiti）和女王克利奥帕特拉（Cleopatra）都用芦荟来美容，克里斯托弗·哥伦布（Christopher Columbus）则用它来给士兵疗伤。如今，芦荟广泛应用于制药、化妆品和食品（比如芦荟汁饮品）领域。你可以购买纯芦荟汁或芦荟汁饮品，但后者通常含有芦荟汁以外的成分，包括水、糖分或甜味剂、其他果汁、调味剂、酸味剂以及稳定剂。

芦荟凝胶的含水量超出 98%，剩下的 2% 则可能含有有益分子。人们在芦荟中发现超过 75 种潜在的活性成分，包括糖、酶、维生素、矿物质和氨基酸。其中维生素包括可以抗氧化的维生素 A、C 和 E，以及维生素 B_1（硫胺素）、烟酸、维生素 B_2、胆碱和叶酸。据报道，芦荟汁中的钾含量高于大多数植物饮品，人们还发现芦荟汁中含有钙、镁、铜、锌、铬和铁。

据发现，芦荟胶与维生素 C 和 E 同时摄入，就会提高这两种维生素在人体中的生物有效性，有助于增加所摄入物质的益处。人们认为芦荟能够帮助消化和提高药物的生物有效性，这就意味着药物因此变得更有效，药物使用的剂量也会因此减少。研究人员正在调查芦荟在这方面的作用。话说回来，以上所指的不太可能是商业街上随处可见的芦荟软饮。这些软饮仅含少量芦荟汁，添加了水和糖，你从中获得最多的可能是不必要的糖分。

尽管很多人声称芦荟能够抗炎、抗氧化、抗病毒、抗真菌、抗糖尿病和抗癌，这仅是几个例子，但这些方面的研究结果却缺乏一致性，需要进行可靠的干预性实验才能有力地证明芦荟汁饮品具有明显的益处。

仙人掌的汁液也被广泛用于制作饮品。你购买到的仙人掌汁饮品可能与芦荟汁饮品的情况相似，已经添加了水、其他果汁、糖和调味剂。据宣传，仙人掌汁饮品的含糖量远远低于椰子汁，但同样具有提神效果。

▷ 椰子汁有哪些成分

热带地区的人们很久之前就开始饮用椰子汁（不要和椰奶混淆），但近几年它才大范围出现在商店里。椰子汁是椰青内澄澈的液体。椰子未成熟时椰子汁更多，由于此时椰壳较软，要比老椰子容易取汁。椰子汁大规模商业化最初的目的是减少浪费。椰肉用于生产烹饪用的椰奶、奶油和椰干，椰油用来制作化妆品和香皂，椰糠用作动物饲料，椰壳用来制作家具。椰子汁就剩了下来。收集椰子汁一开始对制造商来说不太划算，但将其作为富有营养且能够提神的饮品进行推销之后，却收到了不小的回报。近年来，椰子汁市场呈爆破式增长，市场预测人士认为椰子汁会继续受到人们的喜爱。

　　椰子汁被标榜为一种有益健康的提神饮品，这背后有什么科学依据吗？ 100 毫升新鲜椰子汁的含糖量约为 2.6 克，但市面上那些包装好的椰子汁的含糖量往往更高，通常在 3.5 克至 5 克不等。你可以买大盒装的椰子汁来慢慢享用，不过很多瓶装椰子汁的含糖量与一罐普通的苏打水（330 毫升①）差不多。瓶装椰子汁的含糖量在三四茶匙②不等，相较之下，一瓶普通雪碧的含糖量是 3 茶匙左右，一瓶普通可口可乐的含糖量将近 9 茶匙，鲜榨橙汁的含糖量超出 8 茶匙（尽管这些饮品中的糖分类型不一定相同）。所以总的来说，椰子汁的含糖量低于很多其他软饮，那它还含有哪些成分？

　　椰子汁的含脂量较低（其他软饮的含脂量也不高），但它含有很多维生素和矿物质。一瓶 330 毫升的椰子汁含有超出 670

---

① 这里假设你一次性饮完 330 毫升。有些椰子汁品牌建议人们一次饮用得更少一些。——著者注
② 每茶匙为 4 克。——著者注

毫克钾，这个分量大约是我们每日推荐摄入量的 15% 至 20%。这就是为何有些人把椰子汁当作运动饮料，因为运动员进行剧烈运动时会通过排汗损失大量钾元素。钾是一种重要的矿物质，在心脏功能、肌肉收缩和体液平衡等生理活动中发挥着极其重要的作用。（香蕉的含钾量较高，运动员经常选择吃香蕉来补充钾元素。一根中等大小的香蕉就含有约 400 毫克钾。）研究显示，在运动后的补水方面，椰子汁与运动饮料差不多，对一些人来说，大量引用椰子汁相对更容易，尽管运动饮料的味道似乎更受青睐。关于椰子汁有利健康的说法还有很多（比如有助于减肥、提高运动成绩以及降低血压或胆固醇），但是目前还没有科学数据可以支持这些说法。为了挑选出健康的椰子汁，记得要阅读产品标签，以免错选了添加糖分或调味剂的版本。

▷ 树液饮品是什么

你听说过桦木汁吗？我也是最近才听说的。这是软饮市场的另一趋势。桦木汁是从桦木中提取的树液，在波罗的海周边国家、加拿大和中国等地有很长的饮用史，据说是一种澄澈清爽、让人心旷神怡的饮品，带有一股"森林的味道"。[①] 桦木汁与大多数其他软饮不同，它来自各种小规模种植场，因为栽种桦木与收集树液都不是容易的事情，也不能产生很高的利润。

---

① 出自 "Sibberi" 纯桦木汁的生产商。——著者注

桦木汁是水和椰子汁的天然替代品，因所谓的健康功效而被贴上了新型"超级饮品"的标签。但它真的是超级饮品吗？桦木汁的含糖量远远低于椰子汁，这算一个好处。据宣传，这种饮品还是锰的良好来源。锰元素参与骨骼形成和能量代谢，能够防止细胞损伤。市面上出售的桦木汁一般为 250 毫升左右一瓶，含锰量约为 0.3 毫克。一个人每天摄入约 2 毫克锰就已足够，人体一般很少出现缺锰的情况，所以强调桦木汁的含锰量相当于做无用功。除了含锰量较高之外，似乎没有其他理由可以解释桦木汁为何如此昂贵。这么说来的话，直接饮水效果不是更好吗？所以，你购买桦木汁如果是因喜欢它的味道，那就不要犹豫了，要是期待它带来健康方面的益处，还是作罢吧。再提醒一次，购买桦木汁时就不要选择添加调味剂的版本了。

桦木汁不是唯一一种受到推广且越来越受欢迎的树液饮品。枫木汁与桦木汁非常相似，是天然的枫树树液，但不是枫糖。（澄清一下，枫糖由枫木汁煮沸制成，不像枫木汁那样是直接从枫树上获得的。）枫木汁的含糖量低于椰子汁，含锰量高于桦木汁。

竹子汁自然是指竹子的树液，据说味道清爽，带有淡淡的绿茶味和烟熏般的余味。[①] 竹子汁不含糖，但富含二氧化硅。制造商称，二氧化硅能够促进胶原蛋白的生成，从而赋予皮肤健

---

① 出自 "Sibberi" 竹汁之光的生产商。——著者注

康的光泽，让头发平滑光亮。说得挺不错，但是有干预性实验可以证明这一说法吗？简而言之，没有。首先，我们需要了解竹子汁中的二氧化硅是以哪种形态存在的，是最具生物有效性的吗？二氧化硅的含量是否足够对人体产生影响？能否通过对照实验在很多人身上发现竹子汁显著改善了头发和皮肤的状态？这些目前都没有结论。

没有确凿的科学证据能够说明这些树液饮品对健康有特定的功效。首先，有些树液饮品是纯正的产品，只有树液成分，其他的产品则通过加水稀释，添加额外的成分来调味，显然不是人们理想中的树液饮品。其次，树液因含有独特的维生素、矿物质和其他营养成分，经常被宣传为对健康十分有利，但是营养专家指出，人类与树木对营养物质的需求不同，所以上述说法不过是荒谬的营销手段。最后，全部树液饮品都被宣传为补水产品，就算是真的也没什么了不起，水本身就是很好的补水饮品，水的标价也不至于那么昂贵。

▷ 康普茶是什么

你也许听说过康普茶，不过你有没有尝过呢？我尝过，对我来说，一次就够了。康普茶是一种发酵饮品，添加了含糖的茶，暴露在红茶菌生物薄膜中，这层膜是细菌和真菌的共生体。红茶菌呈浅褐色，具有弹性，看起来有些奇怪，当中充满了微生物。加了糖的茶实际上有利于红茶菌的生长，因为能够为里面的微生物提供养分。虽然康普茶的制作方式各有不同，但一般是把红茶菌添加到含糖的茶当中，让其在室温下发酵 1 周至 3 周。在装瓶前又添加一些糖分，再发酵几天。在此期间，新酿的康普茶会产生天然碳酸，出现微气泡。然后，往康普茶中添加其他味道，再进行冷藏以阻止进一步发酵，这样就算制作完毕。康普茶的味道怎么样呢？根据亲身体验，我觉得康普茶酸酸甜甜，有股醋味，里面那些泡沫让人想起了过期的果汁。[①] 红茶菌中的细菌和真菌将糖分转化为乙醇（酒精）和醋酸，醋酸赋予了康普茶刺鼻的味道。康普茶看起来有点混浊，里面还漂着一些物质，这些漂浮物的口感不佳。"嗯，美味！"你是不是已经食指大动了呢？如果正相反，你可能想知道康普茶为何有这么多狂热爱好者。事实上，"狂热"还不足以说明康普茶的受欢迎程度。据估计，在 2016 年，美国的康普茶销售额达到 6 亿美元左右。同年，实力雄厚的百事可乐收购了一家名为"Kevita"的小型康普茶公司，以进军这个不断增长的市场。

　　人们越来越关注康普茶的药用和生物价值。支持者称，这种"活性饮品"无所不能，可以改善消化、帮助减重、控制血压以及预防癌症等。但这些话有几分是真的呢？康普茶与其他发酵食品（比如酸奶和泡菜）一样，都含有活性微生物。康普茶含有益生菌，可以帮助平衡肠道微生物群系，保持免疫系统

---

① 为了说清事实，我必须指出本人非常讨厌醋，所以可能不太适合谈论康普茶的味道。——著者注

的健康以及促进消化。很多动物研究发现，康普茶含有多种生物活性化合物，于健康有利。然而，我们尚未知晓康普茶饮品是否含有足够的有益细菌和其他生物活性化合物，从而能够发挥功效。再者，目前尚未清楚这些细菌和化合物能否在胃部的酸性环境中存活下来，并设法进入肠道，为我们带来健康益处，也不知道这些物质所存在的形态是否能令其达到促进健康的效果。制成康普茶的茶水本身就是有益的，茶富含具有抗氧化作用的多酚，于我们的健康有益。康普茶还含有维生素和矿物质，比如 B 族维生素和维生素 C，但所含的量非常少，就算进入体内，也不太可能对身体产生影响。但是别忘记这种健康饮品还有其他成分，也就是糖分、咖啡因和酒精。是的，这些物质的含量很少，人们很容易忽略其有害影响。然而，维生素、矿物质和其他化合物的含量也非常少，人们却依然认为它们能够发挥潜在的有益功效。这不是用双重标准来看待问题吗？

　　说到底还是没有确凿的证据可以证明康普茶的临床功效。然而，研究显示，饮用康普茶会带来一定风险。很多记录在案的病例显示，有些人在饮用康普茶之后会出现严重的健康问题，比如肝脏和肠胃问题以及乳酸酸中毒。[①] 由于康普茶有潜在风险，而我们对其有益健康的影响知之甚少，所以我建议一些人群避免饮用这种饮品，比如孕期或哺乳期的妇女和免疫系统受损的

---

① 乳酸酸中毒是因为身体里累积了太多酸。患者经过治疗可以痊愈，放任不管则会危及生命。——著者注

人。说句公道话，现在我们对康普茶的了解不多，还不知道它
是如何影响健康的，甚至连它能否影响健康也未可知。

▷ 活性成分

健康饮品除了宣传含有天然或有机成分（或两者兼有），通
常还添加额外成分，以增加健康益处。这些物质听起来很可靠，
似乎能让人健康长寿（这就是这类饮品能大卖的原因），不过是
否有充分的证据表明它们确实能起到如此重大的作用呢？

软饮中经常会被添加额外的维生素来增加健康益处。我在
第 1 章 "水" 中就谈论过关于添加维生素的问题，更不必说，
虽然生产饮品时人们加入了维生素，但这并不意味着其形态和
含量合乎我们的期望，能在进入人体系统后发挥有益影响。B 族
维生素常常被添加到能量饮料与其他功能饮料当中，这些维生
素给人的印象是能够帮助我们增强能量。B 族维生素对人体很多
功能都有作用，从维持神经与肌肉健康、帮助神经和消化系统，
到促进皮肤和眼部健康。这类维生素还有助于将其他营养物质
中的能量转化为人体所需的形式，但它们无法直接产生能量。
摄入大量 B 族维生素并不能让你迅速恢复体力，事实上，你获
得的 B 族维生素可能已经足够多了，多余的只能通过尿液被排
出体外。健康饮品中添加 B 族维生素不过是一种营销策略，能
给你增加能量的也许是饮品中的糖分或兴奋物质。

水果、蔬菜、药草和香料等植物提取物是健康饮品较为流

行的主打原料。饮品的味道来自天然成分而非人工成分，这一点对消费者很有吸引力，天然成分的存在让他们感觉自己在饮用健康的饮品。再加上一些关于此类成分具有健康或药用价值的说法，健康饮品就变得非常吸引人。举个例子，据发现，很多植物都有抗氧化、抗炎或抗癌的特性——虽然往往是对其他物种起作用，而且要摄入很大量才能发挥作用。以姜黄为例，这是一种深黄色的亚洲香料，你在周六晚上叫的外卖咖喱中可以吃到，近年来已成为颇受欢迎的饮品添加物，很多饮品中都有它的存在。制造商把姜黄加入普通饮品中，吸引了那些想从饮品中获得更多益处的人，从而打开了更广阔的市场。姜黄因具备丰富的健康益处而备受赞誉。这是因为它含有姜黄素。据发现，各种形态的姜黄素在临床实验中都呈现出了对抗疾病的正面功效，显示出了抗炎和抗氧化的特性。这些都很棒，但问题就在于，实验中所使用的剂量远高于你从饮品的姜黄粉中摄入的量。我们还无法确定临床实验中的姜黄含有多少姜黄素，但是姜黄粉中只含3%的姜黄素，考虑到大多数饮品只会加那么一点姜黄粉，你确实很难摄入大量姜黄素。即便你在自己的饮品中加入较多姜黄粉，也会遇到别的问题。姜黄素本身的生物有效性不高，较难吸收但代谢速度快，很快就从体内被排出，所以即便姜黄粉确有益处，你也很难通过摄入的方式享受到很多好处。据发现，姜黄素与另一种药剂结合使用时效果比较好，能够提高它的生物有效性。这样一来，你最终不得不每天饮用大量富含姜黄素的饮品，同时摄入另一种药剂来提高姜黄素的生物有效性，才能从姜黄素中获得益处。不过你可能做不到大量饮用这类饮品，因为它可能导致恶心和腹泻。

据说马来西亚有一种称为罗汉果龙眼冰糖炖冬瓜的药草饮品，既有营养又能提神。这种饮品含有罗汉果、龙眼、冬瓜、水和糖，一般加冰饮用，在天气炎热时特别受欢迎。罗汉果是不含热量的天然甜味剂，甜度比糖高很多倍，具有抗炎特性，因而广泛用于传统中药。罗汉果经常用来冲泡热饮，帮助治疗普通感冒。龙眼与荔枝差不多，据说富含维生素 C 和抗氧化物质。因此，人们认为这样的成分组合有益于健康。冰镇柿子酒也称为水正果，是另一种出名的饮品，被用来促进胃部健康、预防普通感冒。这种饮品来自韩国，由水、糖、姜、肉桂、柿饼、核桃和松仁制成。目前缺乏传统的科学研究来证明上述两种饮品具有显著益处，人们饮用这些饮品很大程度上是出于传统观念以及听信传闻。

你可能已经注意到，我们消费的许多产品上都贴着益生菌或益生元的标签。无论是公众还是研究人员，都越来越关注人们的肠道在微观层面所进行的活动。显而易见的是，腹胀、胀气或不耐受症都是肠子惹的祸。我们的肠道充满了微生物（大多数是细菌），里面大约有 100 万亿细菌在活动，这些细菌显然因为我们糟糕的饮食习惯和生活方式而受到伤害，我们需要帮助它们恢复平衡。肠道细菌发挥着至关重要的作用，能够让食物中的营养物质进行代谢，支持我们的免疫系统，合成维生素以及帮助抵御疾病，所以我们要让这些细菌好好地存活下去。但益生菌和益生元是什么，我们真的需要这些吗？益生菌是具有活性的细菌和酵母菌，通常被添加到酸奶饮品中。益生菌天然存在于开菲尔（见第2章"乳类饮品"）、酸奶、发酵卷心菜（比如德国泡菜或朝鲜族泡菜）等食品中。人们认为，在肠道细菌因健康状况不佳或使用了抗生素等特殊药物而受到伤害时，益生菌能够帮助这些细菌恢复平衡。益生元是不易被消化的植物纤维，能够滋养肠道中的有益细菌。益生元存在于很多植物和蔬菜当中。我们需要努力维护肠道健康，因为越来越多证据表明，肠胃微生物群对人体健康的许多方面都有重要影响。然而，服食益生菌和益生元能否达到促进肠胃健康的效果尚未可知。

益生菌的使用存在很多问题。肠道微生物有数百种不同的类型，产品中的细菌和酵母菌种类各不相同，那么我们摄入的是合适的类型吗？问题就在于，我们不知道自己需要哪些类型的细菌和酵母菌。人体在不同的时候需要不同类型的细菌和酵母菌。我们甚至不知道每种类型需要多少，所以我们没法确定某一产品中所含的类型是否合适，数量是否足够。如果我们知道自己是否缺乏特定的类型以及需要补充的量，那就可能找到途径解决平衡问题。然而，我们即便了解这些信息，也不清楚自己摄入的益生菌能否全在胃部的酸性环境中存活下来，然后到达肠道进行繁殖。有些研究发现，一小部分益生菌能存活下来，[①] 这些细菌如果要对人体健康产生最大化的影响，那就需要附着在肠道细胞中，目前没有太多证据表明它们一定能成功附着。严格来说，益生菌到达肠道时没有繁殖，而是被排到粪便中。益生菌无法附着在肠道细胞上进行繁殖，这就意味着你需要不断摄入益生菌才能获得益处。这样的益处是短暂的，与你努力促进肠道微生物群落发展的想法相悖，甚至有证据表明，益生菌的摄入可能会给一些人带来负面影响。以色列魏茨曼科学研究所（Weizmann Institute of Science）的一个研究小组发现，对于那些因同时服用多种抗生素而影响肠道环境的人来说，益生菌会与肠道的天然微生物竞相繁殖，从而抑制后者的恢复。这表明益生菌不适合用来代替各种天然微生物群落，在服用抗生素之后，让肠道自然恢复正常可能更好。

另一方面，对于那些身体健康且拥有良好生活方式的人而言，我们不知道他们能否通过摄入益生菌获得额外的健康益处，尤其在他们的身体已经拥有良好的内部调节系统的情况下。就数量来说，毕竟我们摄入的益生菌与肠道生成的微生物相较而言，可谓微乎其微。益生元与益生菌一样都有不同的类型，可供不同的肠道微生物择优使用。如果不知道哪些微生物需要用到益生元，你就无法确定摄入哪些益生元才可以提供帮助。尽

---

① 对某些类型来说，存活率为 20% 至 40%。—— 著者注

管需要更多研究才能填补我们在这方面知识上的空缺，但还是有证据表明，患有某些疾病的人可以从益生元的使用中获益。有项分析针对的是 313 项益生菌的相关实验，涉及人数多达近4.7 万人，研究人员发现补充益生菌可以预防腹泻和呼吸道感染，以及帮助有既往病史的人减轻炎症。然而，这些研究的质量和可比性十分有限，只在有潜在健康问题的参与者身上才能看到效果。整体上看，似乎有科学发现能够证明，益生菌可用于部分患有疾病的人，但还缺乏可靠的例证来说明预先摄入益生菌可以预防健康不佳的状况。关于益生元影响的数据很少，多从果蔬中摄入大量不同的纤维也许更有效。膳食纤维似乎对肠道微生物具有重大影响，比益生菌或益生元更有益于健康。

　　均衡、多样化的饮食才是解决问题的关键，尽管这一建议并不是很流行。事实上，考虑到每个人的肠道微生物都有所不同，以及食物对肠道健康的重要性，人们正在进行研究，调查我们是否真的需要适合自己肠道的个性化饮食。我们需要努力实现的目标可能是这个，而不是研发更多不同的健康饮品，因为健康饮品的益生菌含量很少，即便临床实验证明含有这类益生菌的医药级补充剂可能是有效的。

　　蓝绿藻是一种颜色亮丽的成分，一直在健康饮品界大放异彩。（是时候拉响"超级食品宣传"的警报了。）蓝绿藻指的是在咸水中生长的各种与植物相似的微生物，特别是添加到饮品中的螺旋藻，据说有益于健康。制造商和健康专家在饮品中加入螺旋藻，既是为了让饮品呈现出动人的蓝绿色，也是为了给饮品添加蛋白质、铁和维生素。据说，螺旋藻有助于缓解糖尿病、焦虑、抑郁和经前综合征，还能增强免疫系统和消化，改善记忆力，对抗衰老以及增加能量（这些都属于常见的健康饮品宣称语）。有趣的是，在人口膨胀、耕地和淡水资源有限的情况下，螺旋藻和其他微藻可以被看成为人类与动物而开发的新型可持续的粮食作物之一，这一市场正在迅速扩展。微藻被视为有益健康的营养来源，不过这些营养物质的吸收程度和生物有效性还未得到证实。尽管微藻有望在未来成为一种营养素，但健康饮品中的微藻含量较少，无法显著增加蛋白质或维生素的摄入量。蓝绿藻饮品是健康食品市场上的新品，所以还没有研究调查它们能否真正带来显著的健康益处，这倒一点也不出奇。有些营养学家感觉到，尽管微藻富含营养物质，但是一份饮品并不能为你提供足够的营养物质，而且这类饮品目前的价格要高于蛋白质、铁和维生素的其他来源。

现在很多饮品添加了额外的活性炭成分。你可能记得我在讨论水的过滤时也提及了活性炭。这里的活性炭也一样，是一种特殊的炭，在高倍显微镜下呈现多孔状，用于吸收多余的颗粒，并不是用来烤面包或烧烤的煤块。① 作为重要的治疗手段，

---

① 根据美国国家毒物中心（National Capital Poison Center in the US）的建议（National Capital Poison Center, 'Activated charcoal: An effective treatment for poisonings.' https://www.poison.org/articles/2015-mar/activated-charcoal）对读者做出提醒。可人们真的会搞错这两样物质吗?! ——著者注

活性炭用于医疗环境中已有超过 180 年的历史，能够救治那些中毒或服药过量的人。这种物质可以与很多药物或毒素结合，防止它们进入人体中。在健康饮品界，活性炭被宣扬为万灵药，不仅能缓解宿醉，还能用于美容，更别说用作解毒剂了。这一理论认为，如果活性炭能够从肠道中带走有害毒素，那也一定能清除消化系统的其他毒素。所谓的毒素往往是指膳食中不被人体需要的物质，而不是真正的有毒物质。① 喜爱这类饮品的人在推广时的说辞大致如下：活性炭能够有效地与食品中的毒素结合，比如杀虫剂和其他化学物质，医学专家经常用它来治疗那些中毒的人。这些听起来似乎很有道理，提到医学专家使用活性炭更是增加了可信度，但是完全没有科学证据能够证明添加了活性炭的饮品有任何作用。用于治疗中毒的活性炭剂量在 100 克左右，接下来每隔数小时增加用量。一杯普通饮品中的活性炭含量在 0.5 克左右。这么点真的有用吗？不太可能。制造商不会愿意增加含量，因为活性炭会破坏饮品的味道和口感，从而导致饮品的销售量下降，这比人们质疑活性炭是否有效所带来的后果严重得多。活性炭是能够大量吸收分子，但你怎么不问问它如何分得清哪些是你想要吸收的营养物质，哪些是你想要清除的有毒物质呢？答案当然是分不清。活性炭在这方面可谓一视同仁，如果一个分子刚好能附着到上面，就会被吸收，

---

① 字典对"毒素"的定义是"引起中毒的物质"，用来描述我们所吃的大多数食物未免有些夸大其词。——著者注

不管它是毒素、药物还是营养物质。健康饮品中的活性炭含量通常较低，不太可能造成较大伤害，不过你要是处在服药期间，还是应该避免饮用这类饮品，因为活性炭会阻碍人体吸收药物中的活性成分，从而降低疗效。顺便说一句，如果你想把活性炭饮品当作治疗宿醉的解酒药，那就可以趁早打消念头了。活性炭很难与酒精结合，所以无法解决宿醉的问题。

　　活性炭饮品不是唯一宣称具有排毒功能的饮品。很多健康饮品都声称能够起到排毒的作用，不过我们为什么如此沉迷于排毒呢？如今，我们日渐意识到需要采取健康的生活方式，防止体重增加，避免重大疾病，维护身心健康。对大多数人来说，这就意味着均衡饮食和大量运动，但很多人认为仅仅这样是不够的，或者觉得做这些太费力气。他们可能会觉得排毒饮品更有吸引力，因为这些饮品宣称能够帮我们把每天接触到的有害化学物质或不良生活习惯所产生的毒素从身体里排出去。但是我们真的需要"排毒"吗？首先，我们不必害怕"化学物质"之类的术语，因为世界上的一切都是由化学物质（甚至于毒素）组成的，在这种语境下化学物质与毒素其实无好坏之分。有人利用这些术语来灌输恐惧感，让我们觉得有问题需要解决，然后再打着解决问题的旗号，向我们出售没有实际意义的产品。其次，对于人体不需要的物质，我们的体内早就建立起了能够处理废物的机制，解决起来十分便利，这是因为我们从最初就一直在接触身体不需要的物质。我们的肠胃系统、淋巴系统、肾脏、肝脏以及皮肤都能有效地处理废物。简单地说，"我们需要额外的帮助才能清除身体日常产生的废物"这一想法本身就很荒诞。在谈到这个话题时，别一看到"天然"就觉得这类饮品是健康的。很多天然物质都是有剧毒、致命的，其他天然物质则对人体的生理活动没有丝毫帮助。

软饮界的狂欢

一百年前，软饮巨头可口可乐在经典版可乐中添加了消遣性药物[①]，该公司现在可能准备恢复这一传统，但这次添加的东西有所不同。2018 年 9 月，有传言称可口可乐正在与一家名为"Aurora Cannabis"的公司洽谈关于开发添加大麻饮品的事宜。它们的目的是在健康饮品市场推出一款有助于缓解疼痛的新型功能饮料。消息人士强调，添加大麻提取物并不是为了让消费者从饮料中获得快感。区别就在于，这两家公司声称研究的成分是大麻二酚（CBD），这种物质被标榜具有医药价值，但是不会让大脑产生快感，会让人产生快感的是另一种被称为四氢大麻酚（THC）的成分，大麻对精神的影响大多是由于这种成分。CBD 早就被用于生产止痛药，可口可乐也不是唯一对研发添加 CBD 的饮品感兴趣的公司。2019 年，旧金山举行了大麻饮品博览会（the Cannabis Drinks Expo），给饮品制造商以及其他人提供了平台，共同探讨如何利用 CBD 来开发一个具有发展潜力的新兴市场。我们就拭目以待吧。

---

① 可卡因。——著者注

▷ 万灵药

正如你所看到的，即便很多健康饮品背后的理论似乎挺有说服力的，但在大多数情况下，没有确凿的科学证据可以支持这些理论。健康饮品并不是我们期待的万灵药。很多所谓的"证据"不是个人的空口白话，就是来自小型研究（且其有关科学的细节与假设经过人为筛选，研究本身所针对的也是不相干的物种或无关的情况）。健康饮品背后的理论一般是这么说的：天然化合物 A 把化合物 B 转化为化合物 C，大家都知道化合物 C 能够抗氧化 / 增强免疫力 / 排毒。所以，我们在饮品中添加化合物 A，能帮助你活得健康 / 美丽 / 长寿。作为消费者，你不会从他们那里知道：

① 所有这些信息都来自植物或细胞研究，而不是人体研究；

② 即便化合物 A 把化合物 B 转化为化合物 C，我们也不知道饮品或人体中是否存在需要被转化的化合物 B；

③ 化合物 A 在人体内不具有生物有效性（可能直接被排出体外，不带来任何益处）；

④ 大量化合物 A 在加工和储存阶段会发生降解，消费者最后摄入的只有一点点；

⑤ 难以了解饮用该产品后能否获得化合物 C；

⑥ 虽然人们认为化合物 C 对健康有益，但是就算你从饮品中获得这种化合物，众多其他化合物量也不少，化合物 C 发挥

的作用不大，不太可能产生很大的影响；

⑦ 你需要摄入大量化合物 A 才能从中受益，但饮品中的化合物 A 含量很小；

⑧ 大多数饮品都添加了其他成分，有些不但不会带来益处，甚至还会产生危害，比如糖分。

换句话说，就算饮品中含有所谓的有益化合物，也不意味着你饮用了就会得到明显的益处。我们尚未从研究中得到大量可靠的证据，来证明此类饮品对较大范围人群与不同人群的影响。如果你发现这类饮品让你感觉不错，那很棒，但是如果你想借这些饮品解决健康问题，我建议你还是别购买了。也许在未来，有些健康饮品的健康益处会得到证明，不过在此之前你还是把钱装在口袋里吧（除非你乐意为了这类饮品的味道付出高价）。

第 **5** 章
酒精类饮品

　　汉斯岛（Hans Island）是座位于北极的小岛，面积大约 1.3 平方千米，岛上荒无人烟，到处是岩石，土地十分贫瘠，目前尚未发现储有石油或天然气，或者坦白说，它实际上没有任何特别有价值的东西。这座汉斯岛听起来无足轻重，然而它的主权归属却成了加拿大和丹麦长期争执不下的问题。这座荒凉的岛屿位于加拿大与格陵兰岛之间的内尔斯海峡（the Nares Strait），格陵兰岛是丹麦的属地。根据国际法，各国有权将其海岸线 12 英里（约 19.3 千米）以内的领土视为己有。内尔斯海峡不是特别宽阔，严格来说汉斯岛坐落在加拿大与丹麦两国的水域之内。两国在这一问题上的争端持续了数十年，可以追溯到

20 世纪 30 年代。1933 年，国际联盟的常设国际法院（Permanent Court of International Justice of the League of Nations）宣布汉斯岛为丹麦领土，但这一权威机构很快就被联合国的国际审判法院（International Court of Justice）废除并取而代之。这就意味着原来的裁断不作数了。随着第二次世界大战与冷战等更为紧迫的问题相继出现，汉斯岛的归属问题就不再受到关注，到了 20 世纪 70 年代这一问题才重新浮现出来。在此期间，加拿大和丹麦都同意以内尔斯海峡作为两国海上边界，但在如何处理汉斯岛的问题上却未能达成一致，于是这一问题一直悬而未决。接下来，时不时有丹麦人或加拿大人造访这座小岛。转折点就出现在 20 世纪 80 年代，丹麦负责格陵兰岛事务的部长在听说加拿大研究员访问了汉斯岛后，便飞抵该岛，据说还竖起了丹麦国旗，留下了一瓶斯堪的纳维亚烈酒"阿夸维特"。这就标志着两国开始了彬彬有礼的针锋相对。他们经常到岛上改旗换帜，留下欢迎来到"丹麦的岛屿"或"加拿大的岛屿"的纸条，拿走对方留下的酒，换上本国的酒。据说加拿大人会留下加拿大俱乐部威士忌。

　　显然，丹麦人和加拿大人是在用特定的酒精饮品来象征本国人的身份。在世界上许多地方，酒已经成为民族身份的一部分。如果问某个国家有什么软饮，你也许很难说出具体的饮品名称，但是如果问那个国家有什么酒，我敢打赌你很轻易就能回答上来。我们想起世界的各个地方时，常常联想到当地的酒：

英格兰与啤酒，苏格兰与威士忌，爱尔兰与吉尼斯黑啤酒，法国与葡萄酒，希腊与茴香烈酒，西班牙与桑格利亚汽酒，奥地利与杜松子酒，俄罗斯与伏特加，日本与清酒，墨西哥与龙舌兰酒，古巴与莫吉托，牙买加与朗姆酒，这样的例子不胜枚举。为什么会把酒和国家联系起来呢？我很难说出准确的答案，不过显而易见的是，酒深深根植在许多文化中，已被认为是一种国民饮品，往往在世界各地享有盛誉。

酒的本质

2016 年，全世界大约有 23 亿人经常饮酒。当然，饮酒人数因国家而异。在美洲、欧洲和西太平洋地区，有超过一半的人口饮酒，但是其他地区饮酒人口的比例要低得多。人均饮酒量最多的就是欧洲国家。然而，过去 10 年左右，世界许多地区的酒类消费量相对比较稳定，欧洲的酒类消费量却在下降，2005 年至 2016 年，纯酒精的人均消费量从 12.3 升下降至 9.8 升。与此同时，西太平洋和东南亚地区的酒类消费量却有所增加。

酒精饮品的定义很简单，就是指乙醇含量高于最低限度的饮品。啤酒、葡萄酒、烈酒和其他酒精饮品都是首先经过发酵而来的，是酵母菌消化糖分的天然产物。酵母菌通过分解糖分进行繁衍，产生二氧化碳和乙醇，乙醇就是我们所饮用的酒。饮品的酒精含量会写在标签上，并用酒精体积百分比（ABV）

来表示。ABV 说明了整份饮品的酒精含量，如果一种饮品的 ABV 是 4%，就意味着它含有 4% 的纯酒精。

1987 年，酒精计算单位的概念在英国推行，为人们提供了一种计算实际饮酒量的方法，能够记录大家的饮酒情况。1 个酒精单位相当于 10 毫升或 8 克酒精，是普通成人 1 小时内可代谢的量。换句话说，1 小时过后，饮酒者的血液中应该没有酒精的存在，尽管这一情况会因人而异。饮品中含有多少个单位酒精取决于它的体积与度数（即所含酒精的浓度）。举个例子，1 小杯（125 毫升）ABV 为 12% 的葡萄酒含有 1.5 个单位，一罐（440 毫升）ABV 为 5.5% 的拉格啤酒含有约 2 个单位，1 品脱（约 568.3 毫升）ABV 为 3.6% 的低浓度啤酒也含有约 2 个单位，1 小杯（25 毫升）ABV 为 40% 的伏特加只含有 1 个单位。但是其他国家会用不同的方法来衡量饮酒量。

以前的烈酒酒瓶上常常出现"标准酒精度"的字样，但这是什么意思呢？这一术语起源于 16 世纪至 17 世纪的英格兰，指的是一种根据酒精含量来收税的方法。测试人员为了测试或证明酒精的含量，会将一丸火药浸入饮品中，然后再取出来点燃。当时的标准是，如果火药仍可被点燃，那么酒精含量就"高于标准"，要以较高的税率征税。标准酒精度基于当时这一随意的标准，称为 100 度，指的是一般蒸馏酒中的酒精含量。其他饮品中的酒精含量是根据这一标准评估的，即低于或高于标准。这种方法存在各种问题，于是在 19 世纪最终形成以比重为基础的标准化测量方法，即饮品密度与等体积的蒸馏水密度的比值。100 度烈酒所含酒精的重量是等体积的水的 12/13，其 ABV 为 57.1%。是不是有些摸不着头脑呢?! ABV 是酒精含量的标准国际测量法，标准酒精度是因国家而异的测量方法，这种测量方法不太方便，如果你在别的国家购买了一瓶酒，或者说在本国购买了一瓶进口酒，要看懂这瓶酒的酒精含量着实不太容易。除了英国，其他国家也很明智地简化了测量方法。比如，美国的标准酒精度是饮品酒精比例的两倍（即 ABV 的两倍）：100 度相当于 ABV 为 50%，而 50% 就是典型的烈酒了。法国人把 ABV 为 100% 称作 100 度，纯水称为 0 度，这样形成的尺度便于使用。由于现在有标准的 ABV 测量法，标签上的"标准酒精度"就没有什么意义了，这些年来也就基本消失了。

　　乙醇的味道在每个人尝来都是不一样的。有些人觉得味道苦涩难入口，但另一些人可能觉得甜胜于苦。这就解释了为何有些人更容易认为饮酒使人愉快以及他们为何那么喜欢饮酒。一项 2014 年发表的研究证实，这方面的味觉差异与基因 TAS_2R_8 的不同版本有关。人们之前就证实了这一基因的变异与酒精摄入有关，那些该基因较敏感的人饮酒明显较少。这还与超级味觉者有关，他们对苦味更为敏感［想知道关于超级味觉者的内容，请翻阅第 4 章"冷饮（不含酒精）"］。有些人喜欢不同口味的酒精饮品，但不太热衷于酒精本身，现在市面上有很多酒精含量较低的饮品，可供他们品尝。

▷ 如何从啤酒和葡萄酒中去掉酒精

随着市场对低浓度和不含酒精的啤酒和葡萄酒的需求不断增长，供应的种类也就越来越多。无酒精啤酒还是会含少量酒精。在英国，无酒精啤酒的酒精含量不超过 0.05%。你或许认为无酒精啤酒应该完全不含酒精，但是这很难实现。这样说吧，很多其他不含酒精的饮品和食物天然含有差不多 0.05% 或更多的酒精。举个例子，橙汁就含有大约 0.05% 的酒精。还有无醇啤酒（ABV 不高于 0.5%）和低醇啤酒（ABV 不高于 1.2%）。低醇啤酒指的是那些 ABV 在 0.5% 至 1.2% 的啤酒，而低度酒精饮品的酒精含量低于同类饮品的平均浓度。比如，ABV 为 6% 的葡萄酒严格来说是低度酒精饮品，因为大多数葡萄酒的 ABV 为 11% 至 15%。

低醇啤酒原先也是普通啤酒，历经一般的酿造阶段，但在整个过程的最后，需要减少或去掉酒精。能实现这一目标的方法有很多。由于酒精的沸点低于水，因此可以通过加热啤酒蒸发掉酒精，但这样会影响啤酒的味道。出于这一原因，有些酿造商采取真空蒸馏法，降低了酒精的沸点，保留了一些在加热过程中容易挥发的风味化学物质，尽量保留啤酒原来的味道。另一种去除酒精的方法是反渗透法。啤酒会经过一个非常精细的过滤器，过滤器只容许酒精、水以及少数挥发性酸通过。酒精从酒水混合液中分离出来，余下的水和酸与过滤器另一侧的糖分和风味化合物混合在一起，这样就得到去掉酒精的啤酒。反渗透法不用加热，因此啤酒的风味受加工过程的影响较小。普通啤酒在瓶中发酵时会产生碳酸，但无醇啤酒不会产生碳酸。不过如果没有人工干预添加碳酸，无醇啤酒就显得淡而无味了，所以大多数生产商会在无醇啤酒装瓶、装桶或装罐的过程中注入二氧化碳。停止发酵是另一个加工过程，有时用于生产无醇啤酒。这意味着在常规的啤酒酿造过程中，发酵还没真正开始就被中断了，酒精的生成从而受到了限制。

低醇葡萄酒由普通葡萄酒去掉一些酒精制成。从葡萄酒中去掉酒精的过程与生产低醇啤酒差不多，都是通过真空蒸馏法或反渗透法实现的。还可以利用离心力将酒精从葡萄酒中分离出来，这个方法很有效，但分离的过程需要重复很多次，才能把酒精分子分解出来。

接下来我们着重介绍含酒精的传统酒精饮品。我将描述各种酒的基本制作方法，不过你也可以想到，这些制作过程比我所能描述的要复杂得多。生产优质酒涉及的是一个精细且相当奇妙的领域，需要花上数年时间才能真正理解和精进。

啤　酒

我以前在生产格林王（Greene King）的那个小镇上学，对酿酒厂散发出来的那股特别的气味记忆犹新。小时候的我无法忍受这种气味，但我觉得自己现在或许会有不同的看法。可能还有很多人对这种啤酒和酒香有着无穷无尽的喜爱，毕竟全世界的人都喜欢啤酒，酿造与饮用啤酒的历史也已有数千年。迄今为止，人们发现的最早酿造啤酒的依据来自以色列一个遗址，可追溯到一万三千年前。虽然这种啤酒与今天的啤酒几乎没有什么相似之处，但是生产的基本原理（基本原理显然在很久之前就已经确立）却是一样的。啤酒是由发芽的谷物（主要是大麦，但也可能是小麦、黑麦、玉米或大米）、啤酒花以及酵母水制成的饮品。现在的啤酒酒精含量是 3% 至 10%，不过大多数都是 3% 至 6%。

▷ 啤酒的酿造过程

啤酒商生产啤酒的方法非常多，不过还是有一些通用的方法。将谷物制成麦芽糖（想了解更多内容，请翻阅第 3 章 "热饮"）后，往里加水，然后加热，这就是糖化过程，能够把麦芽中的淀粉分解为单糖。由此产生的甘甜汁液称为麦芽汁。接下来把啤酒花和其他香料添加到麦芽汁中，然后煮沸。啤酒花是攀缘藤蔓植物的花或球果，能给甘甜的麦芽汁带来苦味，有助于平衡啤酒的味道，赋予啤酒醇郁的口感。啤酒花还是天然的防腐剂，有助于延长啤酒的保质期。等麦芽汁冷却下来，经过过滤后，再把酵母菌添加进去，酿造的阶段就完成了，接下来是发酵阶段。啤酒在发酵时要储藏一段时间，然后再装瓶（或装进酒桶内）进行陈酿。陈酿前的啤酒无气泡，有些啤酒会因为添加二氧化碳而产生气泡，其他啤酒在陈化的过程中会再次发酵，从而产生天然碳酸。

▷ 啤酒的种类

啤酒根据发酵过程可分为艾尔啤酒和拉格啤酒。艾尔啤酒是最古老的啤酒，可以追溯到数千年前，在发酵时需要在室温下储藏几周。拉格啤酒在较低的温度下发酵，发酵时间远远长于艾尔啤酒。不同类型的酵母菌在发酵时对温度的要求不同。虽然酵母菌有很多种类，但主要的两种分别是上面发酵酵母和下面发酵酵母。上面发酵酵母用于酿造艾尔啤酒，比如波特啤酒、黑啤酒和小麦啤酒等，酵母菌会悬浮在啤酒顶部。下面发酵酵母用于酿造拉格啤酒，酵母菌会沉淀在啤酒底部。还有一些啤酒是自行发酵产生的，不用添加酵母菌，而是将啤酒暴露在空气中，利用进入啤酒的野生酵母和细菌进行发酵。这说的就是兰比克啤酒——比利时一些地区的特产，据说有股酸涩的味道，酒味要慢慢品才能尝出来。与其他啤酒相比，艾尔啤酒的颜色更深，分量更重，味道更苦，而拉格啤酒通常颜色较浅，更容易起泡。

艾尔啤酒有很多种类。其中印度淡色艾尔啤酒（IPA）是一种烈性苦味啤酒，据说是应海外长途旅行的要求而保存下来的啤酒。啤酒在运往大英帝国偏远地区时，会因极端温度和长时间贮存而受到严重损坏。为了解决这个问题，人们在啤酒中加入额外的啤酒花，啤酒花让啤酒的保存时间变长，但同时增加了苦味和色度。印度淡色艾尔啤酒广泛存在于世界各地，这类啤酒有不同种类，其浓度各不相同，所添加的药草和柑橘类成分也不同。淡色艾尔啤酒也是用啤酒花酿造的啤酒，但口感较温和，呈浅金黄色。比特酒是淡色艾尔啤酒的变种，由于用来酿酒的麦芽颜色稍深，比特酒通常在颜色上比淡啤酒深一些。优质比特酒的酒性比较浓烈，不过这也要视情况而定。淡啤酒是一种传统的啤酒，所添加的啤酒花少于比特酒，呈深棕色，带有巧克力和坚果的味道。黑啤酒和波特酒都是颜色较深的啤酒，味道浓烈，酒精含量通常较高。世界上最著名的烈性黑啤酒可以说是吉尼斯黑啤酒。黑啤酒和波特酒有许多相似之处，但总的来说，波特酒的烤面包味没有黑啤酒那么重，味道也相对清淡一些。关于这两种酒的其他差异之处，啤酒界还有很多说法，但这些说法常常引起争议，人们似乎无法在这两种酒的定义、特点以及分类上达成一致。小麦啤酒，顾名思义，就是用大量小麦与大麦麦芽酿造的，酿造时用的是特殊的酵母。小麦啤酒的外观比较混浊，因为小麦中的蛋白质（含量比大麦中的蛋白质多）与酵母菌没有从成品啤酒中被过滤出来。虽然小麦啤酒的种类很多，但通常都是起泡酒，味道较淡，啤酒花较少，口感相对较甜，带有水果味。

接下来讨论拉格啤酒，这类啤酒的颜色和苦味各不相同，但大多数呈浅金黄色，有中度到高度的啤酒花味道，碳酸化程度较高。拉格啤酒是世界上最畅销的啤酒，其中最著名的或许是比尔森啤酒。比尔森啤酒起源于捷克共和国，是一种味道清爽、碳酸化程度较高的金黄色拉格啤酒，比较容易入口，还能提神醒脑。其他拉格啤酒包括博克啤酒和荷拉斯啤酒等浅色品种，邓克尔和浓色啤酒等深色品种……浅色品种的啤酒花味比其他拉格啤酒更浓，荷拉斯啤酒与比尔森啤酒相似但没有那么甜，深色品种的麦芽味很浓，可能带有咖啡和巧克力的味道。

我在上面概述了啤酒的分类。实际上，啤酒有数十种不同的类型与风格，世界各地不同的酿酒厂以自己的方式来诠释啤酒的内涵。举个例子，你会觉得比利时酿造的啤酒与英国啤酒在味道上不太一样，而这两种啤酒又与美国或中国酿造的啤酒有所不同。

小心"啤酒眼"

不知道你以前是否听说过"啤酒眼"？如果饮酒让你改变对他人外貌的看法，那你就戴上了"啤酒眼"。一般来说，这个词用来形容我们在饮酒之后发现某人比平时更英俊或更漂亮了，但在清醒时却并不这么认为。我们可能在某个夜晚觉得一个人魅力四射，然而第二天却改变了看法，也许会在恐惧中颤抖片刻，然后把一切归咎于"啤酒眼"。"啤酒眼"一词在数十年之前就已经出现，但不是人人身上都会出现这一现象，研究人员实际上已经为这一现象找到了科学解释。罗汉普顿大学（Roehampton University）和斯特林大学（University of Stirling）的科学家招募了志愿者，并让他们在清醒或醉酒的状态下观察人的面部图像，然后判断图像是否对称以及说出哪些图像最具吸引力。在众多因素中，面部对称性是我们的大脑判断一个人是否具有吸引力的重要因素。这项研究背后的理论是，酒精可能会削弱我们感知对称性的能力，从而让我们无法批判性地评价一个人是否具有吸引力。这也许是因为酒精引起了视力下降。研究的结果证实了这一点，清醒的参与者能够更好地判断一张脸是否对称，他们也认为对称的脸更具吸引力。这一研究小组还做了另一研究，找到进一步的证据来支持上述发现。虽然这些只是小型研究，但能提供一些见解，让我们知道"啤酒眼"现象是如何发生的。

有趣的是，一些研究发现"啤酒眼"效应可能作用于饮酒者本身。2013 年有项研究获得搞笑诺贝尔奖[1]（Ig Nobel Prize），在研究中，法国和美国的研究人员发现，人们在饮酒之后认为自己比实际更有魅力，清醒状态时则不会有这种想法。在这项研究中，参与者饮酒越多，就越认为自己有魅力。

所以，对有些人来说，戴上"啤酒眼"，别人看起来更具吸引力，自我感觉更有魅力。这一切听起来是多么让人飘飘然……当然，他们清醒过来就不会这么想了。

---

[1]　搞笑诺贝尔奖表彰的是"能让人在发笑之后思考"的研究成果，旨在颂扬不寻常与充满想象力的事物，以激发人们对科学、医学和技术的兴趣。（Improbable Research, 'About the Ig Nobel Prizes.' https://www.improbable.com/ig/）——著者注

苹果酒与梨酒

在凉爽宜人的夏夜，一杯清爽可口的苹果酒来得正是时候，比其他酒精饮品都要更令人身心舒畅。苹果酒是由发酵的苹果汁酿成的。（在美国，"cider"[①] 指的不是酒，而是未经过滤的不加糖的苹果汁，这就容易让其他国家的人产生误解，我就曾经疑惑过。"hard cider"才是美国人对苹果酒的称呼。）梨酒是一种类似苹果酒的饮品，由发酵的梨汁酿成。苹果酒的酒精含量与啤酒相似，都为 4% 至 8%。

▷ 苹果酒的酿造方法

可以用来酿酒的苹果有数百种，每种都有其特点，都会影响到苹果酒最终的味道。苹果酒通常分为四类：又苦又甜（酸度低、单宁酸含量高），甜味（酸度低、单宁酸含量低），浓烈（酸度高、单宁酸含量低），以及又苦又烈（酸度高、单宁酸含量高）。苹果酒生产商通过挑选和组合不同的苹果，生产出符合要求的混合苹果酒。正如我们认为特定年份的葡萄酒品质较好——葡萄所经历的天气与各种条件使然，环境因素也会影响苹果的品质和味道，进而影响酿造出来的苹果酒。

把苹果洗净并打成浆之后，压出苹果汁，接下来进行发酵。苹果汁通常要进行两种类型的发酵（尽管第二种不一定会

---

① "cider"在英国指苹果酒。——译者注

进行）。在首次发酵过程中，添加进去的苹果皮上天然存在的酵母会把糖分转化为酒精。接着，在陈酿阶段，苹果酒会进行苹果酸-乳酸发酵，细菌把苹果酸转化为乳酸和二氧化碳。乳酸给苹果酒增添了酸味，如果酒的酸度较高，这一发酵阶段就有助于平衡酒的风味，因为乳酸带来了顺滑醇厚的黄油味。发酵可以在瓶中或桶内进行。如果在瓶中进行，你就会看到瓶底有沉淀，这是酵母菌在发酵后的残余物。桶内发酵的苹果酒十分澄澈，因为酒是从桶内被抽出来的，而酵母菌则留在了桶底。苹果酒发酵后，人们可能会添加额外的调味剂，比如糖或甜味剂以及果汁或香料。苹果酒还可能经过过滤，这样会去除酒中多余的残渣。

▷ **苹果酒的类型**

苹果酒有不同的类型，包括起泡苹果酒和非起泡苹果酒，干苹果酒和甜苹果酒。苹果酒在发酵过程中通常会自然进行碳酸化，然而在过滤之后，这些二氧化碳便会流失，得到的就是非起泡的苹果酒，若是再经过特殊的再碳酸化，就可以得到广受欢迎的苹果气酒。然而，不是所有的苹果酒都经过过滤，未经过滤的苹果酒在享用时还可以看到天然气泡，人们认为这类苹果酒品质更佳。苹果中的单宁酸会改变苹果酒的颜色，并带来苦味，比如，单宁酸含量较高的苹果酿造出来的苹果酒颜色更深，甜味更淡。这便是苹果酒的风味所在。苹果酒在完全发酵之后，就会变成不带甜味的"干酒"，口感就好像舌头上的水分被带走一样，这是因为糖分已经让酵母菌转化成了酒精。不过我们还是可以向干苹果酒中添加糖分，从而达到最终想要的风味，这就是为何苹果酒既可以非常"干"，又可以非常甜。

葡萄酒

葡萄园是非常美好的地方，大多建在日照充足且风景优美的地区，参观葡萄园简直是一种享受。我有幸参观过新西兰、美国加利福尼亚州、法国和英国英格兰等地的葡萄园和酿酒厂。有次在巴塞罗那的酿酒厂我偶遇了一位葡萄酒买家，并由此意外地喜欢上西班牙白葡萄酒。我在这些地方最美好的回忆包括：在索诺玛谷（Sonoma Valley）游览一个迷人的生物动力葡萄园，我在那儿了解到的关于蝙蝠的知识反而比葡萄酒的知识还多；在教皇新堡（Châteauneuf-du-Pape），一位身材矮小且上了年纪的葡萄酒商不小心踢翻了一大瓶葡萄酒，但他自己还没意识到；在新西兰，一位古怪的旅游车司机坚持让我和同伴在云雾之湾（Cloudy Bay）那座标志性的山峰前留影，但他只拍到山峰和我的同伴，完全没拍到我。最后，我不能不提起一对让人印象深刻的夫妻，他们总让人想起尼尔和克里斯汀·汉密尔顿夫妇（Neil and Christine Hamilton），[①]丈夫认为自己是马尔贝克葡萄

---

① 这位英国前政客和他的妻子变成了搞怪的电视名人。——著者注

酒专家，但每次酿酒厂都会反驳他的想法，妻子则嚷嚷着酒庄游览毫无意义，因为"现在人人都只喝香槟，难道不是吗"。多么美好的时光啊。

葡萄酒是由发酵的葡萄酿成的，酒精含量为 8% 至 14%。强化葡萄酒的酒精含量远远高于普通葡萄酒，为 16% 至 22%。

▷ 葡萄酒的酿造方法

世界各地的葡萄园都能够酿造出种类繁多的葡萄酒，因为可变因素很多，有些是人为控制的，有些是自然发生的。最终酿造出来的葡萄酒会受到葡萄种类、气候、天气以及其他环境条件、生长季节、葡萄藤的照料情况以及收获的时间等因素的影响。在这些参数中，任何一个微小的变化都可能影响葡萄酒的酒精含量、含糖量、酸度以及风味。关于葡萄及其种植过程能够讨论的内容实在太多，这里无法恰如其分地讲述出来，如果你想知道更多这方面的知识，可以找一本详细介绍葡萄酒的书籍来阅读。现在就让我们从葡萄的收获开始讲起吧。

葡萄从葡萄藤上被采摘下来后，先要按照品质进行分类。接下来便是去梗和破皮。葡萄茎富含单宁酸，会在发酵过程中生成人们不喜欢的苦味，所以要去掉。葡萄酒仍然含有单宁酸，不过这些主要来自葡萄皮。（话虽如此，如果需要更多单宁酸与风味，有时可以把葡萄茎留到发酵阶段或到时重新加进去。）在过去，葡萄园中的男男女女都会脱下鞋子，卷起裤子或裙子，用脚踩压柔软的葡萄，葡萄皮和葡萄汁从脚趾间渗出来。这就未免有些邋遢。如今在大多数情况下，人们会用机械压榨机来代替脚踩，榨出葡萄汁，让葡萄酒的酿造过程得以继续进行。葡萄破皮后，葡萄汁就与葡萄皮相接触，吸收当中的单宁酸、味道和颜色，还从葡萄皮表面以及空气中得到酵母菌，然后开始发酵。正是发酵前的阶段决定了葡萄酒之间的主要区别：是红葡萄酒还是白葡萄酒。若要酿造白葡萄酒，就要迅速对葡萄进行破皮和压榨，尽量减少葡萄汁与葡萄皮的接触，避免颜色和单宁酸渗入葡萄酒中。所以，葡萄破皮后，要迅速压榨出葡萄汁，并把葡萄汁从葡萄皮和其他部分中分离出来。红葡萄酒就刚好相反，葡萄汁会与葡萄皮混合在一起，吸收所需要的物质。酿造玫瑰红酒时，葡萄汁与葡萄皮接触的时间较短，虽然能获得一些颜色，但风味不及红葡萄酒醇厚。以上所说的葡萄酒都是用红葡萄酿造的，红葡萄可以用来生产红葡萄酒或白葡萄酒，而白葡萄只能用来生产白葡萄酒。酿造过程中会产生葡萄汁与葡萄皮的混合物，被人称为发酵前或发酵中的葡萄汁，这些混合物将流进或被泵进发酵桶中。

　　葡萄汁能发酵成葡萄酒，葡萄在被压榨后很快（6小时）就开始发酵。来自葡萄皮和空气中的野生酵母将启动发酵过程，不过很多生产商会添加商业酵母，确保发酵过程的可控性与一致性。发酵过程将一直持续到所有糖分都被分解掉（如果是酿造甜葡萄酒，发酵过程会在所有糖分被转化掉之前就停止）。发酵过程需要六天至一个月或更长时间。白葡萄酒的发酵温度低于红葡萄酒，这有助于白葡萄酒获得清新且芬芳的味道。发酵之后，人们会去掉葡萄酒中的固体（即葡萄皮），然后用压榨的方式提取出所有液体。这样就分离出了酿成的"压榨型葡萄酒"，之后可以混合其他葡萄酒来增添风味和颜色，也可以什么都不添加。如果用的是白葡萄，就要在破皮之后、发酵之前进行压榨。大多数红葡萄酒和一些浓郁的白葡萄酒（比如霞多丽）都会经历苹果酸–乳酸发酵（想知道更多内容，请翻阅"苹果酒与梨酒"一节），从而获得醇厚、天鹅绒般顺滑的口感以及降低酸味。

发酵后的葡萄酒被转移到另外的容器（比如酒瓶、不锈钢酒桶或橡木桶），剩下来的便是死掉的酵母菌和葡萄渣组成的沉淀物。这一过程称为"倒罐"。死掉的酵母菌和葡萄渣称为酒泥，通常需要去掉，不过有些酿酒师会让一些细小的酒泥颗粒继续留在葡萄酒（尤其是白葡萄酒和起泡葡萄酒）中一段时间，以丰富酒的风味和口感。酒泥给葡萄酒带来黄油、奶油以及烤面包的丰富味道，让葡萄酒的味道更复杂。如果你在酒标上看到"酒泥陈酿"（sur lie）的字样，就说明这瓶酒"在酒泥上"进行陈酿。倒罐还让葡萄酒暴露在通风条件下，有助于提升葡萄酒的品质。

葡萄酒可以就此装瓶，或者等陈酿之后再装瓶。很多葡萄酒都是在木桶（特别是橡木桶）中进行陈酿的，因为木材会增进葡萄酒的风味，带来烤面包、香草或者咖啡的柔滑味道。如果想用不锈钢酒桶陈酿葡萄酒，加入橡木片也能达到类似的效果。有些葡萄酒生产商现在也用水泥或黏土酒桶来进行陈酿，希望能增加葡萄酒的矿物风味。不锈钢酒桶一般用来陈酿浓郁的白葡萄酒。

葡萄酒还要经过纯化或过滤，让酒体清澈透明（在陈酿或装瓶之前）。这些过程让葡萄酒变得澄澈，并除去了固态物与多余的残渣。过滤就是用层层精细的过滤器来过滤葡萄酒，直至酒体看起来明亮清澈。然而，有些酿酒师认为这样会使葡萄酒失去独特的风味。许多葡萄酒在标签上写有过敏警告，这是纯化过程导致的结果。在澄清酒体的过程中，人们会往酒中添加一些物质，后者可以附着在葡萄酒内多余的颗粒物上，使其沉淀在酒桶底部。另外，这些物质还有助于减少涩味和颜色。酿酒师所添加的物质包括蛋清、明胶、鱼胶（一种从鱼鳔中提取出来的胶原蛋白制剂）、酪蛋白（源自牛奶）、壳聚糖（用贝类的甲壳素制成）、碳、膨润土（一种由硅酸铝制成的细黏土）、水溶性二氧化硅（用硅胶或二氧化硅制成），以及聚乙烯聚吡咯烷酮（一种合成聚合物）。你可曾听说过素食葡萄酒，又为葡萄酒本来就是植物酿造的而感到莫名其妙？其实素食葡萄酒是指葡萄酒在纯化时所加入的物质并非源自动物。接下来，澄清后的葡萄酒就要被转移到另外的容器进行储藏或装瓶。

你可能还在葡萄酒的酒标上看到过关于亚硫酸盐的警告，

也许会担心这种物质的存在（稍后会对亚硫酸盐的健康影响进行介绍）。二氧化硫（亚硫酸盐）用于生产葡萄酒，能够抑制会使酒变质的酵母菌和细菌的生长，从而延长葡萄酒的保质期。二氧化硫是葡萄酒发酵的副产品，不过大多数生产商也会注入额外的二氧化硫。酒标上提到的"含有二氧化硫"指的是添加进去的二氧化硫。有些葡萄酒，比如有机葡萄酒，没有添加二氧化硫，但还是含有一些天然生成的二氧化硫。二氧化硫还常常用于清洁酒桶，酒桶内残存的少量二氧化硫也会进入所储存的葡萄酒当中。

　　起泡葡萄酒有很多种酿造方法，每种方法生产出来的葡萄酒的碳酸含量和风格都有所不同。起泡葡萄酒需要用到基酒（通常由白葡萄酒充任）。首先是香槟法，也称作香槟地区以外的传统法，这种方法通常最为昂贵和复杂。需要添加再发酵液（liqueur de tirage），让葡萄酒在瓶中进行二次发酵。再发酵液是一种葡萄酒混合物，其中的糖分已经溶解，再发酵液中的酵母菌进入基酒中会开启二次发酵，释放出二氧化碳气泡。在二次发酵过程中，酒瓶的瓶口需要暂时封住。葡萄酒利用这段时间进行酒泥陈酿，如果是香槟酒，陈酿时间为 15 个月到数年。与其他起泡酒相比，香槟法酿造的起泡酒风味和口感更加丰富。等酒酿好，就把酒瓶倒置，酒泥就会沉淀在瓶盖上，然后将瓶颈封住。接着取下瓶盖，酒瓶中的压力就会把沉淀物挤压出来。这样一来，就会损失少量葡萄酒，作为补偿，要用基酒和糖分灌满酒瓶,再换上软木塞。葡萄酒中残存的糖分与这一阶段新添加的糖分共同决定了香槟酒的类型,从"天然干"(没有残存的糖分,也不添加糖分)到"甜型"(残存的糖分高于 50 克 / 升)。香槟、卡瓦酒和克雷曼起泡酒都是用香槟法酿造出来的起泡葡萄酒。

罐式法也称为桶内二次发酵法,用于酿造普洛赛克起泡酒和蓝布鲁斯科起泡酒,成本低于香槟法。罐式法采取的不是分瓶发酵的方法,而是让葡萄酒集中在一个大酒桶中进行二次发酵。等酒酿好,就进行过滤和装瓶,不与酒泥进行长时间接触。与香槟法相比,这种方法生产的起泡酒较为清淡和新鲜,气泡也更大。转移法与香槟法基本相同,但是不会单独去掉每瓶酒中的酒泥,而是把葡萄酒倒入加压的密封桶中,滤去沉淀物,然后重新装瓶。还有原始法(低温发酵,并在过程中暂停发酵)和持续法(又名俄罗斯法,持续在基酒中加入再发酵液,然后不停泵入酒桶中)。最后,我们要讲一种成本较低的生产起泡酒的方法,那便是简单地进行碳酸化,把基酒放入酒桶中,然后注入二氧化碳。人们认为用这种方法生产出来的起泡酒是劣质的,主要是因为里面的大气泡消散得很快,而且通常是使用廉价的散装酒来生产的。

▷ **葡萄酒的种类**

正如你所知,葡萄酒不仅仅分为红葡萄酒、白葡萄酒、玫瑰红酒和起泡酒。我已经谈过红葡萄酒、白葡萄酒和玫瑰红酒获得颜色和味道的方式。世界上有数百种不同的葡萄，因此就有了各种各样的葡萄酒，特别受欢迎的葡萄酒也有很多种，我将会提到它们。葡萄酒可以根据主要的葡萄品种来命名，也可以根据产地来命名。这可能会让人感到困惑，因为同一种类的葡萄酒或许会因此被贴上不同的标签，不过这也取决于葡萄酒的产地。一般来说，来自新大陆（比如澳大利亚、新西兰、南非和美洲）的葡萄酒是以葡萄品种命名的，而来自旧大陆（比如欧洲）的葡萄酒是以产地命名的。例如，法国的勃艮第红葡萄酒是黑比诺葡萄酒，勃艮第白葡萄酒是霞多丽。有些葡萄酒实际上是由两种或两种以上的葡萄混合酿成的，所以标签上通常指向酿酒时占比最大的葡萄品种。

　　总的来说，红葡萄酒比白葡萄酒更醇厚，味道也更丰满，通常在室温下饮用。红葡萄酒有酒体丰满、芳香宜人的品种，比如赤霞珠和马尔贝克，也有酒体轻盈、果味浓郁的品种，比如黑比诺和博若莱。西拉、歌海娜、梅洛、蒙特普齐亚诺和仙粉黛等品种则介于上述两者之间。白葡萄酒品种繁多，既有干爽浓郁的霞多丽和维欧尼，又有清淡甜美的雷司令，而赛美蓉、密斯卡岱、长相思和灰皮诺（灰比诺）等品种介于以上两者之间。玫瑰红酒既有干的，又有甜的，可以用不同品种的葡萄来酿造。典型的干型玫瑰红酒是法国南部生产出来的，通常是用歌海娜、西拉和慕合怀特等品种的葡萄酿造的。在新大陆可以找到甜型玫瑰红酒，比如加利福尼亚等地酿造的白仙粉黛。

　　我已经介绍过起泡葡萄酒的种类，但我还要谈谈餐末甜酒和强化葡萄酒。餐末甜酒的甜度较高，通常与甜点一起上桌，以补其风味。这类酒一般是白葡萄酒，但也有用红葡萄酒的例子。餐末甜酒通常用晚收且非常成熟的葡萄酿制，人们故意把这些葡萄留在葡萄藤上，等待葡萄中的糖分聚集起来再行采摘。有些酿酒师利用真菌（灰葡萄孢菌）侵染的葡萄来酿酒，真菌侵染使葡萄变干，浓缩了葡萄的糖分和酸。还有一种不同寻常的餐末甜酒称为冰酒，人们将葡萄留在葡萄藤上慢慢皱缩，等到年底第一次大霜冻后才收获，冰酒就是用这种葡萄酿造的。葡萄中的水分遭到冷冻并保留在葡萄中，而糖分、酸和香气变得浓缩起来，因为葡萄在经历压榨阶段时仍处于冷冻状态。（虽然我不常饮用餐末甜酒，不过我有幸品尝过加拿大冰酒，味道棒极了。）在欧洲部分地区，人们把葡萄放在草席上晾干，以便在压榨之前浓缩其味道。

　　除了把控葡萄的成熟程度，还可以提前停止发酵，不让酵母菌把所有的糖分都转化为酒精。强化葡萄酒就是这么酿造出来的，例如波特酒和雪利酒。[1] 为了中断发酵，会在葡萄酒中添加烈酒，通常是葡萄白兰地。这就增加了葡萄酒的酒精含量，同时保留了大量糖分。强化葡萄酒在开封后的保质期长于其他葡萄酒。

---

[1] 值得注意的是，虽然雪利酒和波特酒都是强化葡萄酒，但是它们的酿造方式不同，我在这里就不赘述了。——著者注

烈酒和利口酒

烈酒包括各种酒精含量较高的酒。这类酒通过发酵和蒸馏相结合的方式生产出来，所含的乙醇是从经过发酵的谷物、水果或蔬菜中蒸馏出来的。这样一来，烈酒的含水量较低，酒精浓度却较高。利口酒是经过甜化和调味的烈酒，有时也称甜酒。流行的利口酒包括蛋黄酒、意大利苦杏酒、爱尔兰百利甜酒、金巴利、君度、柑曼怡、卡鲁瓦咖啡酒、柠檬酒和茴香烈酒。烈酒和利口酒在酒精含量上差别很大，但 ABV 通常高于20%。伏特加、威士忌、朗姆酒和杜松子酒的酒精含量为40%至60%，苦艾酒的酒精含量为55%至90%。

烈酒之间的差别正是由其基本成分和生产工艺决定的。威士忌、杜松子酒和伏特加都是以淀粉质碳水化合物（即谷物或土豆）为主要原料的。威士忌通常是用大麦麦芽酿造的，不过有时也用小麦、黑麦或玉米酿造。杜松子酒可以用任何谷物来酿造，然后加入各种药草，尤其是杜松子。伏特加通常用谷物酿造，但也经常用土豆酿制。白兰地、龙舌兰酒和朗姆酒等烈酒则以水果和天然糖分为基础成分。白兰地以水果（最常见的是葡萄）为基础，龙舌兰酒的原料是龙舌兰汁，朗姆酒则是由糖蜜或甘蔗汁酿制的。

烈酒的基本成分得到发酵，接下来便进入蒸馏过程。如前所述，酒精蒸发的温度低于水，这也是使用蒸馏的基本原理。

加热后，乙醇就从烈酒的基础成分（或称为发酵液）中蒸发出来，被收集起来进行冷却。低温使乙醇重新凝结成液体。蒸馏可以在铜质或不锈钢制的罐式蒸馏器（也称为蒸馏釜）中进行，也可以在蒸馏塔中进行，每种蒸馏器都会影响烈酒的风味和口感。罐式蒸馏器是个大壶，用来加热发酵液。乙醇蒸发到冷却管中，冷却管将乙醇转移到另一容器内进行冷凝。用罐式蒸馏器时，随着温度升高，在蒸馏过程的开始、中间和结束时得到的冷凝物所含成分不同。如果使用蒸馏塔，你可以在恒温下多次蒸馏发酵液，得到的产品更纯净、风味更淡以及更均匀（即质地差异较小）。在这种方法中，蒸馏塔分为两组，一组作为蒸馏器；另一组作为冷凝器，其中装有一系列带孔的板。发酵液不断从塔顶注入塔中，而塔下发酵液中的乙醇从沸腾的大壶中升起形成蒸汽。蒸馏塔比较适合大规模生产，而罐式蒸馏器是分批进行工作的，必须定期清理。由于蒸馏塔需要持续运转，运转时涉及多个蒸馏塔，无须清洗就能高效重复蒸馏。威士忌、白兰地、朗姆酒、龙舌兰酒与其他味道较浓郁的烈酒通常是罐式蒸馏器中生产出来的，而杜松子酒、伏特加和白朗姆酒等澄澈的烈酒一般是蒸馏塔中生产出来的。

在蒸馏过程中，被称为同源物的化合物也会随着乙醇蒸发出来，比如单宁酸、酯类、甲醇和其他醇类，这些都是发酵和蒸馏过程中自然生成的物质。这些物质会影响最终产品的味道和口感，有些或许是可取的，另一些则是多余的。蒸馏的诀窍在于使乙醇、理想的同源物和风味化合物达成适当的平衡。精准地控制好温度和时间就能分离出多余的同源物。去除甲醇就是个很好的例子。甲醇是一种危害健康的有毒醇类，幸好这种物质的沸点与乙醇不同，比较容易在蒸馏的过程中被分离出来。蒸馏塔蒸馏时产生的同源物通常少于罐式蒸馏器所产生的同源物。

蒸馏的最终产品通常是无色的，味道有点粗糙，需要经过过滤来纯化，或者放进酒桶中陈酿，让其色泽和风味更加浓郁。杜松子酒、伏特加和白朗姆酒等澄澈的烈酒，再加上部分白兰地和龙舌兰酒，都不经过陈酿，而是通过过滤去除杂质，然后加水稀释以达到所需的酒精含量。过滤过程会影响酒的整体风味和口感。至于杜松子酒等酒精饮品，人们会在蒸馏之前加入香料，比如植物成分。威士忌、大多数朗姆酒和白兰地以及部分龙舌兰酒通常会在木桶中陈酿多年。木桶使酒体醇厚，带来焦糖、香草、橡木、烤面包或单宁等味道。木桶的材质、新旧程度以及之前的陈酿经历都会对酒的味道产生影响。有些酿酒师会选择之前存放过雪利酒或波特酒的木桶来陈酿，以期获得残存的精华。烈酒陈酿的时间越长，酒味就越醇厚复杂。其他因素，比如酒精挥发以及氧化（风味化合物与氧气进行反应，改变了自身性质）也会影响最终产品。

不是法律的错……都是私酿惹的祸

私酿酒有着悠久的历史。在过去好几个世纪里，私酿酒都因逃避税务而被视为非法。事实上，用于个人消费但无许可证的私酿酒在许多国家仍然是非法的。虽然私酿酒还有别的定义，不过现在一般指未陈酿的威士忌。在美国等国家，私酿酒是各酿酒厂精心制作的特殊酒类，有时称作白威士忌（指的是威士忌尚未因陈酿而改变颜色）。在过去，法律严厉打击私酿酒，一方面是出于税收原因，另一方面是因为私酿酒使得劣质酒进入烈酒市场。如今，对生产私酿酒实施严格规定是出于健康方面的考虑。简单地说，有些私酿酒或许是致命的。由于蒸馏过程控制不当，私酿酒中可能含有甲醇。甲醇是有毒的醇类，存在于家用和工业制剂（比如香水和防冻剂）中，可以分解为甲醛和甲酸等毒素。摄入甲醇可能导致一系列非常严重的问题，包括永久性失明、类似帕金森病的疾病、器官衰竭、昏迷以及死亡。事实上，这么多年来，各国报道了数百起家酿烈酒（比如私酿酒）引起的死亡事件。如果没有专业知识，在家私自蒸馏烈酒是一项非常危险的事情，危险系数类似于玩俄罗斯轮盘赌。

鸡尾酒和泡泡甜酒

鸡尾酒是一种受欢迎的酒精饮品，因为这类酒容易入口（通常添加了很多甜味成分），能唤起积极的感受（让人想起聚会和庆祝的画面，而不是某人借酒浇愁的场景），以及让饮酒者看起来十分老练（我在这里想到的是威士忌酸酒或马天尼，而不是"激情海岸"或"矮胖猴"）。鸡尾酒将烈性酒与果汁、苏打、奶油或调味剂等其他成分混合起来。我之前提到过的烈酒（威士忌、杜松子酒、伏特加、白兰地、龙舌兰酒和朗姆酒）是很多鸡尾酒的基酒。鸡尾酒在几个世纪前就被发明出来，后又经过改良，现在被我们了解和喜爱的很多经典鸡尾酒都源于19世纪和20世纪。

《国际酒饮》（*Drinks International*）杂志每年都会发布一份全球最畅销鸡尾酒名单。尽管存在季节性流行趋势，但许多经典鸡尾酒仍然稳居前十。这份是2019年的名单[①]，上面有你喜欢的鸡尾酒吗？[②]

① **古典鸡尾酒**——威士忌或波旁威士忌、安格斯特拉苦酒 [③]、糖浆、橙汁

② **尼克罗尼**——杜松子酒、甜型味美思、金巴利、橙皮

③ **威士忌酸酒**——波旁威士忌、柠檬汁、糖浆、蛋清

---

① *Drinks International*, 'The world's best-selling classic cocktails 2019.' https://drinksint.com/news/fullstory.php?aid/8115/The_World_92s_Best-Selling_Classic_Cocktails_2019.html?current_page=5. ——著者注

② 这些鸡尾酒的成分会因人们的喜好而有所不同，但以下列出的是常用成分。——著者注

③ 你可能听说过安格斯特拉苦酒，但不一定知道它的成分。这种酒含有多种香料、水果与蔬菜（包括一种称为龙胆草的苦味根茎）的提取物，以及酒精，用于平衡酸度和增添饮品风味。——著者注

④ **代基里酒**——白朗姆酒、糖、酸橙汁

⑤ **曼哈顿鸡尾酒**——波旁威士忌、甜型味美思、安格斯特拉苦酒

⑥ **干马天尼**——杜松子酒、干型味美思、柠檬皮或橄榄

⑦ **意式浓缩马天尼**——伏特加、咖啡利口酒、双倍浓缩咖啡

⑧ **玛格丽特**——龙舌兰酒、橙皮甜酒、酸橙汁

⑨ **阿佩罗鸡尾酒**——阿佩罗酒、普洛赛克起泡酒、苏打

⑩ **莫斯科之骡**——伏特加、酸橙汁、姜汁啤酒

最近几年，杜松子酒又大受欢迎，以这种酒调制的鸡尾酒随后风靡起来，可能会对未来几年的鸡尾酒名单产生影响。至少在英国，杜松子酒已经变得非常受欢迎，消费者纷纷寻找添加了特别植物成分的昂贵杜松子酒品牌。自 2009 年以来，杜松子酒的销量增长了两倍，杜松子酒酒厂星罗棋布。

在过去的几十年里，鸡尾酒的受欢迎程度几经起落，往往受到文化因素（比如电影和电视）的影响。古典鸡尾酒最近几年再次流行起来，居于最受欢迎鸡尾酒名单的前列，可能要归功于电视热播剧《广告狂人》(*Mad Men*)中的主角唐·德雷珀(Don Draper)对这种鸡尾酒的喜爱。这部连续剧既时尚又老于世故，鸡尾酒也因在剧中出现而享有同样的声誉。伏特加马天尼也给人同样的感觉，这得多亏著名间谍詹姆斯·邦德(James Bond)爱饮这种鸡尾酒。"大都会"鸡尾酒由于在

《欲望都市》(*Sex and the City*)中频频出现，变成女士们首选的鸡尾酒饮品。20世纪初的好莱坞魅力无穷，也促使某些鸡尾酒走向流行，因为人们希望仿效自己的偶像。布朗克斯鸡尾酒在《要命的瘦子》(*The Thin Man*)中出现，成了20世纪30年代最受欢迎的鸡尾酒之一，法兰西75在《卡萨布兰卡》(*Casablanca*)中出现，继而在20世纪40年代的美国大受欢迎，曼哈顿鸡尾酒在《热情似火》(*Some Like it Hot*)中是用热水瓶来摇匀的，而吉布森鸡尾酒则在《西北偏北》(*North by Northwest*)和《彗星美人》(*All About Eve*)两部电影中出现。

鸡尾酒在过去曾经相当于现在的健康饮品，而现在的人也希望能够把两者混为一谈，捧出所谓的超级饮品鸡尾酒（忍不住翻着白眼叹气）。如今，鸡尾酒界也和健康饮品界一样，在成分上追求古怪的时尚。举个例子，现在人们会把活性炭（你可能在本书中已经听腻了这一名词）添加到一些鸡尾酒中，既是为了生成引人注目的黑色，又是为了让消费者相信这类鸡尾酒饮品是健康的，相信活性炭能够吸收酒精，也能避免宿醉。当然，这些都是胡说八道。人们也会往鸡尾酒中添加其他成分，比如石榴汁、康普茶和椰子汁，带给消费者一种健康的感觉，虽然对那一点绿茶或少量姜黄粉所带来的一丁点益处能抵消酒精对身体的影响的说法，我很怀疑。

要搅匀，不要摇匀吗

关于马天尼鸡尾酒的起源有很多种说法，但大多数都要追溯到 19 世纪的美国，尽管其命名实际上可能与意大利味美思酒制造商有关——他们早在 1863 年就开始使用"马天尼"这个名称了。马天尼鸡尾酒有很多不同种类，可以用杜松子酒或伏特加调制而成，也可以同时用这两种酒调和而成。这类鸡尾酒仍然是最受欢迎的鸡尾酒之一。马天尼鸡尾酒非常经典，甚至每年都有国家马天尼日（National Martini Day），就在 6 月 19 日，你要是想参加就去吧。

马天尼鸡尾酒在 20 世纪五六十年代特别流行，作为詹姆斯·邦德最喜欢的酒而声名鹊起。众所周知，他喜欢"摇匀，而不是搅匀"的马天尼，但有些人质疑这种调酒方式。摇晃似乎会让鸡尾酒产生一些不尽如人意的品质。首先，摇晃会让冰融化得更快，容易稀释鸡尾酒；其次，酒体会变得混浊；最后，酒精显然在某种程度上会因摇晃而"受伤"，酒的味道因而受到影响。据说摇晃鸡尾酒的主要目的是让冰与酒充分接触，让酒更快冷却下来。有趣的是，一项 1999 年发表在《英国医学杂志》上半带玩笑性质的研究就是关于摇匀与搅匀马天尼的，研究发现，摇匀的马天尼的抗氧化物质含量更高，遂得出结论说 007 良好的健康状况可能部分归功于调酒师的配合。实际上，马天尼鸡尾酒通常是搅匀而不是摇匀的。

▷ **泡泡甜酒**

有些泡泡甜酒（alcopop）改变了年轻人的饮酒习惯。alcopop 是个非正式的英国名词（是酒精和汽水的混合词），指的是类似碳酸软饮的预制饮品，但是含有酒精。泡泡甜酒在 20 世纪 90 年代中期到 21 世纪初风靡一时。这种酒具有视觉吸引力，容易入口，方便预先调和，能够直接从瓶中饮用。泡泡甜酒的酒精含量与啤酒相似，为 3% 至 7%，此外，还含有大量糖分。泡泡甜酒中的酒精来源很广，包括伏特加、朗姆酒、荷兰杜松子酒、威士忌和啤酒。然后通常与碳酸水、糖分或甜味剂、酸味剂、调味剂、色素和防腐剂混合制成。要找出各种泡泡甜酒的具体成分比较困难，因为酒精饮品不需要像其他食品那样列出成分和营养物质。

泡泡甜酒色彩鲜艳，包装精美，甜美可口，又不大尝得出酒味。活动家强调了泡泡甜酒对儿童的吸引力，以及这种酒可能诱使未成年人饮酒，于是泡泡甜酒的受欢迎程度就有所下降。随着泡泡甜酒的形象低龄化，许多人不愿意选择这种酒，转而寻求能让人看起来更为老练的酒精饮品。这类想法影响了消费者习惯，再加上政府增加对泡泡甜酒的税收，使得这类酒慢慢退出市场。虽然市面上仍可购买到某些泡泡甜酒，但与其鼎盛时期相比，泡泡甜酒的市场已经大幅缩水了。

调酒配料

　　调酒配料本身不含酒精，添加到酒中通常是为了让酒更容易入口。调酒配料一般是软饮，由于我在前文已经讨论过这一饮品类别，在这里就不详细介绍了。最热门的调酒配料包括果汁、苏打水、奎宁水、姜汁汽水、苦柠水、柠檬汁和可乐等甜味饮品。饮品中加入这些调酒配料会改变原有的营养成分，可能会影响酒精饮品中的化合物与身体的相互作用。有些调酒配料，特别是奎宁水和苦柠水，含有一种称为奎宁的物质。奎宁来自热带国家金鸡纳树的树皮，几个世纪以来一直用于制药，尤其是治疗疟疾，那为什么最后它会出现在软饮中呢？奎宁有种独特的苦味，话说 19 世纪中叶，英国军队驻扎在印度殖民地，军官们把奎宁药与苏打水和糖混合起来，使之更易入口，"奎宁水"因此诞生。人们很快又在奎宁水中加入杜松子酒来进一步改善口味。苦涩的奎宁水重新平衡了酒中的甜味成分，这种组合起来的风味大受欢迎……余下便是历史了。奎宁会引起一些恼人的副作用，比如头痛、发烧、胃部不适以及耳鸣，不过现在的调酒配料中奎宁含量非常低，不太可能造成问题，这真是谢天谢地。苦柠水也是一种奎宁水，添加了奎宁和柠檬汁。

酒精与健康

可以肯定地说，饮酒过多对身体不好。酒精影响身体的各个部位，从大脑和神经系统、肝脏和肺部，到心脏、眼睛、口腔和皮肤，以及其他的方方面面。酒精迅速从口腔进入胃部，然后通过血液进入各个器官。酒精到达胃部几分钟内就会被吸收到血液中，血液中的酒精含量在之后 45 分钟至 90 分钟内达到峰值。血液中的酒精含量过高会引发中毒，所以人体需要分解酒精并迅速将其排出体外。酒精可以通过几种途径进行分解，其中最常见的那种涉及乙醇脱氢酶（ADH）和乙醛脱氢酶（ALDH）。这些酶能够分解酒精分子，让酒精更容易被人体处理掉。首先，ADH 在肝脏内把大多数酒精转化为乙醛，乙醛是一种会造成伤害的有毒副产品，不过这种情况不会持续太久，因为乙醛会被 ALDH 迅速代谢，形成另一种毒性较小的化合物，即醋酸酯。醋酸酯最后分解为二氧化碳和水，然后被排出体外。酒精的代谢也会发生于肝脏之外，包括胰腺、大脑和胃肠道，可能让组织和细胞受到乙醛的伤害。

人体每小时只能分解一定量的酒精，具体的量因人而异，有些人更容易受到酒精的影响。酒精代谢方式的个体差异是由遗传因素和环境因素共同控制的，这意味着有些人更容易因饮酒而受到伤害。例如，人们所携带的 ADH 和 ALDH 有不同的变体，这些变体的工作效率可能较高或较低，如果你体内的 ADH

效率较高或 ALDH 效率较低，或者两种情况兼而有之，就会导致乙醛积累起来，人体所接触到的这类有毒代谢物增多，受到伤害的风险就会加大。影响人体处理酒精的其他因素包括肝脏大小、体重以及其他遗传因素。

酒精无疑会对身体产生急性或慢性影响。我们大多数人都很熟悉过度饮酒对健康的长期危害，比如肝病、胰腺炎、中风、癌症、不育症、阳痿、精神问题和痴呆症，不过我们还是关注一下适度饮酒的潜在影响和短期副作用吧。饮酒与约 60 种疾病有关联，所谓的关联并不仅仅指在酗酒的情况下，适度饮酒也会增加健康风险。

多年来，人们一直认为经常少量饮酒比完全戒酒更健康。有些研究表明，少量饮酒可能有维持心脏健康以及缓解糖尿病的作用，但这些发现复杂难懂，其他研究要么没有发现这样的益处，要么得出结论说饮酒的危害大于任何潜在益处。换句话说，即便能够证明饮酒会带来些许益处，但无论饮酒多少，总归会造成各种潜在危害，所以从整体上看，最终累积的影响是负面的。科学家还发现，少量饮酒不太可能延年益寿。涉及大量研究的综述所得出的结论是，与戒酒或偶尔饮酒相比，经常少量饮酒并没有降低死亡率。此外，一项 2018 年发表在《柳叶刀》上的重大研究考究了 694 条涉及酒精摄入的数据以及 592 项关于饮酒风险的研究，得出的结论是没有所谓的安全饮酒量。至少有一位专家对这个结论存有些许异议，他认为研究全球的饮酒情况和健康风险是具有误导性的，因为这项重大研究考虑的很多因素以及疾病在英美等国并不常见。这就意味着该研究可能高估了酒精在健康水平较高的社会中的危害。尽管如此，还是有大量证据表明，饮酒量无论是多少，都会增加罹患某些癌症的风险，比如乳腺癌和食道癌，也会引起认知能力下降和其他健康危害。科学观点也在转变，不再提倡经常适度饮酒，因为有证据表明，即便是少量饮酒，总体看来也缺乏益处，甚至可能带来危害。

好吧，我们或许不应该每天饮酒，不过要是真想饮酒，酒精饮品里有没有比较健康的种类呢？我之前所提到的大部分内容都是大型研究的结果，这些研究考虑的是整体的酒精消费，那么具体到不同种类的酒精饮品呢？不同的酒精饮品对健康的影响是否有所不同？关于评估饮酒影响的研究通常涉及很多酒精饮品，但这并不能很好地反映出人们实际消费酒精的方式，例如，很多饮酒者经常饮用的不过就是那一两种类型。饮葡萄酒的人是否与饮伏特加或啤酒的人面临同样的风险呢？一天一杯葡萄酒对身体有好处，不是吗？毕竟这句格言不可能毫无依据。为了弄清楚这一问题，我们需要知道在葡萄酒和其他酒精饮品中，除酒精外还有哪些成分能够在生理上产生有益或有害的影响。

▷ **葡萄酒**

人们认为葡萄酒在经常少量饮用的情况下是一种健康饮品。

不少观察性研究发现，经常饮用葡萄酒（特别是红葡萄酒）的人似乎不容易患心血管疾病。然而，这些研究并非没有问题，其中大多数没有对因果关系进行证明，研究还在继续进行，以确定葡萄酒是否真能对心脏起保护作用，如果能，需要确定起作用的方式。葡萄酒的成分明显是个不错的出发点，这类酒含有哪些能发挥正面影响的成分呢？

我们感兴趣的主要是多酚，多酚来自酿酒用的葡萄皮（红葡萄酒中的多酚含量远远高于白葡萄酒，这是因为后者与葡萄皮接触的时间不长）。多酚这种抗氧化剂具有一系列有益的特性（想知道更多内容，请翻阅本书关于茶叶的部分）。尽管多酚进入人体后的生物有效性不高，但是人体吸收的那一丁点多酚仍会发挥出有益的生物效应。人们正在研究黄酮类化合物（一种多酚）对心脏健康的影响，特别是槲皮素（一种黄酮类化合物），据发现，槲皮素具有显著的抗氧化特性。葡萄酒中还有另一种多酚，那便是登上头条新闻的白藜芦醇。实验室研究发现，这种化合物能够发挥多种生物效应，比如抗炎、抗氧化以及抗癌。虽然白藜芦醇有此潜在特性，但实验室研究所使用的剂量远远高于饮用葡萄酒或食用葡萄所能获得的量，临床实验也尚未证明这种多酚对人体有益。尽管对葡萄酒中的各种化合物做出了调查，对饮酒习惯与健康也进行了观察性研究，但目前研究人员只在老年妇女（55 岁以上）身上证实了葡萄酒对心脏健康具有重大益处，而且摄入量为每周仅 5 个单位的葡萄酒，相当于大约两个标准杯（每标准杯为 175 毫升）的葡萄酒。所以，这和日常摄入的量还是有所不同的。

▷ **啤酒**

　　啤酒呢？对人体有好处吗？关于啤酒对健康潜在益处的研究却不多。啤酒也含有多酚，虽然含量不及葡萄酒，但也可能产生积极的作用。啤酒花本身被草药医生用来治疗失眠和焦虑，但目前没有研究可以证明啤酒花给啤酒饮用者带来了有利的健康影响。有项研究发现，男性啤酒饮用者的骨密度有所增加，但是支持这一结果的研究中出现了异常现象，这种效应并非在每个人身上都能看到。目前尚不清楚究竟是啤酒本身，还是饮食和生活方式的其他方面造成了这种影响。许多临床医生和研究人员一致认为，少量或适量饮用啤酒可以降低罹患心血管疾病的风险，但是这项研究是由意大利啤酒和麦芽产业协会（Italian Association of the Beer and Malt Industries）资助的，其中几位专家宣称在为该协会或其他与酒精饮品相关的机构工作时存在利益冲突，也就是说，他们的立场并不是完全客观的。目前，啤酒是否健康的问题尚未定论，不过啤酒中有数百种化合物，很多都在实验室研究中显示出对健康具有积极影响的前景，时间终会揭晓这种流行饮品对普通消费者都有哪些显著的益处（除了已经推断出来的关联）。

▷ **其他酒精饮品**

　　关于其他酒精饮品健康影响的研究更少。陈酿的烈酒，如威士忌和干邑，有具抗氧化作用的多酚——这些多酚似乎属于木材老化的产物。虽然检测到了多酚，但是我们仍然不知道消费者能否受到影响以及会受到何种影响。澄澈的烈酒所含的同源物少于其他酒精饮品，而且被认为不太可能引起宿醉（我稍后就会谈到这个问题）。有些人认为，杜松子酒能带来健康益处，比如抗感染、缓解水分潴留和改善循环，这是由于酒中含有杜松子的成分，不过目前没有强有力的科学研究可以支持这些说法。没错，据发现，杜松子本身具有健康特性，但是我们不禁要问：杜松子中有多少活性成分能够进入杜松子酒里呢？要饮多少杜松子酒才能获得这些益处？一份杜松子酒中含有多少有益成分？这些有益化合物在人体中具有生物有效性吗？我们还要解答很多这样的问题，才能准确宣告杜松子酒是健康的（虽然很多关于健康生活方式的网站和出版物现在就给出了这样的说法）。

▷ **酒精以外的其他成分**

　　能够证明各种酒精饮品带来显著益处的证据还有待确认，但酒精饮品之间的营养差异或许能帮助我们评估哪些酒类的危害较小。例如，不同酒精饮品的热量差别很大。下面是一些例子：

- 1 标准杯（175 毫升）ABV 为 12% 的葡萄酒——126 焦耳

- 1 品脱 ABV 为 5% 的啤酒——215 焦耳

- 1 品脱 ABV 为 4.5% 的苹果酒——277 焦耳

- 1 标准瓶（330 毫升）ABV 为 5% 的泡泡甜酒——237 焦耳

- 一份（25 毫升）ABV 为 40% 的烈酒——61 焦耳

如果你想控制热量摄入，那么知道酒精饮品的热量或许能帮助你进行选择。虽然酒精饮品中的营养成分并不多，但营养构成还是略有不同。例如，红葡萄酒的含糖量很低（100 毫升约含 0.2 克糖），不过啤酒（100 毫升 ABV 小于 4% 的苦啤酒含 2.2 克糖）、中度白葡萄酒（100 毫升 ABV 为 8% 至 13% 的白葡萄酒约含 3 克糖）和甜型苹果酒（100 毫升 ABV 为 3.5% 至 5% 的苹果酒含 4.3 克糖）的含糖量较高。维生素和矿物质的含量也有所不同，比如红葡萄酒中的钾含量是苦啤酒的 3 倍有余。当然，有些酒精饮品是混合制成的，比如香蒂酒、鸡尾酒和朗姆可乐，这会影响酒的营养成分和潜在有益化合物的含量。

并非人人都会出现这种症状，也没有人知道确切原因，但有些人就是会遭罪。我说的当然是宿醉。宿醉通常被定义为过度饮酒对身体和精神造成的后果。你可能会想起一些常见的症状，比如头痛、恶心、脱水、疲劳、虚弱、头晕、颤抖以及对光和声音敏感。尽管宿醉发生的频率很高，而且常常对人们的生活产生重大影响，但实际上很少有人去研究宿醉的成因以及如何预防和治疗宿醉的症状。

　　研究者调查了一系列因素，探究这些因素是否与较严重的宿醉症状有关，想要借此揭开宿醉背后的病理学原因。他们已经分析了各种激素、电解质、游离脂肪酸、甘油三酯、乳酸、酮体、皮质醇、葡萄糖以及脱水标志物，但目前尚未发现这些物质与宿醉的严重程度有任何显著关联。免疫因子和酒精代谢的差异可能会起到一定作用，但仍需更多的研究来探索潜在的联系。其他一些潜在原因，比如睡眠不足和吸烟，可能遭到忽视，但也被认为可能加重宿醉症状。

　　网络上充斥着各种奇妙的宿醉疗法，从香蕉、生鸡蛋和宝力加泡腾片 [1] 到热水澡、卷心菜和冰袋（不是一下子就能搞定的！），不过遗憾的是，这些疗法背后都没有令人信服的科学证据。我们都很熟悉常见的宿醉治疗方法，但这些都是为了缓解特定症状而不是针对宿醉本身的。比如，饮水可以缓解脱水，止痛药能治疗头痛，吃含糖食物能缓解虚弱和颤抖，清淡的淀粉类食物可以提供能量来改善胃部不适。没有灵丹妙药可以治疗所有症状，但有些人也许能找到特殊方法来缓解自己的症状。[2] 研究人员仍在这一领域进行探索，总有一天有人会找到答案（找到答案的人会因此身价暴涨）。在我们真正了解宿醉背

---

[1]　一种含有多种维生素的产品。——著者注
[2]　他们随后也许会敦促其他人采取这些方法，若他们把这些方法当作某种"疗法"加以推广就尤其让人恼火了。某种方法对某个人有效，不代表对所有人都有效。——著者注

后的病理之前，要想找到一种无所不包且万无一失的宿醉疗法，大家还有很长的路要走。目前防止宿醉的最佳方式首先就是不要过度饮酒，其他能够减低酒精影响的做法包括在饮酒时多喝水，确保胃里有食物可以减缓酒精的吸收速度，以及睡前饮水。但是不能保证这些做法都有效果。

　　不会宿醉似乎是件好事，但这也许没有听起来那么好。宿醉有点像反馈机制，让你的身体知道过量饮酒是不好的，也就是说，宿醉能在你以后饮酒时起到一定的威慑作用。但是如果没有体验过短期酒精过量（宿醉）带来的痛苦，有些人可能会饮更多酒。一些研究人员指出，过量饮酒可能会让特定个体产生酒精使用障碍（alcohol use disorder）。其他科学家则证明了这个问题要复杂得多，个人对宿醉的敏感程度实际上与产生酒精使用障碍的风险没有这样的关联。

宿醉还得酒来解

　　这是说，为了缓解宿醉的影响，你还得接着饮酒。英语中把解宿醉的酒称为 "hair of the dog"，字面意思为 "狗毛"。根据《牛津英语词典》（*The Oxford English Dictionary*），"hair of the dog" 这个表达源于一个较长的短语，即 "a hair of the dog that bites you"，意为 "咬你的狗身上的狗毛"。这一短语来自一种古老的观念：如果有人被一条患狂犬病的狗咬伤，那么他可以通过服用药物来治愈，药物里需要含有这条狗的狗毛。

　　不过饮酒是否有助于消除宿醉呢？简而言之，没这回事。

饮酒可能通过推迟酒精的戒断反应让你暂时感觉好些，但宿醉是不可避免的，只是推迟了而已，你真正需要的是让身体从酒精的影响中恢复过来。（如果你的好奇心很重，我可以告诉你，服用疯狗的狗毛也是无效的。）

除了酒精，酒精饮品中的其他次要成分和副产品也常常被认为是导致宿醉和其他不良反应的原因。但是证据呢？酒精饮品还与一系列短期过敏反应有关，包括鼻炎、瘙痒、面部浮肿、头痛、咳嗽和哮喘。不同的症状可能与不同的酒有关，比如头痛和偏头痛与红葡萄酒有关，而胃灼热与啤酒有关。虽然原因仍然有待完全查明，但同源物至少算是原因之一。尽管酒精是导致宿醉的主要原因，也是酒精饮品带来其他消极短期副作用的主要原因，但是研究显示，同源物的潜在毒性也发挥了作用，虽然同源物的含量不高。这类次要的化合物是在发酵或蒸馏时生成的，在各类酒精饮品中的含量不尽相同。有些研究发现，富含同源物的酒（比如波旁威士忌）比同源物含量较低的酒（比如伏特加）更容易引起宿醉。其他研究人员对此提出了异议，他们认为同源物本身不会导致宿醉，但是可能加重宿醉。

用于酒类（比如葡萄酒、苹果酒和啤酒）酿造的澄清剂有时也会成为危害健康的罪魁祸首。很多澄清剂是从已知的过敏原中提取出来的，比如鱼、鸡蛋和牛奶，这些显然会给过敏人士带来风险。有些人是高度过敏体质，他们也许知道自己应该避免摄入哪些食物和饮品，但很多对这些成分有不良反应的人可能没意识到酒精饮品会造成问题。这就可能造成大问题，因为不是所有的酒标都会写清楚产品可能存在的过敏原。不过有些研究发现，酒中残存的澄清剂不多，消费者所接触到的很少，因为在酿酒过程中大多数澄清剂都会被过滤出去，不太可能对大多数人构成重大风险。

有些酒是用谷物生产出来的，就那些对谷蛋白不耐受或过敏的人而言，酒中的谷蛋白可能造成问题。这里主要指的是啤酒，因为在蒸馏过程中烈酒的谷蛋白会被去掉，比如制作麦芽威士忌时，大麦中的谷蛋白会被去掉。有些制造商现在生产出了专门的啤酒，试图避免谷蛋白过敏问题。市面上出现的"无麸质啤酒"是用天然不含谷蛋白的原料（比如大米、玉米、小米或高粱）生产出来的，而"去麸质啤酒"则是用传统原料酿造出来再去掉谷蛋白。无麸质啤酒更常见些。

有些人将饮酒带来的不良症状归咎于亚硫酸盐，亚硫酸盐是酒精饮品中常见的防腐剂，用来防止变质，延长保质期以及减少多余的味道、颜色或香味。虽然对少数人来说，亚硫酸盐容易引起呼吸疾病，比如哮喘，但是没有确凿的证据可以证明亚硫酸盐会导致头痛和其他明显症状。问题在于，酒精饮品中的亚硫酸盐含量通常很低，可能远远低于你所摄入的其他食物，所以不太可能是引起大多数人不良反应的罪魁祸首。有机葡萄酒被标榜为不含亚硫酸盐（或者亚硫酸盐含量很低），因此就那些对葡萄酒过敏的人来说是不错的选择。然而，由于并无有力的证据能够表明亚硫酸盐与头痛或其他症状有关，有机葡萄酒的实际意义并不大。

亚硫酸盐对大多数人来说似乎是无害的，但酒中的组胺却会为某些人带来健康问题，最常见的是打喷嚏和流鼻涕，有时还会引起胃痛、气喘和头痛。事实上，组胺是发酵的副产物，可能具有致命毒性，而组胺的来源并不只有酒精饮品。酒精饮品通常富含组胺，尽管不同类型酒精饮品的组胺含量差别很大（比如红葡萄酒的组胺含量高于白葡萄酒，但香槟的组胺含量也很高）。此外，针对那些酒精不耐受的人所做的小型实验发现，酒精饮品的组胺含量与酒精不耐受的程度之间没有直接联系。所以这到底是怎么回事？研究人员指出，对酒精过敏的人还可能对其他含有组胺的食品过敏，比如奶酪、加工肉制品、菠菜、西红柿、草莓和柑橘类水果。组胺存在于许多食物中，例如，人们可能在白天时接触到组胺（组胺就在人体内累积起来），到了晚上才饮酒，但是后续的不良反应却被归咎于酒精饮品。各大酒类生产商正在改进生产方式，努力降低酒中亚硫酸盐和组胺的含量。让我们拭目以待，看看他们的产品能否不那么容易引起所谓的不良反应。

下次如果有人跟你说喝红葡萄酒会引起头痛，那很可能是饮酒过量造成的。红葡萄酒的酒精含量高于白葡萄酒，建议酒精过敏的人少饮红葡萄酒，因为会引起不良影响。红葡萄酒的组胺含量也高于很多其他酒精饮品，如果你还对其他食物过敏，那就要小心红葡萄酒。还有一点我没有进行深入探讨（因为这些大多属于同源物），那便是红葡萄酒中含有较多单宁酸，而有些人将头痛归咎于单宁酸。有种说法认为单宁酸与对红葡萄酒过敏有关，但这不太可能，毕竟没有多少对红葡萄酒过敏的人说自己无法饮用浓茶，而浓茶也富含单宁酸。

最后要说的是，长期以来有一种观点认为，不能把"葡萄和谷物"（即不同类型的酒精饮品）混合饮用，否则会导致严重的宿醉。目前没有科学证据证实此观点。研究人员质疑，如果人们把酒混合起来饮用，很可能会低估自己的饮酒量，次日早晨的宿醉更可能是摄入过量的酒精引起的。

你感到恐惧吗

你可能会觉得难以置信（或者你可能与此有关），但有些人就是患有与酒精相关的恐惧症。对部分人来说，这些恐惧是莫名其妙的，但对患者来说，酒精会导致焦虑和恐慌，严重影响到他们的日常生活和人际关系。

酒精恐惧症在英文中写成"methyphobia"或"potophobia"（"methy"在希腊语中是"酒精"的意思，而"poto"在拉丁语中意为"饮酒"），意为"对酒精的恐惧"，患者会避免饮酒以及远离饮酒者。这通常是因为害怕酒精的生理影响。饮酒恐惧症（英文为"dipsophobia"，源自希腊语，"dipso"意为"口渴"）指害怕饮酒，这类患者往往避免参加社交聚会和饮酒的场合。啤酒恐惧症（英文为"zythophobia"，"zythos"是希腊语中的"啤酒"）指对啤酒的恐惧。啤酒恐惧症可能是因为害怕啤酒中所含酒精的影响，也可能是因为认为啤酒含有活酵母，可能让人体产生寄生虫。恐酒症指对葡萄酒的恐惧（恐酒症的英文为"oenophobia"，源自"oenos"，是希腊语中的"葡萄酒"），患者会避免饮用葡萄酒，甚至回避饮葡萄酒的人，以防在葡萄酒的影响下出现不愉快的行为。

餐后酒

营销的力量（消费者是如何遭到蛊惑的）

现在你已经知道饮品背后的真正含义，知道有些饮品的营养价值存在疑问或毫无可取之处，那么是什么推动我们去购买饮品的呢？当然，这是因为有时我们不想再喝水，或者需要功能较强大的液态补充物，但另一重要因素在于饮品背后强有力的营销机制。饮品行业规模庞大且资金充裕，还极具影响力，可以花钱让我们消费更多他们的产品。

想要赶上潮流，我们的饮品就必须看起来像日常生活必备的配饰。比如，名人被抓拍到手里拿着早安咖啡朝静候自己的汽车走去，或在离开健身房时被拍到拿着运动饮料。名人代言会产生巨大影响。请名人代言是获得信誉和品牌认可最简单和快速的方式之一。消费者看到自己所崇拜的名人与特定品牌或产品有关联时，就会直接或在潜意识的驱使下购买该产品。有些研究做了估算，在宣布名人签字代言后，产品销量可能在很短的时间内平均增长 4%。这时签约的名人甚至还没开始代言呢。

　　制造商不会随意选择哪位名人来代言产品，他们会找那些能够吸引目标消费群体的名人，或者可以展现产品形象的人，又或者能兼顾这两方面的人。例如，一项 2016 年发表在《小儿科》（*Pediatrics*）期刊上的研究表明，受青少年欢迎的音乐人更容易拿下软饮广告，这些软饮（比如可乐和能量饮料）往往能量高但营养低，而青少年是这类饮品的主要消费群体。很多所谓的运动饮料是由知名运动员代言的，健康饮品的代言人是以健康生活方式闻名的名人，至少他们看起来精力充沛、身体健康。新颖的产品添加了特殊成分或宣称很健康，想要开创一种新趋势，就会找具有社会影响力的人或引领潮流的前卫人士来当代言人。代言人传达的信息很简单：如果你饮用 ××× 产品，你也可以变得漂亮 [例如米拉·库妮丝（Mila Kunis）与占边波本威士忌（Jim Beam bourbon），大卫·贝克汉姆（David Beckham）与翰格蓝爵威士忌（Haig Club whisky）]，变得强壮 [比如阿诺德·施瓦辛格（Arnold Schwarzenegger）与阿诺德铁质乳清蛋白饮品（Arnold Iron Whey protein drink）]，变得很酷［比如裘德·洛（Jude Law）与尊尼获加威士忌（Johnnie Walker whisky）］，变得老练［比如乔治·克鲁尼（George Clooney）与奈斯派索咖啡（Nespresso coffee），罗杰·费德勒（Roger Federer）与优瑞（Jura）咖啡机］，以及变得时尚［比如泰勒·斯威夫特（Taylor Swift）与健怡可乐（Diet Coke）］，等等。名人为产品宣传和代言，会让消费者认为这些饮品作用显著，经过了实验和检测，而且能达到所宣传的效果。但是归根结底，名人代言广告是为了赚钱和增加曝光度，而不是为了保证消费者的健康。

从高尔夫球手泰格·伍兹（Tiger Woods）与佳得乐（Gatorade，一款美国流行运动饮料），到足球运动员加雷斯·贝尔（Gareth Bale）与葡萄适（Lucozade Sport），到流行音乐界名人［碧昂斯（Beyoncé）、布兰妮·斯皮尔斯（Britney Spears）、"黑眼豆豆"团长威廉姆（will.i.am）和贾斯汀·汀布莱克（Justin Timberlake）］与百事可乐，名人代言软饮的案例不计其数。赞助商还会通过赞助整个团队和赛事来吸引更多消费者（参考红牛与一级方程式赛车）。饮品行业有能力花大价钱让知名品牌帮忙推广饮品，所得的回报也非常丰厚，知名品牌广大的粉丝群也成了饮品重要的市场，代言转化为饮品销售量，饮品行业最终会从消费者那里获得品牌忠诚度。但这一切靠的不仅仅是名人代言。很多名人都在自己推销的饮品上投入了巨资。这也不是偶然发生的单个案例，通常是由好莱坞"品牌之父"罗翰·奥扎（Rohan Oza）等人进行定向配对，奥扎专门致力于商业品牌与一线明星个人品牌的对接。

流行偶像麦当娜（Madonna）以不老闻名，她热衷于练瑜伽和调理健康，在推广维他可可椰子水（Vita Coco coconut water）时非常积极。但之后她便和戴米·摩尔（Demi Moore）以及马修·麦康纳（Matthew McConaughey）等其他一线明星一起投资了这个品牌。另一流行偶像蕾哈娜（Rihanna）是影响年轻人的重要人物，她也是维他可可的代言人。所有代言都为产品价值带来了高额附加值，代言价值达数百万美元。美国一款名为"Bodyarmor"的运动饮料获得了篮球界传奇人物科比·布莱恩（Kobe Bryant）的投资，这使得它的价值飙升。随后，很多其他体育明星纷纷为这款饮料代言。这些明星拥有数百万粉丝，可以想见他们对饮用习惯的共同影响是多么巨大。珍妮弗·安妮斯顿（Jennifer Aniston）是另一位著名的软饮投资人，她支持的是"SmartWater"。这位青春常驻的一线明星以热爱健康生活闻名，多年来一直是该公司的投资人，为"SmartWater"的营销搭建起了巨大的平台，吸引了形形色色的消费者。说唱歌手"50美分"为维他命水做了几次商业代言，没有拿薪水，而是拿了该公司的股份。维他命水甚至以他的名字命名了一款饮品，即"Formula 50"。"50美分"的粉丝群既庞大且年轻，对维他命水来说是诱人的目标群体，他在出售该公司的股份之后很长一段时间里，仍与该饮品联系在一起，这种情况或许于双方都有利。

这些年来，越来越多的名人甚至拥有了自己的饮料品牌，比如乔治·克鲁尼创办的龙舌兰酒品牌"Casamigos"，饶舌歌手杰斯（Jay Z）的香槟品牌黑桃 A（Armand de Brignac champagne），丹·阿克罗伊德（Dan Ackroyd）的水晶头伏特加（Crystal Head vodka），以及许多知名人士以自己名字命名的葡萄酒，比如麦当娜、德鲁·巴里摩尔（Drew Barrymore）、格雷厄姆·诺顿（Graham Norton），以及伊恩·博瑟姆爵士（Sir Ian Botham）。凯尔西·格拉默（Kelsey Grammer）有自己的酿酒厂，斯汀（Sting）拥有葡萄酒庄园。泰勒·斯威夫特甚至在她田纳西州的唱片公司推出了自己的伏特加"Big Machine Platinum Filtered Premium vodka"。斯威夫特这一举动很冒险，因为这款饮品通过借用该公司唱片册上名人的影响，迅速变得声名远播，但是这些名人却没有正式代言该饮品。

没那么单纯

除了名人，饮品行业本身也在努力影响我们对其产品的看法。饮品行业的巨头经常让人想到不太健康的饮品，比如含糖软饮，为了使自己的市场多样化，他们越来越多地生产出那些能够吸引看重健康的消费者的饮品。问题在于，这些品牌的经典产品太过知名，比如百事可乐和可口可乐，所以他们的健康产品需要独立的形象，才不容易令人联想到那些不太健康的产品，进而避免消费者的质疑。这可能意味着，人们或许不知道产品拥有者的真实身份。比如，让人想不到的是，冰沙巨头"Innocent"虽然以宣传"天然、美味、健康且能够延年益寿的饮品"[①]和构建友好的品牌而闻名，但这一品牌的所有者却是可口可乐（其最出名产品是甜味汽水饮品）。可口可乐公司拥有约500个品牌，比如玫瑰青柠浓缩果汁（Rose's Lime Juice Cordial）、诚实咖啡（Honest Coffee）、阿比韦尔（Abbey Well）山泉水和达萨尼瓶装水（Dasani bottled waters）。其他在健康方面不太占优势的公司同样在市场上拥有别的健康品牌，只不过你可能没意识到而已，比如玛氏（以巧克力产品闻名）拥有奥特咖啡烘焙机（Alterra Coffee Roasters），百事可乐还生产阿夸菲纳瓶装水（Aquafina water）。可口可乐和百事可乐控制着全球非酒精饮品产业约60%的份额，但由于面临来自健康饮品制造商日益激烈的竞争，他们一直在研发可替代自家产品的饮品，或者收购规模较小的公司。

为了让你了解一下这些公司有多强大，我将给出一些数据。可口可乐公司旗下的17个品牌，每一品牌的年均收入约为10亿美元。可口可乐在广告上耗费巨资，2017年估计约为39.6亿美元，超过了其主要竞争对手百事可乐和胡椒博士（Dr

---

[①] Innocent's tagline. Innocent, 'Hello, we're innocent.' https://www.innocent-drinks.co.uk/us/our-story. ——著者注

Pepper）。随着很多发达国家的人们对传统苏打水的热衷程度下降，可口可乐和百事可乐等公司现在开始在低收入国家进行投资。低收入国家在管理儿童广告方面往往没那么严格，而且面临着许多其他重要的公共卫生优先事项，没有那么多时间和注意力，只能以后再完善含糖食品的相关规定。

饮品行业不只有市场营销，还涉及政治游说以及资助研究。这一行业确保自身利益能够体现在最高层次的决策上。软饮制造商强烈反对英国征收糖税的计划，警告说这不是降低肥胖水平的解决方案。美国饮品协会（American Beverage Association）在旧金山创建了"平价城市联盟"（Coalition for an Affordable City），据说是个旨在改善当地问题的社区组织，但其实只会游说人们反对新的碳酸饮品税。ABC新闻夜线（ABC News Nightline）的一项调查发现，"平价城市联盟"通过招募和收买的方式来安排抗议者抗议，当地企业虽然被列为抗议活动的支持者，但对所谓的"参与"一无所知。[1]

可口可乐等软饮公司一直资助自己创立的研究机构，比如饮品健康研究所（Beverage Institute for Health and Wellness）和欧洲水合研究所（European Hydration Institute），还资助其他研究项目，为的是提供证据说明其饮品的益处，否认其饮品具

---

[1] 如果你感兴趣，可以看看"ABC新闻夜线"的报道：ABC News, 'When grassroots protest rallies have corporate sponsors.' https://abcnews.go.com/Nightline/video/grassroots-protest-rallies-corporate-sponsors-26671038。——著者注

有危害性，宣传减少软饮消费以外的其他方式才是改善健康状况的有效策略。他们似乎把重点转移到锻炼身体上，而不管热量和糖的摄入问题。很多在这一领域发表文章的研究人员可能会因为利益冲突（即他们与饮品行业的联系）而进行妥协［想了解更多内容，请翻阅第 4 章"冷饮（不含酒精）"中的"运动饮料是什么"一节］。根据一份 2017 年发表在《英国医学杂志》上的调查，有证据表明软饮制造商暗中影响新闻工作者，让后者觉得在解决肥胖问题上，缺乏锻炼比糖分摄入更严重，以此争取媒体的正面报道。这一招很管用。而这一切仅靠在公众心中建立起合理的怀疑意识就已足够。

英国的酒业也采取了类似的行动，公布其对酒精饮品最低限价的看法。虽然酒精饮品最低限价已经成为苏格兰的一项政策，但酒业［尤其是苏格兰威士忌协会（The Scottish Whisky Association）］诉诸最高法院，希望可以推翻这项政策。有消息称，酒业代表与英格兰政府高级官员进行了多次会晤，之后推行酒精饮品最低限价的计划便取消了，健康专家称此举"令人震惊"。有证据可以表明，酒精饮品最低限价每年能够挽救数百人的性命以及防止数万起犯罪事件，但这一政策的逆转却罔顾了这些证据。许多人认为，英格兰政府将商业利益置于公共健康之上。根据《英国医学杂志》的一项调查，酒业还使用了类似的策略来影响欧洲的酒类政策。酒精饮品最低限价的问题很复杂，无论是支持还是反对，争论都很多，但酒业的做法却引起了人们的担忧。

人们发现，酒业代表与公职人员、大臣和国会议员有极多的接触，并投入大量资源来促进与政府的联系。伦敦卫生与热带医学院（London School of Hygiene and Tropical Medicine）和约克大学（University of York）合作的一篇研究性文章着眼于酒业对英国酒类政策的影响，发现有证据表明，酒业试图为政策制定者拟定问题和制定议程，从而影响政策制定者的决定。根据这项研究，酒业反复强调酒精饮品给社会带来净收益（例如就业、税收和娱乐），赞助能够支持酒业立场的研究，以及压制与酒业观点相悖的信息。再说，受到这种影响的不可能只有英国的决策者。

饮品行业的策略似乎是，如果产品背后的说法不够有力，那就让对手的说法看起来缺陷重重，或者让人们关注另一个完全不同的问题（也就是说，我们承认存在问题，但惩治我们不是解决问题的最佳方式，你应该看看另一些问题）。这就是饮品行业如此具有影响力的原因。据称①美国的饮品品牌"Big Soda"沿袭了烟草业在几十年前建立的模式，即否认产品不健康的说法，资助研究以引起人们对科学研究的质疑，同时通过对政策制定者的影响来抵制针对饮品行业的征税和监管。其他

① Kaiser Health News. 'Soda industry steals page from tobacco to combat taxes on sugary drinks'. https://khn.org/news/soda-industry-steals-page-from-tobacco-to-combat-taxes-on-sugary-drinks/amp/?_twitter_impression=true 6 November 2018. ——著者注

国家可能也有类似的情况。

饮品行业为了保护其商业利益，显然需要派出代表参与有关决策，以表明自己的观点。这是标准的商业惯例，与其他行业的相关行为并无二致。饮品行业引起人们担忧的原因在于其篡改、压制和操纵事实，以公众健康为代价获得商业利益。我们要注意的点在于，讲故事的方式很多，但不要让天马行空的故事掩盖了确凿无疑的事实。但我们如何才能勘破可疑的研究，不被杜撰的故事骗得团团转？我们都不是业内专家，很难知道真相究竟如何，但下次你听说有项新的研究显示，一些形象不太健康的饮品其实对人体有好处，或者说它们对健康完全没有负面影响，那就要问问：这项研究源自何处？研究者和资助人分别是谁？如果一项看似简单的公共卫生政策遭到推翻或阻碍时，可以问问原因何在，这又符合谁的利益。

延年益寿的秘方（也许并非如此）

产品畅销的原因不仅仅是名人代言和有力的品牌建设，杜撰出来的说法也发挥了魔力。饮品含有什么成分，能为我们提供什么好处，这些信息让我们不由自主地掏钱购买。饮品营销中有股影响特别巨大的趋势，那就是提倡摄入"正宗"或"天然"的成分，特别是那些可能有益于健康的成分。举个例子，关于健康饮品益处的说法就仅仅来自少数基础研究以及一些个人逸事，但像小道消息似的不胫而走，后又被媒体夸大其词、漫天渲染。没过多久，科学式官样文章的宣传以及名人的关注让这些饮品进入公众的意识中，让大家觉得这些健康饮品已经在某种程度上得到了实际认可。

几乎每周都会有一种成分被宣传为使人青春永驻的突破性万灵药，这种成分可能是新近出现的，也可能是以前就存在但现在才被重新发现的。这种成分通常被说成能够抗癌，保护心脏健康，增强认知能力，增加能量，抗压以及解毒。到目前为止，你会发现这些说法鲜有合理的，但这并不妨碍消费者花钱购买。消费者只要看到有快速修复健康的可能性，而且风险相对较小（主要是荷包受损），就愿意尝试这种产品。有些成分风靡一时，其他的却失了宠，有些只是被遗忘在遥远的记忆当中，其他的却遭到完全抹黑。很多成分受到过分推崇或遭到妖魔化。这听起来有点像邪教，但从某种程度上说确实是异端。邪教拥有共同的特征，包括：①有一位魅力超凡的领袖来吸引追随者（那些受欢迎、有吸引力兼有趣的社交媒体意见领袖为某些饮品代言，他们拥有大量忠实粉丝）；②传播关于信仰且令人信服的信息，并引导追随者相信这些说法（社交媒体上的粉丝很乐意接受和支持意见领袖放出的信息）；③利用追随者谋取利益（社交媒体上的粉丝会购买意见领袖所代言的产品，因为他们渴望成为意见领袖那样的人）。

这并不是说所有这些成分都毫无用处，只是我们通常没有足够明确和有力的证据来证明，我们所摄入的量对身体有着恒定且明显的影响。换句话说，关于这些成分有利健康的说法尚未得到证实。我们也许会在未来发现，一些如今流行的成分实际上拥有强有力的健康功效，但在此之前，持怀疑态度或许是可取的。

那么是否真的存在"超级饮品"呢

许多健康饮品都被宣称为超级饮品，但归根结底却与超级饮品不搭边，大部分都是空话和未经证实的说法。虽然听起来或许很无趣，但实际上我们能够饮用到的最接近超级饮品的东西就是水和哺乳动物的奶。[①]水和奶支持着地球上所有生命，我觉得它们超级棒。你觉得呢？

如果你已经喝过某些饮品，不介意支付潜在的虚高价格，或发现这些饮品对你有帮助，或只是单纯喜欢这些饮品的味道，那再好不过了。这一说法对本书中的任何饮品都适用。尽管喝吧！不管你喝的是什么，都希望你能好好享受。干杯！祝你健康！

---

① 包括母乳。婴儿配方奶虽然效果不错，但不含有母乳中的多种生物活性成分，因而无法帮助婴儿免受疾病的侵袭以及为婴儿的长期发展奠定健康的基础。——著者注

鸣　谢

很感谢我的家人和朋友，正因他们给我提供了不少灵感，本书的内容才如此翔实丰富。要是我们不曾聊到那些有趣的想法和问题，也许本书谈到的就仅限于水、茶和酒了。有了他们的帮助，本书堪比上好的美酒，香气浓郁，味道醇厚。谢谢他们在我撰写本书时给予不衰的热情和支持（至少表现出感兴趣）！

感谢罗宾森的团队，他们让我有机会再次撰书！

本书要是有任何不准确的说法，都是我的疏忽，我在这里表示万分歉意。

参考文献

餐前酒

British Nutrition Foundation. 'Healthy hydration guide.' https://www.nutrition.org.uk/healthyliving/hydration/healthy-hydration–guide August 2018.

British Nutrition Foundation. 'Liquids: Water.' https://www.nutrition.org.uk/nutritionscience/nutrients-food-and-ingredients/liquids.html?limit=1&start=1 July 2009.

Jéquier, E. & Constant, F., 'Water as an essential nutrient: the physiological basis of hydration.' *Eur J Clin Nutr*. 2010; 64: 115–123.

第 1 章　水

ANSES. Opinion of the French Agency for Food, Environmental and ccupational Health & Safety on the assessment of the safety and effectiveness of water filter jugs. 19 October 2016.

Bach, C., Dauchy, X., Severin, I., Munoz, J. F., Etienne, S. & Chagnon, M. C., 'Effect of sunlight exposure on the release of intentionally and/or non-intentionally added substances from polyethylene terephthalate (PET) bottles into water: chemical analysis and in vitro toxicity.' *Food Chem*. 1 November

2014; 162: 63–71.

Bach, C., Dauchy, X., Severin, I., Munoz, J. F., Etienne, S. & Chagnon, M. C., 'Effect of temperature on the release of intentionally and non-intentionally added substances from polyethylene terephthalate (PET) bottles into water: chemical analysis and potential toxicity.' *Food Chem.* 15 August 2013; 139(1–4): 672–680.

BBC. 'Plastic particles found in bottled water.' http://www.bbc.co.uk/news/science-environment-43388870 15 March 2018.

BBC *Two Trust Me I'm A Doctor.* 'Can fizzy drinks make you eat more?' http://www.bbc.co.uk/programmes/articles/29tx4RFjTKZnBsPv9R4W3DV/can-fizzy-drinks-make-you-eat-more.

Beverage Marketing Corporation. 'Press Release: Bottled Water Becomes Number-One Beverage in the US.' https://www.beveragemarketing. com/news-detail.asp?id = 438 10 March 2017.

British Fluoridation Society. 'The extent of water fluoridation.' https://docs. wixstatic.com/ugd/014a47_0776b576cf1c49308666cef7caae934e.pdf.

Brown, C. M., Dulloo, A. G. & Montani, J.-P., 'Water-Induced Thermogenesis Reconsidered: The Effects of Osmolality and Water Temperature on Energy Expenditure after Drinking.' *J Clin Endocrinol Metab*, September 2006; 91(9): 3598–3602.

Cancer Research UK. 'Do plastic bottles or food containers cause cancer?' http://www.cancerresearchuk.org/about-cancer/causes-of-cancer/cancer-controversies/plastic-bottles-and-cling-film 31 July 2018.

Center For Science in The Public Interest. 'Vitaminwater Settlement Approved by Court.' https://cspinet.org/news/vitaminwater-settlement-approved-court-20160408 8 April 2016.

Cheung, S. & Tai, J. 'Anti-proliferative and antioxidant properties of rosemary Rosmarinus officinalis.' *Oncol Rep.* June 2007; 17(6): 1525–1531.

Chiang, C. T., Chiu, T. W., Jong, Y. S., Chen, G. Y. & Kuo, C. D., 'The effect of ice water ingestion on autonomic modulation in healthy subjects.' *Clin Auton Res.* December 2010; 20(6): 375–380.

Coca-Cola. 'GLACEAU Smartwater.' http://www.coca-cola.co.uk/drinks/glaceau-smartwater/glaceau-smartwater.

Collier, R., 'Swallowing the pharmaceutical waters.' *CMAJ.* 2012; 184(2):163–164.

Community Preventive Services Task Force. 'Oral Health: Preventing Dental Caries, Community Water Fluoridation.' 23 January 2017.

Cuomo, R., Grasso, R., Sarnelli, G., Capuano, G., Nicolai, E., Nardone, G., Pomponi, D., Budillon, G. & Ierardi, E., 'Effects of carbonated water on functional dyspepsia and constipation.' *Eur J Gastroenterol Hepatol.*

September 2002; 14(9): 991-999.

Drink Water. 'Drink water is an idea.' https://www.wedrinkwater.com/pages/reason.

Drinking Water Inspectorate. 'Assessment of the Effects of Jug Water Filters on the Quality of Public Water Supplies.' DWI0826 January 2003.

Drinking Water Inspectorate. 'Treatment guide. Water treatment processes.' http://dwi.defra.gov.uk/private-water-supply/installations/Treatment-processes.pdf.

Drinking Water Inspectorate. 'Water filters and other home treatment units.' http://dwi.defra.gov.uk/consumers/advice-leaflets/filters.pdf January 2010.

Epicurious. 'The Bizarre but True Story of America's Obsession with Ice Cubes.' https://www.epicurious.com/expert-advice/why-ice-cubes-are-popular-in-america-history-freezer-frozen-tv-dinners–article 26 September 2016.

EurekAlert. 'Compound found in rosemary protects against macular degeneration in laboratory model.' https://www.eurekalert.org/pub_releases/2012-11/smri-cfi 112712.php 27 November 2012.

Euronext. 'Naturex welcomes Rosemary extracts approval as antioxidants by the EU.' https://www.euronext.com/nl/node/294049 3 November 2010.

European Federation of Bottled Waters. 'About EFBW.' http://www.efbw.org/index.php?id = 24.

European Food Safety Authority. 'Scientific opinion on Bisphenol A (2015).' http://www.efsa.europa.eu/sites/default/files/corporate_publications/files/factsheetbpa150121.pdf.

Fenton, T. R. & Huang, T., 'Systematic review of the association between dietary acid load, alkaline water and cancer.' *BMJ Open*. 2016; 6:e010438.

Food Standards Agency. 'The natural mineral water, spring water and bottled drinking water (England) regulations 2007 (As amended).' July 2010.

Food Safety Magazine. 'The Sanitation of Ice-Making Equipment.' https://www.foodsafetymagazine.com/magazine-archive1/augustseptember-2013/the-sanitation-of-ice-making-equipment/August/September 2013.

Fortune. 'Coca-Cola Can't Keep Saying That VitaminWater Is Healthy.' http://fortune.com/2016/04/11/coca-cola-vitaminwater/11 April 2016.

Francesca, N., Gaglio, R., Stucchi, C., De Martino, S., Moschetti, G. & Settanni, L., 'Yeasts and moulds contaminants of food ice cubes and their survival in different drinks.' *J Appl Microbiol*. January 2018; 124(1): 188–196.

Gaglio, R., Francesca, N., Di Gerlando, R., Mahony, J., De Martino, S., Stucchi, C., Moschetti, G. & Settanni, L., 'Enteric bacteria of food ice and their survival in alcoholic beverages and soft drinks.' *Food Microbiol*. October 2017; 67: 17–22.

Geology.com. 'Where does bottled water come from?' https://geology.com/articles/bottled-water.shtml.

Gerokomou, V., Voidarou, C., Vatopoulos, A., Velonakis, E., Rozos, G., Alexopoulos, A., Plessas, S., Stavropoulou, E., Bezirtzoglou, E., Demertzis, P. G. & Akrida-Demertzi, K., 'Physical, chemical and microbiological quality of ice used to cool drinks and foods in Greece and its public health implications.' *Anaerobe*. December 2011; 17(6): 351–353.

Habtemariam, S., 'Molecular Pharmacology of Rosmarinic and Salvianolic Acids: Potential Seeds for Alzheimer's and Vascular Dementia Drugs.' *Int J Mol Sci*. February 2018; 19(2): 458.

Habtemariam, S., 'The Therapeutic Potential of Rosemary (*Rosmarinus officinalis*) Diterpenes for Alzheimer's Disease.' *Evid Based Complement Alternat Med*. 2016; 2016: 2680409.

Hampikyan, H., Bingol, E. B., Cetin, O. & Colak, H., 'Microbiological quality of ice and ice machines used in food establishments.' *J Water Health*. June 2017; 15(3): 410–417.

Harvard Health Publishing. 'What causes ice cream headache?' https://www.health.harvard.edu/pain/what-causes-ice-cream-headache 4 August 2017.

Heilpfl anzen-Welt Bibliothek. Commission E Monographs. 'Rosemary leaf (*Rosmarini folium*).' https://buecher.heilpflanzen-welt.de/BGA-Commission-E-Monographs/0319.htm 13 March 1990.

HelpGuide. 'Vitamins and minerals. Are you getting what you need?' A Harvard Health article. https://www.helpguide.org/harvard/vitamins-and-minerals.htm.

Hertin, K. J., 'A comparative study of indicator bacteria present in ice and soda from Las Vegas food establishments.' *UNLV Theses, Dissertations, Professional Papers, and Capstones*. https://digitalscholarship.unlv.edu/thesesdissertations/1282. 2011.

Huck. 'Drink Water: No Fizz.' https://www.huckmag.com/perspectives/opinion-perspectives/drink-water/18 March 2012.

Iheozor-Ejiofor, Z., Worthington, H. V., Walsh, T., O'Malley, L., Clarkson, J. E., Macey, R., Alam, R., Tugwell, P., Welch, V. & Glenny, A. M., 'Water fluoridation for the prevention of dental caries.' *Cochrane Database of Systematic Reviews*. 2015, Issue 6. Art. No.: CD010856.

Independent. 'Coca-Cola's Vitamin Drink Ad Misleading.' https://www.independent.co.uk/life-style/health-and-families/health-news/coca-colas-vitamin-drink-ad-misleading-1798719.html April 2016.

John Hopkins Medicine. 'Healthy Aging. Is There Really Any Benefit to Multivitamins?' https://www.hopkinsmedicine.org/health/healthy_aging/healthy_body/is-there-really-any-benefit-to-multivitamins.

Kamangar, F. & Emadi, A., 'Vitamin and mineral supplements: do we really need them?.' *Int J Prev Med*. 2012; 3(3): 221–226.

Kanduti, D., Sterbenk, P. & Artnik, B., 'Fluoride: A review of use and effects on health. *Mater Sociomed.* 2016; 28(2):133–137.

Live Spring Water. 'FAQs.' https://livespringwater.com/pages/frequently-asked-questions.

Mages, S., Hensel, O., Zierz, A. M., Kraya, T. & Zierz, S., 'Experimental provocation of "ice-cream headache" by ice cubes and ice water.' *Cephalalgia.* April 2017; 37(5): 464–469.

Marthaler, T. M. & Petersen, P. E., 'Salt fluoridation – an alternative in automatic prevention of dental caries.' *International Dental Journal.* 2005; 55: 351–358.

Mattsson, P., 'Headache caused by drinking cold water is common and related to active migraine.' *Cephalalgia.* April 2001; 21(3): 230–235.

Mayo Clinic. 'What is BPA, and what are the concerns about BPA?' https://www.mayoclinic.org/healthy-lifestyle/nutrition-and-healthy-eating/expert-answers/bpa/faq-20058331 11 March 2016.

McArdle, W. M., Katch, F. I. & Katch, V. L., *Exercise Physiology: Nutrition, Energy, and Human Performance. Section 4: Enhancement of Energy Transfer Capacity.* Wolters Kluwer Health. 2015: 570.

Medical News Today. 'Everything you need to know about rosemary.' https://www.medicalnewstoday.com/articles/266370.php 13 December 2017.

Moss, M. & Oliver, L. 'Plasma 1,8-cineole correlates with cognitive performance following exposure to rosemary essential oil aroma.' *Therapeutic Advances in Psychopharmacology.* 2012: 103–113.

Moss, M., Smith, E., Milner, M., McCreedy, J. 'Acute ingestion of rosemary water: Evidence of cognitive and cerebrovascular effects in healthy adults.' *Journal of Psychopharmacology.* 2008; 32(12): 1319–1329.

Mun, J. H. & Jun, S. S., 'Effects of carbonated water intake on constipation in elderly patients following a cerebrovascular accident.' *J Korean Acad Nurs.* April 2011; 41(2): 269–275. [Abstract only]

Naimi, M., Vlavcheski, F., Shamshoum, H. & Tsiani, E., 'Rosemary Extract as a Potential Anti-Hyperglycemic Agent: Current Evidence and Future Perspectives.' *Nutrients.* 2017; 9(9): 968.

National Health and Medical Research Council. Water Fluoridation and Human Health in Australia. NHMRC Public Statement 2017.

National Institute of Dental and Craniofacial Research. 'The Story of Fluoridation'. https://www.nidcr.nih.gov/OralHealth/Topics/Fluoride/TheStoryofFluoridation.htm July 2018.

Natural Hydration Council. 'Bottled water information and FAQs.' http://www.naturalhydrationcouncil.org.uk/faqs-on-bottled-water/.

NHS. 'Do I need vitamin supplements?' https://www.nhs.uk/chq/Pages/1122.aspx?CategoryID = 51&SubCategoryID = 168 10 October 2016.

NHS Centre for Reviews and Dissemination. A Systematic Review of Water

Fluoridation. Report 18. September 2000.

Nichols, G., Gillespie, I. & de Louvois, J., 'The microbiological quality of ice used to cool drinks and ready-to-eat food from retail and catering premises in the United Kingdom.' *J Food Prot.* January 2000; 63(1): 78–82.

No. 1 Rosemary Water. 'Home.' https://rosemarywater.com.

NRDC. 'The Truth About Tap.' https://www.nrdc.org/stories/truth-about-tap 5 January 2016.

Office of the Prime Minister's Chief Science Advisor and The Royal Society of New Zealand. 'Health effects of water fluoridation: A review of the scientific evidence. A report on behalf of the Royal Society of New Zealand and the Office of the Prime Minister's Chief Science Advisor.' August 2014.

de Oliveira, D. A. & Valenca, M. M., 'The characteristics of head pain in response to an experimental cold stimulus to the palate: An observational study of 414 volunteers.' *Cephalalgia.* November 2012; 32(15): 1123–1130.

Onitsuka, S., Zheng, X. & Hasegawa, H., 'Ice slurry ingestion reduces both core and facial skin temperatures in a warm environment.' *J Therm Biol.* July 2015; 51: 105–109.

Ozarowski, M., Mikolajczak, P. L., Bogacz, A., et al., '*Rosmarinus officinalis L.* leaf extract improves memory impairment and affects acetylcholinesterase and butyrylcholinesterase activities in rat brain.' *Fitoterapia.* December 2013; 91: 261–271.

Peng, C. H., Su, J. D., Chyau, C. C., Sung, T. Y., Ho, S. S., Peng, C. C. & Peng, R. Y., 'Supercritical fluid extracts of rosemary leaves exhibit potent anti-infl ammation and anti-tumor effects.' *Biosci Biotechnol Biochem.* September 2007; 71(9): 2223–2232.

Perry, N. S. L., Menzies, R., Hodgson, F., Wedgewood, P., Howes, M. R., Brooker, H. J., Wesnes, K. A. & Perry, E. K., 'A randomised double-blind placebo-controlled pilot trial of a combined extract of sage, rosemary and melissa, traditional herbal medicines, on the enhancement of memory in normal healthy subjects, including influence of age.' *Phytomedicine.* 15 January 2018; 39: 42–48.

Piantadosi, C. A., ' "Oxygenated" water and athletic performance.' *Br J Sports Med.* 2006; 40(9): 740–741.

Public Health England. 'Water fluoridation: Health monitoring report for England 2014.' March 2014.

Public Health England. 'Water fluoridation: Health monitoring report for England 2018.' March 2018.

Rylander, R., 'Drinking water constituents and disease.' *J Nutr.* February 2008; 138(2): 423S–425S.

RxList. 'Rosemary.' https://www.rxlist.com/consumer_rosemary/drugs-condition.

htm.

Schoppen, S., Perez-Granados, A. M., Carbajal, A., de la Piedra, C. & Pilar Vaquero, M. 'Bone remodelling is not affected by consumption of a sodium-rich carbonated mineral water in healthy postmenopausal women.' *Br J Nutr.* March 2005; 93(3): 339–344.

Sengupta, P., 'Potential health impacts of hard water.' *Int J Prev Med.* 2013; 4(8): 866–875.

Slate. 'The Best Water Filters.' https://slate.com/human-interest/2018/02/the-best-water-filter-pitchers-if-youre-worried-about-lead-or-fluoride.html 20 February 2018.

Snopes. 'Does "Raw Water" Provide Probiotic Benefits?' https://www.snopes.com/raw-water-provide-probiotic-health-benefits/11 January 2018.

Spector, T., *The Diet Myth: The Real Science Behind What We Eat.* Weidenfeld & Nicolson. May 2015.

Statista. 'Bottled water consumption worldwide from 2007 to 2017 (in billion liters).' https://www.statista.com/statistics/387255/global-bottled-water-consumption/.

Statista. 'Per capita consumption of bottled water worldwide in 2017, by leading countries (in gallons).' https://www.statista.com/statistics/183388/per-capita-consumption-of-bottled-water-worldwide-in-2009/.

Summit Spring. 'Water Quality.' http://www.summitspring.com/water-quality/.

The Atlantic. 'The Stubborn American Who Brought Ice to the World.' https://www.epicurious.com/expert-advice/why-ice-cubes-are-popular-in-america-history-freezer-frozen-tv-dinners-article 5 February 2013.

The Chart. 'Can you explain Vitamin Water to me?' http://thechart.blogs.cnn.com/2011/04/01/can-you-explain-vitamin-water-to-me/1 April 2011.

The Guardian. 'No ice please, we're British.' https://www.theguardian.com/lifeandstyle/2015/feb/13/iced-drinks-british-americans-ice 13 February 2015.

The Mineral Calculator. 'How many minerals are in your mineral water? It's time to compare.' http://www.mineral-calculator.com/all-waters.html.

The New York Times. 'Unfiltered Fervour. The Rush to Get Off the Water Grid.' https://www.nytimes.com/2017/12/29/dining/raw-water-unfiltered.html 29 December 2017.

The Telegraph. 'What is raw water–and is there any sense behind Silicon Valley's latest health fad?' http://www.telegraph.co.uk/health-fitness/body/raw-water-sense-behind-silicon-valleys-latest-health-fad/5 January 2018.

Tourmaline Spring. 'Tourmaline Spring. Sacred Living Water.' https://tourmalinespring.com/#home.

Tucker, K. L., Morita, K., Qiao, N., Hannan, M. T., Cupples, L. A.& Kiel, D. P., 'Colas, but not other carbonated beverages, are associated with low bone mineral density in older women: The Framingham Osteoporosis Study.' *Am J Clin Nutr.* October 2006; 84(4): 936–942.

Vice Sports. 'A Solution to Snowboarding's Energy Drink Problem.' https://sports.vice.com/en_us/article/yp78qy/a-solution-to-snowboardings-energy-drink-problem 15 July 2015.

Wakisaka, S., Nagai, H., Mura, E., Matsumoto, T., Moritani, T. & Nagai, N., 'The effects of carbonated water upon gastric and cardiac activities and fullness in healthy young women.' *J Nutr Sci Vitaminol* (Tokyo). 2012; 58(5): 333–338.

WebMD. 'Rosemary.' https://www.webmd.com/vitamins-supplements/ingredientmono-154-rosemary.aspx?activeingredientid = 154&activeingredientname = rosemary.

Wikipedia on IPFS. 'Fluoridation by country.' https://ipfs.io/ipfs/QmXoypizjW 3WknFiJnKLwHCnL72vedxjQkDDP1mXWo6uco/wiki/Fluoridation_by_country.html.

Wired. Big Question: 'Why does tap water go stale overnight?' https://www.wired.com/2015/08/big-question-tap-water-go-stale-overnight/18 August 2015.

World Health Organisation. 'Drinking-water.' http://www.who.int/mediacentre/factsheets/fs391/en/7 February 2018.

World Health Organisation. 'Hardness in drinking-water. Background document for development of WHO Guidelines for Drinking-water Quality.' 2011.

World Health Organisation. 'Information sheet: Pharmaceuticals in drinking-water.' http://www.who.int/water_sanitation_health/diseases-risks/risks/info_sheet_pharmaceuticals/en/.

Yeo, Z. W., Fan, P. W., Nio, A. Q., Byrne, C. & Lee, J. K., 'Ice slurry on outdoor running performance in heat.' *Int J Sports Med.* November 2012; 33(11): 859–866.

Zierz, A. M., Mehl, T., Kraya, T., Wienke, A. & Zierz, S., 'Ice cream headache in students and family history of headache: a cross-sectional epidemiological study.' *J Neurol.* June 2016; 263(6): 1106–1110.

第 2 章　乳类饮品

Afshin, A., Micha, R., Khatibzadeh, S. & Mozaffarian, D., 'Consumption of nuts and legumes and risk of incident ischemic heart disease, stroke, and diabetes: a systematic review and meta-analysis.' *Am J Clin Nutr.* 2014; 100(1): 278–288.

Alexander, D., Bylsma, L., Vargas, A. et al. 'Dairy consumption and CVD: A systematic review and meta-analysis.' *Br J Nutr.* 2016; 115(4): 737–750.

American Society for Clinical Nutrition. 'Chapter 3. Lactose content of milk and milk products.' *Am J Clin Nutr*. 1998; 48(4): 1099–1104.

ANSC Lactation Biology Website. 'Milk composition-species table.' http://ansci.illinois.edu/static/ansc438/Milkcompsynth/milkcomp_table.html. (Data adapted from: Robert D. Bremel, University of Wisconsin and from *Handbook of Milk Composition*, by R. G. Jensen, Academic Press, 1995.)

Angulo, F. J., LeJeune, J. T. & Rajala-Schultz, P. J., 'Unpasteurized Milk: A Continued Public Health Threat.' *Clinical Infectious Diseases*. 2009; 48(1): 93–100.

Atkins, P., 'School milk in Britain, 1900–1934.' *Journal of Policy History*. 2007; 19(4): 395–427.

Atkins, P., 'The milk in schools scheme, 1934–45: "nationalization" and resistance.' *History of Education*. 2001; 34: 1, 1–21.

Battelli, M. G., Polito, L. & Bolognesi, A., 'Xanthine oxidoreductase in atherosclerosis pathogenesis: Not only oxidative stress.' *Atherosclerosis*. 2014; 237(2): 562–567.

Ballard, O. & Morrow, A. L., 'Human milk composition: nutrients and bioactive factors.' *Pediatr Clin North Am*. 2013; 60(1): 49–74.

Bath, S., Button, S. & Rayman, M., 'Iodine concentration of organic and conventional milk: Implications for iodine intake.' *Br J Nutr*. 2011; 107: 935–940.

Bath, S., Hill, S., Infante, H. G., Elghul, S., Nezianya, C. J. & Rayman, M. 'Iodine concentration of milk-alternative drinks available in the UK in comparison to cows' milk.' *Br J Nutr*. 2017; 118(7): 525–532.

Barłowska, J., Szwajkowska, M., Litwińczuk, Z. & Krol, J., 'Nutritional Value and Technological Suitability of Milk from Various Animal Species Used for Dairy Production.' *Comprehensive Reviews in Food Science and Food Safety*. 2011; 10: 291–302.

BBC. 'Climate change: Which vegan milk is best?' https://www.bbc.com/news/science-environment-46654042 22 February 2019.

BBC. 'The milk that lasts for months.' http://www.bbc.com/future/story/20170327-the-milk-that-lasts-forever 27 March 2017.

BBC. 'Why is free milk for children such a hot topic?' https://www.bbc.co.uk/news/uk-15809645 20 November 2011.

BDA. 'Food Fact Sheet: Iodine.' https://www.bda.uk.com/foodfacts/Iodine.pdf May 2016.

Bee International. 'How homogenization benefits emulsions in the food industry.' http://www.beei.com/blog/how-homogenization-benefits-emulsions-in-the-food-industry 16 September 2016.

Bell, S. J., Grochoski, G. T. & Clarke, A. J., 'Health Implications of Milk Containing β-Casein with the A2 Genetic Variant.' *Critical Reviews in Food Science and Nutrition*. 2006; 46:1, 93–100.

Berkeley Wellness. 'Homogenized milk myths busted.' http://www.berkeleywellness.com/healthy-eating/food/article/homogenized-milk-myths-busted 13 February 2013.

Berkeley Wellness. 'Probiotics pros and cons.' http://www.berkeleywellness.com/supplements/other-supplements/article/probiotics-pros-and-cons 28 September 2018.

BHF. 'Heart Matters. What you really need to know about milk.' https://www.bhf.org.uk/informationsupport/heart-matters-magazine/nutrition/milk.

Bourrie, B. C., Willing, B. P. & Cotter, P. D. 'The Microbiota and Health Promoting Characteristics of the Fermented Beverage Kefir.' *Front Microbiol.* 2016; 7: 647.

Braun-Fahrlander, C. & von Mutius, E., 'Can farm milk consumption prevent allergic diseases?' *Clin Exp Allergy.* 2011; 41(1): 29–35.

British Nutrition Foundation. 'Arsenic in rice–is it a cause for concern?' https://www.nutrition.org.uk/nutritioninthenews/headlines/arsenicinrice.html 22 February 2017.

British Nutrition Foundation. 'Dietary Fibre.' https://www.nutrition.org.uk/healthyliving/basics/fibre.html January 2018.

British Nutrition Foundation. 'Saturated fat: good, bad or complex?' https://www.nutrition.org.uk/nutritioninthenews/headlines/satfat.html 25 April 2017.

Brooke-Taylor, S., Dwyer, K., Woodford, K. & Kost, N., 'Systematic Review of the Gastrointestinal Effects of A1 Compared with A2 β-Casein.' *Advances in Nutrition.* September 2017; 8(5): 739–748.

Centers for Disease Control and Prevention. 'Alcohol. Is it safe for mothers to breastfeed their infant if they have consumed alcohol?' https://www.cdc.gov/breastfeeding/breastfeeding-special-circumstances/vaccinations-medications-drugs/alcohol.html 24 January 2018.

Centers for Disease Control and Prevention. 'Prescription Medication Use. Is it safe for mothers to use prescription medications while breastfeeding?' https://www.cdc.gov/breastfeeding/breastfeeding-special–circumstances/vaccinations-medications-drugs/prescription-medication-use.html 24 January 2018.

Centers for Disease Control and Prevention. 'Raw milk questions and answers.' https://www.cdc.gov/foodsafety/rawmilk/raw-milk-questions-and-answers.html 15 June 2017.

Clemens, R. A., Hernell, O. & Michaelsen, K. F. (eds). 'Milk and Milk Products in Human Nutrition.' *Nestlé Nutr Inst Workshop Ser Pediatr Program.* 2011; 67: 187–195. Nestec Ltd., Vevey/S. Karger AG, Basel.

Clifton, P. M. et al. 'A systematic review of the effect of dietary saturated and polyunsaturated fat on heart disease. *Nutrition, Metabolism and Cardiovascular*

Diseases. 2017; 27(12): 1060–1080.

CNN. 'Non-diary beverages like soy and almond milk may not be "milk", FDA suggests.' https://edition.cnn.com/2018/07/19/health/fda-soy-almond-milk-trnd/index.html 19 July 2018.

Choice. 'How to buy the best milk.' https://www.choice.com.au/food-and-drink/dairy/milk/buying-guides/milk 27 April 2017.

Clifford, A. J. & Swenerton, H., 'Homogenized bovine milk xanthine oxidase: A critique of the hypothesis relating to plasmalogen depletion and cardiovascular disease.' *Am J Clin Nutr.* 1983; 38(2): 327–332.

Cohen, S. M. & Ito, N., 'A Critical Review of the Toxicological Effects of Carrageenan and Processed Eucheuma Seaweed on the Gastrointestinal Tract.' *Critical Reviews in Toxicology.* 2002; 32(5): 413–444.

Dairy Council of California. 'Types of milk.' https://www.healthyeating.org/Milk-Dairy/Dairy-Facts/Types-of-Milk.

DairyGood. 'Lactose-free milk: what is it and how is it made?' https://dairygood.org/content/2014/what-is-lactose-free-milk.

Dairy Processing Handbook. 'Chapter 2: The chemistry of milk.' http://dairyprocessinghandbook.com/chapter/chemistry-milk 2015.

Dairy Processing Handbook. 'Chapter 6.3: Homogenizers.' http://dairyprocessinghandbook.com/chapter/homogenizers 2015.

Dairy Processing Handbook. 'Chapter 11: Fermented milk.' http://dairyprocessinghandbook.com/chapter/fermented-milk-products 2015.

Dairy UK. 'Our products. Milk.' https://www.dairyuk.org/our-dairy-products/.

Davis, B. J. K., Li, C. X. & Nachman, K. E., 'A Literature Review of the Risks and Benefits of Consuming Raw and Pasteurized Cow's Milk. A response to the request from The Maryland House of Delegates.' Health and Government Operations Committee.' 8 December 2014.

Dong, T. S. & Gupta, A., 'Influence of Early Life, Diet, and the Environment on the Microbiome.' *Clin Gastroenterol Hepatol.* 2018; 17(2): 231–242.

Eales, J., Gibson, P., Whorwell, P., et al. 'Systematic review and meta-analysis: the effects of fermented milk with Bifi dobacterium lactis CNCM I-2494 and lactic acid bacteria on gastrointestinal discomfort in the general adult population.' *Therap Adv Gastroenterol.* 2016; 10(1): 74–88.

EFSA Panel on Dietetic Products, Nutrition and Allergies (NDA). 'Scientific Opinion on the substantiation of health claims related to whey protein and increase in satiety leading to a reduction in energy intake (ID 425), contribution to the maintenance or achievement of a normal body weight (ID 1683), growth and maintenance of muscle mass (ID 418, 419, 423, 426, 427, 429, 4307), increase in lean body mass during energy restriction and resistance training (ID 421), reduction of body fat mass during energy restriction and resistance training (ID 420, 421), increase in muscle strength (ID 422, 429), increase in endurance capacity during the subsequent exercise bout after strenuous exercise (ID 428), skeletal muscle tissue repair (ID 428) and faster recovery from muscle fatigue after exercise (ID 423, 428, 431), pursuant to Article 13(1) of Regulation (EC) No 1924/2006.' *EFSA Journal.* 2010; 8(10): 1818.

Evidently Cochrane. 'New Lancet Breastfeeding Series is a Call to Action.' http://www.evidentlycochrane.net/lancet-breastfeeding-series/29 January 2016.

Financial Times. 'Dairy shows intolerance to plant-based competitors.' https://www.ft.com/content/73b37e7a-67a3-11e7-8526-7b38dcaef614 14 July 2017.

Financial Times. 'Big business identifi es appetite for plant-based milk.' https://www.ft.com/content/7df72c04-491a-11e6-8d68-72e9211e86ab 15 July 2016.

Finglas, P.M. et al. *McCance and Widdowson's the Composition of Foods*, Seventh summary edition. Cambridge: Royal Society of Chemistry. 2015.

Food and Agriculture Organization of the United Nations. 'Dietary protein quality evaluation in human nutrition. FAO Food and Nutrition Paper 92.' 2013.

Food and Agriculture Organization of the United Nations. 'Health hazards.' http://www.fao.org/dairy-production-products/products/health-hazards/en/.

Food and Agriculture Organization of the United Nations. 'Milk and milk products.' http://www.fao.org/dairy-production-products/products/en/.

Food and Agriculture Organization of the United Nations. 'Milk composition.' http://www.fao.org/dairy-production-products/products/milk-composition/en/.

Food and Agriculture Organization of the United Nations. 'World Milk Day: 1 June 2019.' http://www.fao.org/economic/est/est-commodities/dairy/school-milk/15th-world-milk-day/en/.

Food Navigator. 'Experts make the case for European vitamin D fortification strategy.' https://www.foodnavigator.com/Article/2017/02/24/Experts-make-the-case-for-European-vitamin-D-fortification-strategy 3 April 2018.

Food Navigator USA. 'Why do consumers buy plant-based dairy alternatives?And what do they think formulators need to work on?' https://www.foodnavigator-usa.com/Article/2018/02/08/Significant-percentage-of-consumers-buy-plant-based-dairy-alternatives-because-they-think-they-are-healthier-reveals-Comax-study 8 February 2018.

Food Standards Agency. 'Arsenic in rice.' https://www.food.gov.uk/safety-hygiene/arsenic-in-rice 18 September 2018.

Food Standards Agency. 'Raw drinking milk.' https://www.food.gov.uk/safety-hygiene/raw-drinking-milk 25 September 2018.

Food Science Matters. 'What is Carrageenan?' http://www.foodsciencematters.com/carrageenan/.

GOV.UK. 'Beef cattle and dairy cows: health regulations.' https://www.gov.uk/

guidance/cattle-health#hormonal-treatments-and-antibiotics-for-cattle 29 August 2012.

Guasch-Ferre, M., Liu, X., Malik, V. S., et al. 'Nut Consumption and Risk of Cardiovascular Disease.' *J Am Coll Cardiol*. 2017; 70(20): 2519–2532.

Guinness World Records. 'Greatest distance walked with a milk bottle balanced on the head.' http://www.guinnessworldrecords.com/world-records/greatest-distance-walked-with-a-milk-bottle-balanced-on-the-head.

Guinness World Records. 'New York restaurant serves the most expensive milkshake in a glass covered with Swarovski crystals.' http://www.guinnessworldrecords.com/news/2018/6/new-york-restaurant-serves-most-expensive-milkshake-in-a-glass-covered-with-swaro-530194 20 June 2018.

Hajeebhoy, N., 'Why invest, and what it will take to improve breastfeeding practices?' The Lancet Breastfeeding Series. Baby Friendly Hospital Initiative Congress. [slide set] http://www.who.int/nutrition/events/2016_bfhi_congress_presentation_latestscience_nemat.pdf 24 October 2016.

Harrison, R., 'Milk Xanthine Oxidase: Hazard or Benefit?' *Journal of Nutritional & Environmental Medicine*. 2002; 12(3): 231–238.

Harvard Health. 'An update on soy: It's just so-so.' https://www.health.harvard.edu/newsletter_article/an-update-on-soy-its-just-so-so June 2010.

Harvard Health. 'The hidden dangers of protein powders.' https://www.health.harvard.edu/staying-healthy/the-hidden-dangers-of-protein-powders September 2018.

Harvard T. H. Chan School of Public Health. 'Straight talk about soy.' https://www.hsph.harvard.edu/nutritionsource/soy/.

Heine, R. G., AlRefaee, F., Bachina, P., et al. 'Lactose intolerance and gastrointestinal cow's milk allergy in infants and children–common misconceptions revisited.' *World Allergy Organ J*. 2017; 10(1): 41.

Hill, D., Sugrue, I., Arendt, E., Hill, C., Stanton, C. & Ross, R. P., 'Recent advances in microbial fermentation for dairy and health.' *F1000Res*. 2017; 6: 751.

Ho, J., Maradiaga, I., Martin, J., Nguyen, H. & Trinh, L., 'Almond milk vs. cow milk life cycle assessment.' http://www.environment.ucla.edu/perch/resources/images/cow-vs-almond-milk-1.pdf 2 June 2016.

Infant Nutrition Council, Australia & New Zealand. 'Breastmilk Information.' http://www.infantnutritioncouncil.com/resources/breastmilk-information/ Institute of Medicine (US) Committee on the Evaluation of the Addition of Ingredients New to Infant Formula. *Infant Formula: Evaluating the Safety of New Ingredients*. Washington (DC): National Academies Press (US); 2004. 3, Comparing Infant Formulas with Human Milk. https://www.ncbi.nlm.nih.gov/books/NBK215837/Jenness, R., 'The composition of human milk.' *Semin*

Perinatol. July 1979; 3(3): 225–239.

Kroger, M., Kurmann, J. A. & Rasic, J. L., 'Fermented milks: past, present, and future.' *Food Technology.* 1989: 43: 92–99.

Kwok, T. C., Ojha, S. & Dorling, J., 'Feed thickeners in gastro-oesophageal reflux in infants.' *BMJ Paediatrics Open.* 2018; 2: e000262.

Lacroix, M., Bon, C., Bos, C., Le onil, J., Benamouzig, R., Luengo, C., Fauquant, J., Tome , D. & Gaudichon, C., 'Ultra High Temperature Treatment, but Not Pasteurization, Affects the Postprandial Kinetics of Milk Proteins in Humans.' *The Journal of Nutrition.* 2008; 138(12): 2342–2347.

Lawrance, P., 'An Evaluation of Procedures for the Determination of Folic acid in Food by HPLC. A Government Chemist Programme Report [No. LGC/R/2011/180].' September 2011.

Li, X., Meng, X., Gao, X., et al. 'Elevated Serum Xanthine Oxidase Activity Is Associated With the Development of Type 2 Diabetes: A Prospective Cohort Study.' *Diabetes Care* Apr. 2018; 41(4): 884–890.

Lordan, R., Tsoupras, A., Mitra, B. & Zabetakis, I., 'Dairy Fats and Cardiovascular Disease: Do We Really Need to be Concerned?' *Foods.* 2018;7(3): 29.

Lucey, J. A., 'Raw Milk Consumption: Risks and Benefits.' *Nutr Today.* 2015; 50(4): 189–193.

Macdonald, L. E., Brett, J., Kelton, D., Majowicz, S. E., Snedeker, K. & Sargeant, J. M., 'A systematic review and meta-analysis of the effects of pasteurization on milk vitamins, and evidence for raw milk consumption and other health-related outcomes.' *J Food Prot.* 2011; 74(11): 1814–1832.

Mäkinen, O. E., Wanhalinna, V., Zannini, E. & Arendt, E. K., 'Foods for Special Dietary Needs: Non-dairy Plant-based Milk Substitutes and Fermented Dairy-type Products.' *Critical Reviews in Food Science and Nutrition.* 2016; 56:3, 339–349.

Manners, J. & Craven, H., 'Milk: Processing of Liquid Milk.' *Encyclopedia of Food Sciences and Nutrition* (Second Edition). 2003.

Marangoni, F., Pellegrino, L., Verduci, E. et al. 'Cow's Milk Consumption and Health: A Health Professional's Guide.' *J Am Coll Nutr.* March–April 2019; 38(3): 197–208.

Market Screener. 'A2 Milk: Controversial New Milk Shakes Up Big Dairy.' https://www.marketscreener.com/A2-MILK-COMPANY-LTD-21453329/news/A2-Milk-Controversial-New-Milk-Shakes-Up-Big-Dairy-26416832/24 April 2018.

Martin, C. R., Ling, P. R. & Blackburn, G. L., 'Review of Infant Feeding: Key Features of Breast Milk and Infant Formula.' *Nutrients.* 2016; 8(5): 279.

Mayo Clinic. 'Milk allergy.' https://www.mayoclinic.org/diseases-conditions/

milk-allergy/symptoms-causes/syc-20375101 6 June 2016.

McGill. 'Battle of the milks: Are plant-based milks appropriate for children?' https://www.mcgill.ca/oss/article/health-and-nutrition/battle-milks-are-plant-based-milks-appropriate-children 16 November 2017.

McKevith, B. & Shortt, C., 'Fermented Milks: Other Relevant Products.' *Encyclopedia of Food Sciences and Nutrition* (Second Edition). 2003: 2383–2389.

Meharg, A. A., Deacon, C., Campbell, R. C. J., Carey, A. M., Williams, P. N., Feldmann, J. & Raab, A., 'Inorganic arsenic levels in rice milk exceed EU and US drinking water standards.' *J. Environ. Monit.* 2008; 10: 428–431.

Melendez-Illanes, L., Gonzalez-Diaz, C., Chilet-Rosell, E. & Alvarez-Dardet, C., 'Does the scientific evidence support the advertising claims made for products containing *Lactobacillus casei* and *Bifi dobacterium lactis*? A systematic review.' *Journal of Public Health.* 2016; 38(3): e375–e383.

Michalski, M. C., 'On the supposed influence of milk homogenization on the risk of CVD, diabetes and allergy.' *Br J Nutr.* 2007; 97(4): 598–610.

Mills Oakley. 'Hemp-based foods.' https://www.millsoakley.com.au/hemp-based-foods-to-be-legalised-in-australia/May 2017.

Mintel. 'US non-dairy milk sales grow 61% over the last five years.' http://www.mintel.com/press-centre/food-and-drink/us-non-dairy-milk-sales-grow-61-over-the-last-five-years 4 January 2018.

Morton, R. W., Murphy, K. T., McKellar, S. R., et al. 'A systematic review, meta-analysis and meta-regression of the effect of protein supplementation on resistance training-induced gains in muscle mass and strength in healthy adults.' *Br J Sports Med.* 2017; 52(6): 376–384.

National Dairy Council. 'Understanding the science behind A2 milk.' https://www.nationaldairycouncil.org/content/2015/understanding-the-science-behind-a2-milk 8 February 2017.

National Institute on Alcohol Abuse and Alcoholism. 'Alcohol's Effect on Lactation.' https://pubs.niaaa.nih.gov/publications/arh25-3/230-234.htm.

Nature. 'Archaeology: The milk revolution.' https://www.nature.com/news/archaeology-the-milk-revolution-1.13471 31 July 2013.

NCT. 'Formula feeding: what's in infant formula milk?' https://www.nct.org.uk/baby-toddler/feeding/early-days/formula-feeding-whats-infant-formula-milk.

New Scientist. 'Probiotics are mostly useless and can actually hurt you.' https://www.newscientist.com/article/2178860-probiotics-are-mostly-useless-and-can-actually-hurt-you/6 September 2018.

Newcastle University. 'Study finds clear differences between organic and non-organic products.' https://www.ncl.ac.uk/press/articles/archive/2016/02/organicandnon-organicmilkandmeat/16 February 2016.

NICE. 'Postnatal care. Quality statement 6: Formula feeding. Quality standard [QS37].' Published date: July 2013. Last updated: June 2015.

NICE Clinical Knowledge Summaries. 'GORD in children.' https://cks.nice.org. uk/gord-in-children March 2015.

Nieminen, M. T., Novak-Frazer, L., Collins, R., et al. 'Alcohol and acetaldehyde in African fermented milk mursik–a possible etiologic factor for high incidence of esophageal cancer in western Kenya.' *Cancer Epidemiol Biomarkers Prev.* 2012; 22(1): 69–75.

NIH Genetics Home Reference. 'Lactose intolerance.' https://ghr.nlm.nih.gov/ condition/lactose-intolerance#statistics.

NHS. 'Lactose intolerance. Causes.' https://www.nhs.uk/conditions/lactose-intolerance/causes/25 February 2019.

NHS. 'What should I do if I think my baby is allergic or intolerant to cows'milk?' https://www.nhs.uk/common-health-questions/childrens-health/what-should-i-do-if-i-think-my-baby-is-allergic-or-intolerant-to-cows-milk/13 July 2019.

Ocado. 'Essential Waitrose Longlife Unsweetened Soya Drink 1Ltr.' https://www. ocado.com/webshop/product/Essential-Waitrose-Longlife-Unsweetened-Soya-Drink/14031011.

OECD iLibrary. 'OECD-FAO Agricultural Outlook 2017–2026.' https://www. oecd-ilibrary.org/docserver/agr_outlook-2017-en.pdf? 10 July 2017.

Ojo-Okunola, A., Nicol, M. & Du Toit, E., 'Human Breast Milk Bacteriome in Health and Disease.' *Nutrients.* 2018; 10: 1643.

Oliver, S. P., Boor, K. J., Murphy, S. C. & Murinda. S. E., 'Food Safety Hazards Associated with Consumption of Raw Milk.' *Foodborne Pathogens and Disease.* 2009; 6(7): 793–806.

Onning, G., Wallmark, A., Persson, M., Akesson, B., Elmstahl, S. & Oste, R., 'Consumption of Oat Milk for 5 Weeks Lowers Serum Cholesterol and LDL Cholesterol in Free-Living Men with Moderate Hypercholesterolemia.' *Ann Nutr Metab.* 1999; 43: 301–309.

Ontario Public Health Association. 'Balancing and communication issues related to environmental contaminants in breastmilk.' http://www.opha.on.ca/OPHA/ media/Resources/Resource%20Documents/2004-01_pp.pdf?ext = .pdf March 2004.

Ottaway, P. B., 'The stability of vitamins in fortified foods and supplements.' *Food Fortification and Supplementation: Technological, Safety and Regulatory Aspects.* Woodhead Publishing. 2008.

Pal, S., Woodford, K., Kukuljan, S. & Ho, S., 'Milk Intolerance, Beta-Casein and Lactose.' *Nutrients.* 2015; 7(9): 7285–7297.

Pimenta, F. S., Luaces-Regueira, M., Ton, A. M. M., Campagnaro, B. P., Campos-Toimil, M., Pereira, T. M. C. & Vasquez, E. C., 'Mechanisms of Action of Kefir in Chronic Cardiovascular and Metabolic Diseases.' *Cell Physiol Biochem*. 2018; 48: 1901–1914.

Plant Based News. 'Global plant milk market set to top a staggering $16 billion in 2018.' https://www.plantbasednews.org/post/global-plant-milk-market-set-to-top-a-staggering-16-billion-in-2018 15 June 2017.

Plant Based News. 'UK milk alternative sector to soar by 43% over next four years.' https://www.plantbasednews.org/post/uk-milk-alternative-sector-to-soar-by-43-by-2022 7 December 2017.

Quartz. 'Ten years after China's infant milk tragedy, parents still won't trust their babies to local formula.' https://qz.com/1323471/ten-years-after-chinas-melamine-laced-infant-milk-tragedy-deep-distrust-remains/16 July 2018.

Quartz. 'There's a war over the definition of "milk" between dairy farmers and food startups and Trump may settle it.' https://qz.com/923234/theres-a-war-over-the-definition-of-milk-between-dairy-farmers-and-food-startups-and-donald-trump-may-settle-it/4 March 2017.

Quigley, L., O'Sullivan, O., Stanton, C., Beresford, T. P., Ross, R. P., Fitzgerald, G. F. & Cotter, P. D., 'The complex microbiota of raw milk.' *FEMS Microbiology Reviews*. 2013; 37(5): 664–698.

Rautava, S., 'Early microbial contact, the breast milk microbiome and child health.' *J Dev Orig Health Dis*. February 2016; 7(1): 5–14.

RCPCH. 'Position statement: breastfeeding in the UK.' https://www.rcpch.ac.uk/resources/position-statement-breastfeeding-uk 3 May 2018.

Reuters. 'Competition heats up for controversial a2 Milk Company.' https://uk.reuters.com/article/us-a2-milk-company-strategy-analysis/competition-heats-up-for-controversial-a2-milk-company-idUKKCN1IH0T9 16 May 2018.

Reuters. 'French prosecutors step up probe into baby milk contamination at Lactalis.' https://uk.reuters.com/article/us-france-babymilk-investigation/french-prosecutors-step-up-probe-into-baby-milk-contamination-at-lactalis-idUKKCN1MJ1RR 10 October 2018.

Ripple. 'Original Nutritious Pea Milk.' https://www.ripplefoods.com/original-plant-milk/.

Rosa, D. D., Dias, M. M. S., Grześkowiak, L. M. et al. 'Milk kefir: nutritional, microbiological and health benefits'. *Nutr Res Rev*. 2017; 30 (1): 82–96.

RTRS. 'Mission and vision.' http://www.responsiblesoy.org/about-rtrs/mission-and-vision/?lang = en.

Sachs, H. C., Committee on Drugs. 'The Transfer of Drugs and Therapeutics into Human Breast Milk: An Update on Selected Topics.' *Pediatrics*. September 2013; 132(3): e796-e809.

Sainsbury's. 'Alpro Hazelnut UHT Drink.' https://www.sainsburys.co.uk/shop/

gb/groceries/dairy-free-drinks-/alpro-long-life-milk-alternative-hazelnut-1l.

Sainsbury's. 'Alpro Roasted Almond Milk Original UHT Drink.' https://www.sainsburys.co.uk/shop/gb/groceries/dairy-free-drinks-/alpro-long-life-almond-milk-alternative-1l.

Sainsbury's. 'Innocent Almond Dairy Free 750ml.' https://www.sainsburys.co.uk/shop/ProductDisplay.

Sainsbury's. 'Rude Health Almond Drink.' https://www.sainsburys.co.uk/shop/gb/groceries/dairy-free-drinks-/rude-health-uht-almond-milk-1l.

Science Daily. 'Further knowledge required about the differences between milk proteins.' https://www.sciencedaily.com/releases/2017/04/170428102103.htm 28 April 2017.

Science Daily. ' "Organic milk" is poorer in iodine than conventional milk.' https://www.sciencedaily.com/releases/2013/07/130704094630.htm 4 July 2013.

Science Media Centre. 'Expert reaction to differences between organic and conventional milk and meat.' http://www.sciencemediacentre.org/expert-reaction-to-differences-between-organic-and-conventional-milk-and-meat/16 February 2016.

Scott, K. J. & Bishop, D. R., 'Nutrient content of milk and milk products: vitamins of the B complex and vitamin C in retail market milk and milk products.' *International Journal of Dairy Technology*. 1986; 39: 32–35.

Sethi, S., Tyagi, S. K. & Anurag, R. K., 'Plant-based milk alternatives an emerging segment of functional beverages: a review.' *J Food Sci Technol*. 2016; 53(9):3408–3423.

Silanikove, N., Leitner, G. & Merin, U., 'The Interrelationships between Lactose Intolerance and the Modern Dairy Industry: Global Perspectives in Evolutional and Historical Backgrounds.' *Nutrients*. 2015; 7: 7312–7331.

Soil Association. 'Antibiotic use in dairy and beef farming.' https://www.soilassociation.org/our-campaigns/save-our-antibiotics/reduce-antibiotics-use-on-your-farm/cows/.

Soil Association. 'Organic beef and dairy cows.' https://www.soilassociation.org/organic-living/whyorganic/better-for-animals/organic-cows/.

Soil Association. 'Organic milk–more of the good stuff!' https://www.soilassociation.org/blogs/2017/organic-milk-more-of-the-good-stuff/6 April 2017.

Sousa, A. & Kopf-Bolanz, K. A., 'Nutritional Implications of an Increasing Consumption of Non-Dairy Plant-Based Beverages Instead of Cow's Milk in Switzerland.' *J Adv Dairy Res*. 2017; 5: 197.

Soyinfo Center. 'History of soymilk and dairy-like soymilk products.' http://www.soyinfocenter.com/HSS/soymilk1.php 2004.

St-Onge, M. P., Mikic, A. & Pietrolungo, C. E., 'Effects of Diet on Sleep Quality.' *Adv Nutr.* 2016; 7(5): 938–949.

Statista. 'Annual consumption of fluid cow milk worldwide in 2018, by country (in 1,000 metric tons).' https://www.statista.com/statistics/272003/global-annual-consumption-of-milk-by-region/.

Statista. 'Per capita consumption of fluid milk worldwide in 2016, by country (in liters).' https://www.statista.com/statistics/535806/consumption-of-fluid-milk-per-capita-worldwide-country/.

Stobaugh, H., 'Maximizing Recovery and Growth When Treating Moderate Acute Malnutrition with Whey-Containing Supplements.' *Food and Nutrition Bulletin.* 2018; 39(2 Suppl): S30–S34.

Stobaugh, H. C., Ryan, K. N., Kennedy, J. A., Grise, J. B., Crocker, A. H., Thakwalakwa, C., Litkowski, P. E., Maleta, K. M., Manary, M. J. & Trehan, I., 'Including whey protein and whey permeate in ready-to-use supplementary food improves recovery rates in children with moderate acute malnutrition: a randomized, double-blind clinical trial.' *Am J Clin Nutr.* 2016; 103(3): 926–933.

Sustainable Food Trust. 'Milk: The sustainability issue.' https://sustainablefoodtrust.org/articles/milk-the-sustainability-issue/12 January 2017.

Szajewska, H. & Shamir, R. (eds), 'Evidence-Based Research in Pediatric Nutrition.' *World Rev Nutr Diet.* Basel, Karger, 2013; 108: 56–62.

Tam, H. K., Kelly, A. S., Metzig, A. M., Steinberger, J. & Johnson, L. A., 'Xanthine oxidase and cardiovascular risk in obese children.' *Child Obes.* 2014; 10(2): 175–180.

Tamime, A. Y., 'Fermented milks: a historical food with modern applications–a review.' *Eur J Clin Nutr.* 2002; 56(Suppl 4): S2–S15.

TES. 'Return of free milk in schools to be "considered" by government.' https://www.tes.com/news/return-free-milk-schools-be-considered-government 11 February 2016.

Tesco. 'Alpro Coconut Fresh Drink.' https://www.tesco.com/groceries/en-GB/products/282925010.

Tesco. 'Alpro Soya Longlife Drink Alternative 1 Litre.' https://www.tesco.com/groceries/en-GB/products/251523947.

Tesco. 'Koko Dairy Free Original Plus Calcium Drink Alternative.' https://www.tesco.com/groceries/en-GB/products/276993737.

Tesco. 'Tesco Longlife Soya Drink Sweetened 1Ltr.' https://www.tesco.com/groceries/en-GB/products/256438810.

The Dairy Council. 'Milk factsheet.' https://www.milk.co.uk/hcp/wp-content/uploads/sites/2/woocommerce_uploads/2016/12/Milk_consumer_2016.pdf 2016.

The Dairy Council. 'Milk. Nutrition information for all the family.' https://www.milk.co.uk/hcp/wp-content/uploads/sites/2/woocommerce_uploads/2016/12/Milk-Consumer-2018.pdf.

The Guardian. 'Lactalis to withdraw 12m boxes of baby milk in salmonella scandal.' https://www.theguardian.com/world/2018/jan/14/lactalis-baby-milk-salmonella-scandal-affects-83-countries-ceo-says 15 January 2018.

The Guardian. 'Avoiding meat and dairy is "single biggest way" to reduce your impact on Earth.' https://www.theguardian.com/environment/2018/may/31/avoiding-meat-and-dairy-is-single-biggest-way-to-reduce-your-impact-on-earth 1 June 2018.

The Grocer. 'Asda boosts fortifi ed milk lineup with own label and branded lines.' https://www.thegrocer.co.uk/buying-and-supplying/new-product-development/asda-adds-own-label-and-branded-fortifi ed-milk-lines/562166. article 15 January 2018.

The Grocer. 'UK milk sales down £240m over two years.' https://www.thegrocer.co.uk/buying-and-supplying/categories/dairy/uk-milk-sales-down-240m-over-two-years/546272.article 16 December 2016.

The Lancet. 'Web appendix 4: Lancet breastfeeding series paper 1. data sources and estimates: countries without standardized surveys.' 2016. www.thelancet.com/cms/attachment/2047468706/2057986218/mmc1.pdf.

The Telegraph. 'Farmers say non-dairy should not be described as "milk".' https://www.telegraph.co.uk/news/2017/06/09/nfu-says-non-dairy-should-not-described-milk/9 June 2017.

The Telegraph. 'Government to consider bringing back free milk in schools to boost children's health.' https://www.telegraph.co.uk/education/12152492/Government-to-consider-bringing-back-free-milk-in-schools-to-boost-childrens-health.html 11 February 2016.

Thorning, T. K., Raben, A., Tholstrup, T., Soedamah-Muthu, S. S., Givens, I. & Astrup, A., 'Milk and dairy products: good or bad for human health? An assessment of the totality of scientific evidence.' *Food Nutr Res.* 2016; 60: 32527.

Truswell, A. S., 'The A2 milk case: a critical review.' *Eur J Clin Nutr.* 2005; 59(5): 623–631.

Turck, D., 'Cow's milk and goat's milk.' *World Rev Nutr Diet.* 2013; 108: 56–62.

Unicef. 'Breastfeeding. A Mother's Gift, for Every Child.' https://www.unicef.org/publications/files/UNICEF_Breastfeeding_A_Mothers_Gift_for_Every_Child.pdf 2018.

Unicef. 'A guide to infant formula for parents who are bottle feeding: The health professionals' guide.' https://www.unicef.org.uk/babyfriendly/wp-content/uploads/sites/2/2016/12/Health-professionals-guide-to-infant-formula.pdf

2014.

University of Guelph. 'Homogenization of mix.' https://www.uoguelph.ca/foodscience/book-page/homogenization-mix.

University of Guelph. 'Pathogenic microorganisms in milk.' https://www.uoguelph.ca/foodscience/book-page/pathogenic-microorganisms-milk.

Vanga, S. K. & Raghavan, V., 'How well do plant based alternatives fare nutritionally compared to cow's milk?' *J Food Sci Technol*. 2018; 55 (1): 10–20.

Victoria, C. G., Bahl, R., Barros, A. J. D., et al, for The Lancet Breastfeeding Series Group. 'Breastfeeding in the 21st century: epidemiology, mechanisms, and lifelong effect.' *Lancet* 2016; 387(10017): 457–490.

Vojdani, A., Turnpaugh, C. & Vojdani, E., 'Immune reactivity against a variety of mammalian milks and plant-based milk substitutes.' *Journal of Dairy Research*. 2018; 85(3): 358–365.

Vox. ' "Fake milk": why the dairy industry is boiling over plant-based milks.' https://www.vox.com/2018/8/31/17760738/almond-milk-dairy-soy-oat-labeling-fda 21 December 2018.

Waitrose. 'Alpro Chilled Oat.' https://www.waitrose.com/ecom/products/alpro-chilled-oat/689817-558475-558476.

Waitrose. 'Alpro Longlife Original Rice Drink.' https://www.waitrose.com/ecom/products/alpro-longlife-original-rice-drink/757659-260066-260067.

Waitrose. 'Good Hemp Longlife Alternative to Milk.' https://www.waitrose.com/ecom/products/good-hemp-longlife-alternative-to-milk/370422-52082-52083.

Waitrose. 'Innocent Oat Dairy Free.' https://www.waitrose.com/ecom/products/innocent-oat-dairy-free/437292-659568-659569.

Waitrose. 'OOO Mega Plantbased Flax Drink.' https://www.waitrose.com/ecom/products/ooo-mega-plantbased-flax-drink/717656-601770-601771.

Waitrose. 'Responsible soya.' https://www.waitrose.com/home/inspiration/about_waitrose/the_waitrose_way/responsible-soya-sourcing.html.

Waitrose. 'Rude Health Organic Longlife Brown Rice Drink.' https://www.waitrose.com/ecom/products/rude-health-organic-longlife-brown-rice-drink/822624-287775-287776.

Waitrose. 'Vita Coco Coconut Milk Original.' https://www.waitrose.com/ecom/products/vita-coco-coconut-milk-original/827516-668776-668777.

Witard, O. C., Jackman, S. R., Breen, L., Smith, K., Selby, A. & Tipton, K. D., 'Myofibrillar muscle protein synthesis rates subsequent to a meal in response to increasing doses of whey protein at rest and after resistance exercise.' *Am J Clin Nutr*. 2014; 99 (1): 86–95.

World Cancer Research Fund. 'Could soya products affect my risk of breast cancer?' https://www.wcrf-uk.org/uk/blog/articles/2017/10/could-soyaproducts-affect-my-risk-breast-cancer 19 October 2017.

World Health Organisation. 'Breastfeeding.' http://www.who.int/topics/breastfeeding/en/.

WWF. 'Dairy. Overview.' https://www.worldwildlife.org/industries/dairy.

WWF. 'Soy. Overview.' https://www.worldwildlife.org/industries/soy.

Which? 'Choosing the right formula milk. Toddler formula milk.' https://www.which.co.uk/reviews/formula-milk/article/choosing-the-right-formula-milk/toddler-formula-milk.

World Cancer Research Fund. 'Meat, fish and dairy products and the risk of cancer.' https://www.wcrf.org/sites/default/files/Meat-Fish-and-Dairy-products.pdf 2018.

Zamora , A., Ferragut , V., Guamis , B. & Trujillo, A. J., 'Changes in the surface protein of the fat globules during ultra-high pressure homogenization and conventional treatments of milk.' *Food Hydrocolloids*. 2012; 29(1): 135–143.

第 3 章 热 饮

American Cancer Society. 'World Health Organization Says Very Hot Drinks May Cause Cancer.' https://www.cancer.org/latest-news/world-health-organization-says-very-hot-drinks-may-cause-cancer.html June 15 2016.

American Museum of Tort Law. 'Liebeck v. McDonald's.' https://www.tortmuseum.org/liebeck-v-mcdonalds/13 June 2016.

Andrici, J. & Eslick, G. D., 'Hot Food and Beverage Consumption and the Risk of Esophageal Cancer: A Meta-Analysis.' *Am J Prev Med*. 2015; 49(6): 952–960.

Anila Namboodiripad, P. & Kori, S., 'Can coffee prevent caries?' *J Conserv Dent*. 2009; 12(1): 17–21.

Arab, L., Khan, F. & Lam, H., 'Epidemiologic evidence of a relationship between tea, coffee, or caffeine consumption and cognitive decline.' *Adv Nutr*. 2013; 4(1): 115–122.

Araujo, L. F., Mirza, S. S., Bos, D., Niessen, W. J., Barreto, S. M., van der Lugt, A., Vernooij, M. W., Hofman, A., Tiemeier, H. & Ikram, M. A., 'Association of Coffee Consumption with MRI Markers and Cognitive Function: A Population-Based Study.' *J Alzheimers Dis*. 2016; 53(2): 451–461.

Araujo, L. F., Giatti, L., Reis, R. C. P., Goulart, A. C., Schmidt, M. I., Duncan, B. B., Ikram, M. A. & Barreto, S. M., 'Inconsistency of Association between Coffee Consumption and Cognitive Function in Adults and Elderly in a Cross-Sectional Study (ELSA-Brasil).' *Nutrients*. 2015; 7: 9590–9601.

Australian Bureau of Statistics. ' "Caffeine" Australian Health Survey: Usual

Nutrient Intakes, 2011–12.' 6 March 2015.

Bae, J. H., Park, J. H., Im, S. S. & Song, D. K., 'Coffee and health.' *Integr Med Res*. 2014; 3(4): 189–191.

Bain, A. R., Lesperance, N. C. & Jay, O. 'Body heat storage during physical activity is lower with hot fluid ingestion under conditions that permit full evaporation.' *Acta Physiol (Oxf)*. October 2012; 206(2): 98–108.

BBC. 'PG Tips to switch to plastic-free teabags.' http://www.bbc.co.uk/news/uk-43224797 28 February 2018.

BBC. 'The food supplement that ruined my liver.' https://www.bbc.co.uk/news/stories-45971416 25 October 2018.

BBC. 'Coffee: Who grows, drinks and pays the most?' http://www.bbc.co.uk/news/business-43742686 13 April 2018.

Beverage Daily.com. 'The 42 Degrees Company launches self-heating coffee-cans.' https://www.beveragedaily.com/Article/2018/08/27/The-42-Degrees-Company-launches-self-heating-coffee-cans. 27 August 2018.

Boyle, N. B., Lawton, C. & Dye, L., 'The Effects of Magnesium Supplementation on Subjective Anxiety and Stress-A Systematic Review.' *Nutrients*. 2017; 9(5): 429.

Bracesco, N., Sanchez, A. G., Contreras, V., Menini, T. & Gugliucci, A., 'Recent advances on Ilex paraguariensis research: minireview.' *J Ethnopharmacol*. 2011; 136(3): 378–384.

British Coffee Association. 'Coffee in the UK.' http://www.britishcoffeeassociation. org/about_coffee/from_bean_to_cup/decaffeination/.

British Nutrition Foundation. 'Pregnancy and pre-conception.' https://www. nutrition.org.uk/nutritionscience/life/pregnancy-and-pre-conception. html?showall = 1 January 2016.

Brown, F. & Diller, K. R., 'Calculating the optimum temperature for serving hot beverages.' *Burns*. 2008; 34(5): 648–654.

Brzezicha-Cirocka, J., Grembecka, M. & Szefer, P., 'Monitoring of essential and heavy metals in green tea from different geographical origins.' *Environ Monit Assess*. 2016; 188(3): 183.

Cabrera, C., Artacho, R. & Gimenez, R., 'Beneficial effects of green tea–a review.' *J Am Coll Nutr*. 2006; 25(2): 79–99.

Cadbury. 'Hot Chocolate Instant.' https://www.cadbury.co.uk/products/cadbury-hot-chocolate-instant-11688.

Campaign. 'Nescafe discards self-heating cans.' https://www.campaignlive. co.uk/article/nescafe-discards-self-heating-cans/155450?src_site = marketingmagazine 14 August 2002.

Carman, A. J., Dacks, P. A., Lane, R. F., Shineman, D. W. & Fillit, H. M., 'Current evidence for the use of coffee and caffeine to prevent age-related cognitive decline and Alzheimer's disease.' *J Nutr Health Aging*. 2014; 18(4): 383–392.

Chacko, S. M., Thambi, P. T., Kuttan, R. & Nishigaki, I., 'Beneficial effects of green tea: a literature review.' *Chin Med*. 2010; 5: 13.

Chemistry World. 'The chemistry in your cuppa.' https://www.chemistryworld.com/feature/the-chemistry-in-your-cuppa/2500010.article 5 December 2016.

Chemistry World. 'Uncovering the secrets of tea.' https://www.chemistryworld.com/news/uncovering-the-secrets-of-tea/5634.article.

Chemistry World. 'Chemistry in every cup.' https://www.chemistryworld.com/feature/chemistry-in-every-cup/3004537.article.

Chu, D. C. & Juneja, L. R., 'General chemical composition of green tea and its infusion.' In Yamamoto, T., Juneja, L. R., Chu, D. C. & Kim, M. (eds.), *Chemistry and Applications of Green Tea*. CRC Press, Boca Raton. 1997: 13–22.

Chung, K. T., Wong, T. Y., Wei, C. I., Huang, Y. W. & Lin, Y., 'Tannins and human health: a review.' *Crit Rev Food Sci Nutr*. 1998; 38(6): 421–464.

Church, D. D., Hoffman, J. R., LaMonica, M. B., Riffe, J. J., Hoffman, M. W., Baker, K. M., Varanoske, A. N., Wells, A. J., Fukuda, D. H. & Stout, J. R., 'The effect of an acute ingestion of Turkish coffee on reaction time and time trial performance.' *J Int Soc Sports Nutr*. 2015; 12: 37.

Cleverdon, R., Elhalaby, Y., McAlpine, M. D., Gittings, W. & Ward, W. E., 'Total Polyphenol Content and Antioxidant Capacity of Tea Bags: Comparison of Black, Green, Red Rooibos, Chamomile and Peppermint over Different Steep Times.' *Beverages*. 2018; 4(1): 15.

Clipper. 'Our sustainability naturally a better cup.' https://www.clipper-teas.com/our-story/unbleached-vs-bleached-bags/.

Coca-Cola. 'Caffeine Counter.' http://www.tools.coca-cola.co.uk/gb/features/caffeine-counter.

Cocoa Life. 'Cocoa Growing. The Challenge of Cocoa.' https://www.cocoalife.org/in-the-cocoa-origins/a-story-on-farming-cocoa-growing.

Coffee and Health. 'Where coffee grows?' https://www.coffeeandhealth.org/all-about-coffee/where-coffee-grows/.

Coffee and Health. 'Roasting and grinding.' https://www.coffeeandhealth.org/all-about-coffee/roasting-grinding/.

Coffee and Health. 'Sports performance.' https://www.coffeeandhealth.org/topic-overview/sportsperformance/.

Coffee Chemistry. 'Differences between Arabica and Robusta Coffee.' https://www.coffeechemistry.com/general/agronomy/differences-arabica-and-robusta-coffee 23 April 2015.

Coffee Chemistry. 'Unlocking Coffee's Chemical Composition: Part 1.' https://www.coffeechemistry.com/library/coffee-science-publications/unlockingcoffee-s-chemical-composition-part-1.

Coffee Confi dential. 'Decaffeination 101: Four ways to decaffeinate coffee.' https://coffeeconfi dential.org/health/decaffeination/.

Consumer Attorneys of California. 'The McDonald's Hot Coffee Case.'https://www.caoc.org/?pg = facts.

Cornell College of Agriculture and Life Sciences. 'Tannins: fascinating but sometimes dangerous molecules.' http://poisonousplants.ansci.cornell.edu/toxicagents/tannin.html.

Counter Culture Coffee. 'Coffee Basics: How do you roast coffee?' https://counterculturecoffee.com/blog/coffee-basics-roasting 2 November 2017.

Daily Mail. 'The danger of detox teas: Doctor warns most users have no idea the drinks can cause heart and bowel problems and even pregnancy.' https://www.dailymail.co.uk/health/article-3746884/The-danger-detox-teas-Doctor-warns-users-no-idea-drinks-cause-heart-bowel-problems-pregnancy.html 19 August 2016.

Delimont, N. M., Haub, M. D. & Lindshield, B. L., 'The Impact of Tannin Consumption on Iron Bioavailability and Status: A Narrative Review.' *Current Developments in Nutrition.* 2017; 1(2): 1–12.

Dasanayake, A. P., Silverman, A. J. & Warnakulasuriya, S. 'Mate drinking and oral and oro-pharyngeal cancer: a systematic review and meta-analysis.' *Oral Oncol.* 2010; 46(2): 82–86.

Driftaway Coffee. 'What's the difference between Arabica and Robusta Coffee?' https://driftaway.coffee/arabica-robusta/.

Driftaway Coffee. 'Why is coffee called a cup of joe?' https://driftaway.coffee/why-is-coffee-called-a-cup-of-joe/.

Drug Bank. 'Theophylline.' https://www.drugbank.ca/drugs/DB00277.

European Food Safety Agency. 'EFSA explains risk assessment Caffeine.' http://www.efsa.europa.eu/sites/default/files/corporate_publications/files/efsaexplainscaffeine150527.pdf.

EFSA Panel on Dietetic Products, Nutrition and Allergies (NDA). 'Scientific Opinion on the substantiation of health claims related to Camelliasinensis (L.) Kuntze (tea), including catechins in green tea and tannins in black tea, and protection of DNA, proteins and lipids from oxidative damage (ID 1103, 1276, 1311, 1708, 2664), reduction of acid production in dental plaque (ID 1105, 1111), maintenance of bone (ID 1109), decreasing potentially pathogenic intestinal microorganisms (ID 1116), maintenance of vision (ID 1280), maintenance of normal blood pressure (ID 1546) and maintenance of normal blood cholesterol concentrations (ID 1113, 1114) pursuant to Article 13(1) of Regulation (EC) No 1924/2006.' *EFSA Journal.* 2010; 8(2): 1463.

EFSA. 'EFSA assesses safety of green tea catechins.' https://www.efsa.europa.eu/

en/press/news/180418 18 April 2018.

Eater. 'The McDonald's Hot Coffee Lawsuits Just Keep on Coming.' https://www.eater.com/2016/2/15/10996726/mcdonalds-hot-coffee-lawsuits-california-fresno 15 February 2016.

Fitt, E., Pell, D. & Cole, D., 'Assessing caffeine intake in the United Kingdom diet.' *Food Chemistry*. 2013; 140(3): 421–426.

Food and Agriculture Organization of the United Nations. 'World tea production and trade current and future development.' Rome 2015 http://www.fao.org/3/a-i4480e.pdf.

Foodbev Media. 'HeatGenie raises $6m to bring its self-heating drink cans to market.' https://www.foodbev.com/news/heatgenie-raises-6m-bring-self-heating-drink-cans-market/11 June 2018.

Food Component Database. '2-Ethylphenol (FDB005154).' http://foodb.ca/compounds/FDB005154.

Franco, R., Onatibia-Astibia, A. & Martinez-Pinilla, E., 'Health benefits of methylxanthines in cacao and chocolate.' *Nutrients*. 2013; 5(10): 4159–4173.

Frederick II of Prussia in 1777; quoted by Vallee, B. L., 'Alcohol in the Western World.' *Scientific American*. 1998; 278(6): 80–85.

Gambero, A. & Ribeiro, M. L., 'The positive effects of yerba mate (*Ilex paraguariensis*) in obesity.' *Nutrients*. 2015; 7(2): 730–750.

Gardner, E. J., Ruxton, C. H. S. & Leeds, A. R., 'Black tea–helpful or harmful? A review of the evidence.' *Eur J Clin Nutr*. 2007; 61: 3–18.

Go Ask Alice. 'Bagged tea versus loose leaf: Which is better?' http://goaskalice.columbia.edu/answered-questions/bagged-tea-versus-loose-leaf-which-better.

Green Tea Source. 'Where is Green Tea Consumed, and Produced the Most?' https://www.greenteasource.com/blog/where-green-tea-consumed-produced.

Grosso, G., Godos, J., Galvano, F. & Giovannucci, E. L., 'Coffee, Caffeine, and Health Outcomes: An Umbrella Review.' *Annu Rev Nutr*. 2017; 37: 131–156.

Guayaki. 'Yerba Mate.' http://guayaki.com/mate/130/Yerba-Mate.html.

Guo, Y., Zhi, F., Ping, C., Zhao, K., Xiang, H., Mao, Q., Wang, X. & Zhang, X., 'Green tea and the risk of prostate cancer: A systematic review and meta-analysis.' *Medicine*. 2017; 96(13): e6426.

Harvard Health Publishing. 'What is it about coffee?' https://www.health.harvard.edu/staying-healthy/what-is-it-about-coffee January 2012.

Harvard Medical School. 'Helping Premature Babies Breathe Easier.' https://hms.harvard.edu/news/helping-premature-babies-breathe-easier 15 May 2014.

Harvard School of Public Health. 'Carbohydrates and Blood Sugar.' https://www.hsph.harvard.edu/nutritionsource/carbohydrates/carbohydrates-and-blood-sugar/.

Healthline. 'Does Hot Chocolate Have Caffeine? How It Compares to Other

Beverages.' https://www.healthline.com/health/food-nutrition/does-hot-chocolate-have-caffeine#hot-chocolate-vs.-coffee.

Higdon, J. V. & Frei, B., 'Tea catechins and polyphenols: health effects, metabolism, and antioxidant functions.' *Crit Rev Food Sci Nutr.* 2003; 43(1): 89–143.

Higgins, S., Straight, C. R. & Lewis, R. D., 'The Effects of Preexercise Caffeinated Coffee Ingestion on Endurance Performance: An Evidence -Based Review.' *Int J Sport Nutr Exerc Metab.* 2016; 26(3): 221–239.

Hodgson, J. M., Puddey, I. B., Woodman, R. J., et al. 'Effects of Black Tea on Blood Pressure: A Randomized Controlled Trial.' *Arch Intern Med.* 2012; 172(2): 186–188.

Horlicks. 'Our story.' http://www.horlicks.co.uk/story.html.

Howstuffworks. 'How are coffee, tea and colas decaffeinated?' https://recipes.howstuffworks.com/question480.htm.

iNews. 'Tetley follows PG Tips with pledge to eliminate all plastic from tea bags.' https://inews.co.uk/inews-lifestyle/food-and-drink/tetley-tea-follows-pg-tips-with-pledge-to-eliminate-all-plastic-from-tea-bags/21 March 2018.

Initial. 'Tea Run.' https://www.initial.co.uk/washroom-news/2017/tea-run.html.

Institute of Medicine (US) Standing Committee on the Scientific Evaluation of Dietary Reference Intakes. 'Dietary Reference Intakes for Calcium, Phosphorus, Magnesium, Vitamin D, and Fluoride.' Washington (DC): National Academies Press (US); 1997. 8, Fluoride.

International Cocoa Association. 'Processing cocoa.' https://www.icco.org/about-cocoa/processing-cocoa.html 7 June 2013.

International Coffee Organization. http://www.ico.org.

International Coffee Organization. 'Total production by all exporting countries.' http://www.ico.org/prices/po-production.pdf.

International Coffee Organization. 'Trade Statistics Tables.' http://www.ico.org/trade_statistics.asp?section = Statistics.

Islami, F., Boffetta, P., Ren, J. S., Pedoeim, L., Khatib, D. & Kamangar, F., 'High-temperature beverages and foods and esophageal cancer risk–a systematic review.' *Int J Cancer.* 2009; 125(3): 491–524.

Ito En. 'Essential Green Varieties. How to Brew.' https://www.itoen.com/all-things-tea/major-varieties-tea.

Johnson-Kozlow, M., Kritz-Silverstein, E. & Barrett-Connor, D. M., 'Coffee Consumption and Cognitive Function among Older Adults.' *American Journal of Epidemiology.* 2002; 156(9): 842–850.

Jurgens, T. & Whelan, A. M., 'Can green tea preparations help with weight loss?' *Can Pharm J.* 2014; 147(3): 159–160.

Kakumanu, N. & Sudhaker, D. R., 'Skeletal Fluorosis Due to Excessive Tea

Drinking.' *N Engl J Med.* 2013; 368: 1140.

Keenan, E. K., Finnie, M. D. A., Jones. P. S., Rogers, P. J. & Priestley, C. M., 'How much theanine in a cup of tea? Effects of tea type and method of preparation.' *Food Chemistry.* 2011; 125(2): 588–594.

Khan, N. & Mukhtar, H., 'Tea and health: studies in humans.' *Curr Pharm Des.* 2013; 19(34): 6141–6147.

Kim, J. H., Desor, D., Kim, Y. T., Yoon, W. J., Kim, K. S., Jun, J. S., Pyun, K. H. & Shim, I., 'Efficacy of alphas1-casein hydrolysate on stress-related symptoms in women.' *Eur J Clin Nutr.* 2007; 61(4): 536–541.

Kim, Y. S., Kwak, S. M. & Myung, S. K., 'Caffeine intake from coffee or tea and cognitive disorders: a meta-analysis of observational studies.' *Neuroepidemiology.* 2015; 44(1): 51–63.

Know your phrase. 'Cup of Joe.' https://www.knowyourphrase.com/cup-of-joe.

Kuura. 'Tea Dynamics: What Happens When We Steep Tea?' https://kuura.co/blogs/dispatch/tea-dynamics-i.

Lipton Ice Tea. 'Products.' http://www.liptonicetea.com/en-GB/#products.

Liu, Q. P., Wu, Y. F., Cheng, H. Y., Xia, T., Ding, H., Wang, H., Wang, Z. M. & Xu, Y., 'Habitual coffee consumption and risk of cognitive decline/dementia: A systematic review and meta-analysis of prospective cohort studies.' *Nutrition.* 2016; 32(6): 628–636.

Livertox Database, Drug Record. 'Green Tea Camellia Sinesis.' https://livertox. nih.gov/GreenTea.htm.

Loria, D., Barrios, E. & Zanetti, R., 'Cancer and yerba mate consumption: a review of possible associations.' *Rev Panam Salud Publica.* 2009; 25(6): 530–539.

Lyngsø, J., Ramlau-Hansen, C. H., Bay, B., Ingerslev, H. J., Hulman, A. & Kesmodel, U. S., 'Association between coffee or caffeine consumption and fecundity and fertility: a systematic review and dose-response meta-analysis.' *Clin Epidemiol.* 2017; 9: 699–719.

McKay, D. L. & Blumberg, J. B., 'A review of the bioactivity and potential health benefits of chamomile tea (*Matricaria recutita L.*).' *Phytother Res.* 2006; 20(7): 519–530.

McKay, D. L. & Blumberg, J. B., 'A review of the bioactivity and potential health benefits of peppermint tea (*Mentha piperita L.*).' *Phytother Res.* 2006; 20(8): 619–633.

Madre Chocolate. 'Frequently asked questions.' http://madrechocolate.com/Frequently_Asked_Questions.html.

Madzharov, A., Ye, N., Morrin, M. & Block, L., 'The impact of coffee-like scent on expectations and performance.' *Journal of Environmental Psychology.* 2018; 57: 83–86.

Make Chocolate Fair! 'Campaign Cocoa production in a nutshell.' https://makechocolatefair.org/issues/cocoa-production-nutshell.

Mancini, E., Beglinger, C., Drewe, J., Zanchi, D., Lang, U. E. & Borgwardt, S., 'Green tea effects on cognition, mood and human brain function: A systematic review.' *Phytomedicine.* 2017; 34: 26–37.

Martin, M. A., Goya, L. & Ramos, S., 'Potential for preventive effects of cocoa and cocoa polyphenols in cancer.' *Food Chem Toxicol.* 2013; 56: 336–351.

Mayo Clinic. 'Caffeine content for coffee, tea, soda and more.' https://www.mayoclinic.org/healthy-lifestyle/nutrition-and-healthy-eating/in-depth/caffeine/art-20049372.

Medicines and Healthcare products Regulatory Agency. 'Caffeine for apnoea of prematurity.' https://www.gov.uk/drug-safety-update/caffeine-for-apnoea-of-prematurity 11 December 2014.

Mitchell, D. C., Knight, C. A., Hockenberry, J., Teplansky, R. & Hartman, T. J., 'Beverage caffeine intakes in the U.S.' *Food Chem Toxicol.* 2014; 63: 136–142.

Monteiro, J. P., Alves, M. G., Oliveira, P. F. & Silva, B. M., 'Structure-Bioactivity Relationships of Methylxanthines: Trying to Make Sense of All the Promises and the Drawbacks.' *Molecules.* 2016; 21(8): 974.

Muntons. 'What is Malt?' http://www.muntonsmalt.com/wp-content/uploads/2015/03/Health-benefits-of-Malt.pdf.

National Center for Biotechnology Information. PubChem Database. 'Caffeine.' https://pubchem.ncbi.nlm.nih.gov/compound/2519.

National Center for Biotechnology Information. PubChem Database. 'Ethyl acetate.' https://pubchem.ncbi.nlm.nih.gov/compound/8857.

National Center for Biotechnology Information. PubChem Database. 'Methylene chloride.' https://pubchem.ncbi.nlm.nih.gov/compound/6344.

National Center for Biotechnology Information. PubChem Database. 'Theophylline.' https://pubchem.ncbi.nlm.nih.gov/compound/2153.

National Center for Biotechnology Information. PubChem Database. 'Trigonelline.' https://pubchem.ncbi.nlm.nih.gov/compound/5570.

National Center for Biotechnology Information. PubChem Database. 'Serotonin.' https://pubchem.ncbi.nlm.nih.gov/compound/5202.

National Center for Biotechnology Information. PubChem Database. 'Tryptophan.' https://pubchem.ncbi.nlm.nih.gov/compound/6305.

National Coffee Association USA. 'What is coffee?' http://www.ncausa.org/About-Coffee/What-is-Coffee.

National Coffee Association USA. 'How to brew coffee.' https://www.ncausa.org/About-Coffee/How-to-Brew-Coffee.

National Coffee Association USA. 'Coffee roast guide.' http://www.ncausa.org/

About-Coffee/Coffee-Roasts-Guide.

National Osteoporosis Foundation. 'Frequently Asked Questions.' https://www. nof.org/patients/patient-support/faq/.

Nelson, M. & Poulter, J., 'Impact of tea drinking on iron status in the UK: a review.' *J Hum Nutr Diet*. 2004; 17(1): 43–54.

Nestle. 'Meet the Milo supermen who inspired our super brand.' https://www. nestle.com/aboutus/history/nestle-company-history/milo.

Newsweek. 'Coffee brain boost: smell alone can bring higher math test scores.' https://www.newsweek.com/coffee-brain-boost-smell-alonecan-bring-higher-math-test-scores-researchers-1029044.

NHS. 'Should I limit caffeine during pregnancy?' https://www.nhs.uk/common-health-questions/pregnancy/should-i-limit-caffeine-during-pregnancy/2 May 2018.

Nieber, K., 'The Impact of Coffee on Health.' *Planta Med*. 2017; 83(16): 1256–1263.

Norfolk Dental Specialists. 'Causes, Prevention and Treatment of Tooth Staining.' https://www.ndspecialists.uk/news/causes-prevention-and-treatment-of-tooth-staining.

North Star Coffee Roasters. 'Roasting Coffee: Light, Medium and Dark Roasts Explained.' https://www.northstarroast.com/roasting-coffeelight-medium-dark/.

Panza, F., Solfrizzi, V., Barulli, M. R., Bonfi glio, C., Guerra, V., Osella, A., Seripa, D., Sabba, C., Pilotto, A. & Logroscino, G., 'Coffee, tea, and caffeine consumption and prevention of late-life cognitive decline and dementia: a systematic review.' *J Nutr Health Aging*. 2015; 19(3): 313–328.

Peng, C. Y., Zhu, X. H., Hou, R. Y., Ge, G. F., Hua, R. M., Wan, X. C. & Cai, H. M., 'Aluminum and Heavy Metal Accumulation in Tea Leaves: An Interplay of Environmental and Plant Factors and an Assessment of Exposure Risks to Consumers.' *J Food Sci*. 2018; 83(4): 1165–1172.

Phongnarisorn, B., Orfila, C., Holmes, M. & Marshall, L. J., 'Enrichment of Biscuits with Matcha Green Tea Powder: Its Impact on Consumer Acceptability and Acute Metabolic Response.' *Foods*. 2018; 7(2): 17.

Poole, R., Kennedy, O. J., Roderick, P., Fallowfi eld, J. A., Hayes, P. C. & Parkes, J., 'Coffee consumption and health: umbrella review of meta-analyses of multiple health outcomes.' *BMJ*. 2017; 359: j5024.

Pucciarelli, D. L., 'Cocoa and heart health: a historical review of the science.' *Nutrients*. 2013; 5(10): 3854–3870.

Rainforest Alliance. 'Chocolate: The Journey From Beans to Bar.' https://www. rainforest-alliance.org/pictures/chocolate-from-bean-to-bar.

Red Bull. 'Caffeine.' http://energydrink-uk.redbull.com/red-bull-caffeine-content.

Reygaert, W. C., 'An Update on the Health Benefits of Green Tea.' *Beverages* 2017; 3(1): 6.

Richards, G., Smith, A. P., 'Caffeine Consumption and General Health in Secondary School Children: A Cross-sectional and Longitudinal Analysis.' *Front Nutr.* 2016; 3: 52.

Rodriguez-Artalejo, F. & Lopez-Garcia, E., 'Coffee Consumption and Cardiovascular Disease: A Condensed Review of Epidemiological Evidence and Mechanisms.' *J Agric Food Chem.* 2018; 66(21): 5257–5263.

Rossi, T., Gallo, C., Bassani, B., Canali, S., Albini, A. & Bruno, A., 'Drink your prevention: beverages with cancer preventive phytochemicals.' *Pol Arch Med Wewn.* 2014; 124(12): 713–722.

Royal Botanic Gardens Kew. '*Camellia sinensis.*' http://powo.science.kew.org/taxon/urn:lsid:ipni.org:names:828548-1.

Royal Society of Chemistry. 'How to make a Perfect Cup of Tea.' http://www.academiaobscura.com/wp-content/uploads/2014/10/RSC-tea-guidelines.pdf.

Sainsbury's. 'Ovaltine Malted Drink, Original 300g.' https://www.sainsburys.co.uk/shop/gb/groceries/ovaltine-malted-drink--original-300g.

Schwalfenberg, G., Genuis, S. J. & Rodushkin, I., 'The benefits and risks of consuming brewed tea: beware of toxic element contamination.' *J Toxicol.* 2013: 370460.

Schubert, M. M., Irwin, C., Seay, R. F., Clarke, H. E., Allegro, D. & Desbrow, B., 'Caffeine, coffee, and appetite control: a review.' *Int J Food Sci Nutr.* 2017; 68(8): 901–912.

Schulze, J., Melzer, L., Smith, L. & Teschke, R., 'Green Tea and Its Extracts in Cancer Prevention and Treatment.' *Beverages.* 2017; 3(1): 17.

Scientific American. 'How is caffeine removed to produce decaffeinated coffee?' https://www.scientificamerican.com/article/how-is-caffeineremoved-t/.

Skinner, T. L., Jenkins, D. G., Taaffe, D. R., Leveritt, M. D. & Coombes, J. S., 'Coinciding exercise with peak serum caffeine does not improve cycling performance.' *J Sci Med Sport.* 2013; 16(1): 54–59.

Smithsonian.com. 'A Hot Drink on a Hot Day Can Cool You Down.' https://www.smithsonianmag.com/science-nature/a-hot-drink-on-a-hot-day-can-cool-you-down-1338875/.

Snopes. 'Why is Coffee Called a "Cup of Joe"?' https://www.snopes.com/factcheck/cup-of-joe/9 January 2009.

Solfrizzi, V., Panza, F., Imbimbo, B. P., D'Introno, A., Galluzzo, L., Gandin, C., Misciagna, G., Guerra, V., Osella, A., Baldereschi, M., Di Carlo, A., Inzitari, D., Seripa, D., Pilotto, A., Sabba. C., Logroscino, G., Scafato, E.; Italian Longitudinal Study on Aging Working Group. 'Coffee Consumption Habits and the Risk of Mild Cognitive Impairment: The Italian Longitudinal Study on Aging.' *J Alzheimers Dis.* 2015; 47(4): 889–899.

Song, J., Xu, H., Liu, F. & Feng, L., 'Tea and cognitive health in late life: current evidence and future directions.' *J Nutr Health Aging.* 2012; 16(1): 31–34.

Stadheim, H. K., Spencer, M., Olsen, R. & Jensen, J., 'Caffeine and performance over consecutive days of simulated competition.' *Med Sci Sports Exerc.* 2014; 46(9): 1787–1796.

Standley, L., Winterton, P., Marnewick, J. L., Gelderblom, W. C., Joubert, E. & Britz, T. J., 'Influence of processing stages on antimutagenic and antioxidant potentials of rooibos tea.' *J Agric Food Chem.* 2001; 49(1): 114–117.

Starbucks. 'Summer 2 2018 Beverage Ingredients.' https://globalassets.starbucks.com/assets/68FC43D2BE3244C9A70EE30EA57B4880.pdf.

Statista. 'The British drink less tea but more coffee.' https://www.statista.com/chart/10196/coffee-and-tea-purchases-in-the-uk/10 July 2017.

Statista. 'Annual per capita tea consumption worldwide as of 2016.' https://www.statista.com/statistics/507950/global-per-capita-tea-consumption-by-country/.

Statista. 'Global beverage sales share from 2011 to 2016, by beverage type.' https://www.statista.com/statistics/232773/forecast-for-global-beverage-sales-by-beverage-type/.

St-Onge, M. P., Mikic, A. & Pietrolungo, C. E., 'Effects of Diet on Sleep Quality.' *Adv Nutr.* 2016; 7(5): 938–949.

Supermarketnews. 'Self-heating coffee in a can.' http://supermarketnews.co.nz/self-heating-coffee-in-a-can/28 August 2018.

Suzuki, Y., Miyoshi, N. & Isemura, M., 'Health-promoting effects of green tea.' *Proc Jpn Acad Ser B Phys Biol Sci.* 2012; 88(3): 88–101.

Tea Advisory Panel. 'Health and Wellbeing.' https://www.teaadvisorypanel.com/tea/health-wellbeing.

Tea Association of the USA. 'Tea fact sheet – 2018–2019.' http://www.teausa.com/14655/tea-fact-sheet.

Teatulia. 'What is Chai?' https://www.teatulia.com/tea-varieties/what-is-chai.htm.

Tea Class. 'Yerba Mate.' https://www.teaclass.com/lesson_0309.html.

Tea Class. 'Types of Tea.' https://www.teaclass.com/lesson_0102.html.

Tea Metabolome Database. http://pcsb.ahau.edu.cn:8080/TCDB/f.

Teatulia. 'Tea Processing.' https://www.teatulia.com/tea-101/tea-processing.htm.

Temple, J. L., Bernard, C., Lipshultz, S. E., Czachor, J. D., Westphal, J. A. & Mestre, M. A., 'The Safety of Ingested Caffeine: A Comprehensive Review.' *Frontiers in Psychiatry.* 2017; 8. https://doi.org/10.3389/fpsyt.2017.00080.

Tesco. 'Ovaltine Original Add Milk Drink 300g.' https://www.tesco.com/groceries/en-GB/products/258492318.

Tesco. 'Nestle Milo 400g.' https://www.tesco.com/groceries/en-GB/products/259536574.

The Atlantic. 'Map: The Countries That Drink the Most Tea. Move over, China. Turkey is the real titan of tea.' https://www.theatlantic.com/international/archive/2014/01/map-the-countries-that-drink-the-most-tea/283231/21 January 2014.

The Conversation. 'What science says about getting the most out of your tea.' http://theconversation.com/what-science-says-about-getting-the-most-out-of-your-tea-75767 18 April 2017.

The Conversation. 'Self-heating drinks cans return–here's how they work.' http://theconversation.com/self-heating-drinks-cans-return-heres-how-they-work-98476 20 June 2018.

The Co-operative Group. 'The New "Green" Tea: Co-op Brews Up Solution To Plastic Tea Bags.' https://www.co-operative.coop/media/news-releases/the-new-green-tea-co-op-brews-up-solution-to-plastic-tea-bags30 January 2018.

The Huffington Post. 'McDonald's Hot Coffee Controversy Is Back With Another Burn Lawsuit.' https://www.huffingtonpost.co.uk/entry/mcdonalds-hot-coffee-suit_n_4192626 12 June 2017.

The Huffington Post. 'The McDonalds' Coffee Case.' https://www.huffingtonpost.com/darryl-s-weiman-md-jd/the-mcdonalds-coffee-case_b_14002362.html 7 January 2018.

The Pherobase. '2-ethylphenol.' http://www.pherobase.com/database/compound/compounds-detail-2-ethylphenol.php?isvalid = yes.

TuftsNow. 'Does tea lose its health benefits if it's been stored a long time? And is it better to use loose tea or tea bags?' http://now.tufts.edu/articles/tea-health-benefits-storage-time 26 May 2011.

Twinings. 'Chinese Jasmine Green.' https://www.twinings.co.uk/tea/loose-tea/chinese-jasmine-green.

Twinings. 'How is Tea Made.' https://www.twinings.co.uk/about-tea/how-is-tea-made.

UK Tea and Infusions Association. 'The History of the Tea Bag.' https://www.tea.co.uk/the-history-of-the-tea-bag.

UK Tea and Infusions Association. 'Tea Facts.' https://www.tea.co.uk/tea-facts.

Unachukwu, U. J., Ahmed, S., Kavalier, A., Lyles, J. T. & Kennelly, E. J., 'White and green teas (*Camellia sinensis* var. *sinensis*): variation in phenolic, methylxanthine, and antioxidant profiles.' *J Food Sci.* 2010; 75(6): C541–548.

University of Cambridge. 'Bovril–a very beefy (and British) love affair.' https://www.cam.ac.uk/research/news/bovril-a-very-beefy-and-british-love-affair 5 July 2013.

Verster, J. C. & Koenig, J., 'Caffeine intake and its sources: A review of national representative studies.' *Critical Reviews in food Science and Nutrition.* 2018; 58(8): 1250–1259.

Vuong, Q. V., 'Epidemiological Evidence Linking Tea Consumption to Human Health: A Review.' *Critical Reviews in Food Science and Nutrition.* 2014; 54(4): 523–536.

Vuong, Q. V., Tan, S. P., Stathopoulos, C. E. & Roach, P. D., 'Improved extraction of green tea components from teabags using the microwave oven.' *Journal of Food Composition and Analysis.* 2012; 27(1): 95–101.

Wang, D., Chen, C., Wang, Y., Liu, J. & Lin, R., 'Effect of Black Tea Consumption on Blood Cholesterol: A Meta-Analysis of 15 Randomized Controlled Trials.' *PLoS ONE.* 2014; 9(9): e107711.

Waugh, D. T., Potter, W., Limeback, H. & Godfrey, M., 'Risk Assessment of Fluoride Intake from Tea in the Republic of Ireland and its Implications for Public Health and Water Fluoridation.' *Int J Environ Res Public Health.* 2016; 13(3): 259.

WebMD. 'Decaf coffee isn't caffeine free.' https://www.webmd.com/diet/news/20061011/decaf-coffee-isnt-caffeine-free 11 October 2006.

Whayne, T. F., Jr., 'Coffee: A Selected Overview of Beneficial or Harmful Effects on the Cardiovascular System?' *Curr Vasc Pharmacol.* 2015; 13(5): 637–648.

Wierzejska, R., 'Tea and health–a review of the current state of knowledge.' *Przegl Epidemiol.* 2014; 68(3): 501–506, 595–599.

Williams, J., Kellett, J., Roach, P. D., McKune, A., Mellor, D., Thomas, J. & Naumovski, N., 'Review l-Theanine as a Functional Food Additive: Its Role in Disease Prevention and Health Promotion.' *Beverages.* 2016; 2(2): 13.

Willems, M. E. T., Şahin, M. A. & Cook, M. D., 'Matcha Green Tea Drinks Enhance Fat Oxidation During Brisk Walking in Females.' *Int J Sport Nutr Exerc Metab.* 2018; 28(5): 536–541.

Winston, A., Hardwick, E. & Jaberi, N., 'Neuropsychiatric effects of caffeine.' *Advances in Psychiatric Treatment.* 2005; 11(6): 432–439.

Women's Health. 'If You've Been Tempted By The Quick Wins of Detox Tea, Read This.' https://www.womenshealthmag.com/uk/food/healthy-eating/a707711/detox-tea/28 November 2018.

World Cocoa Foundation. https://www.worldcocoafoundation.org.

World Cocoa Foundation. 'Cocoa glossary.' https://www.worldcocoafoundation.org/cocoa-glossary/.

World Cocoa Foundation. 'History of Cocoa.' http://www.worldcocoafoundation.org/about-cocoa/history-of-cocoa/15 August 2018.

Wu, L., Sun, D. & He, Y., 'Coffee intake and the incident risk of cognitive disorders: A dose-response meta-analysis of nine prospective cohort studies.' *Clin Nutr.* 2017; 36(3): 730–736.

Yang, J., Mao, Q. X., Xu, H. X., Ma, X. & Zeng, C. Y., 'Tea consumption and risk of type 2 diabetes mellitus: a systematic review and meta-analysis update.' *BMJ Open*. 2014; 4(7): e005632.

Yuan, J. M., 'Cancer prevention by green tea: evidence from epidemiologic studies.' *Am J Clin Nutr*. 2013; 98(6 Suppl): 1676S–1681S.

Yue, Y., Chu, G. X., Liu, X. S., Tang, X., Wang, W., Liu, G. J., Yang, T., Ling, T. J., Wang, X. G., Zhang, Z. Z., Xia, T., Wan, X. C. & Bao, G. H., 'TMDB: a literature-curated database for small molecular compounds found from tea.' *BMC Plant Biol*. 2014; 16(14): 243.

Zhao, Y., Asimi, S., Wu, K., Zheng, J. & Li, D., 'Black tea consumption and serum cholesterol concentration: Systematic review and meta-analysis of randomized controlled trials.' *Clin Nutr*. 2015; 34(4): 612–619.

Zhang, Y. F., Xu, Q., Lu, J., Wang, P., Zhang, H. W., Zhou, L., Ma, X. Q. & Zhou, Y. H., 'Tea consumption and the incidence of cancer: a systematic review and meta-analysis of prospective observational studies.' *Eur J Cancer Prev*. 2015; 24(4): 353–362.

Zhou, A., Taylor, A. E., Karhunen, V., et al. 'Habitual coffee consumption and cognitive function: a Mendelian randomization meta-analysis in up to 415,530 participants.' *Sci Rep*. 2018; 8(1): 7526.

第 4 章　冷饮（不含酒精）

AG Barr. 'The phenomenal A.G. Barr story.' https://www.agbarr.co.uk/about-us/our-history/timeline/.

Ahlawat, K. S. & Khatkar, B. S., 'Processing, food applications and safety of aloe vera products: a review.' *J Food Sci Technol*. 2011; 48(5): 525–533.

Air Pollution Information System. 'Sulphur Dioxide.' http://www.apis.ac.uk/overview/pollutants/overview_SO2.htm.

Al-Shaar, L., Vercammen, K., Lu, C., Richardson, S. et al. 'Health Effects and Public Health Concerns of Energy Drink Consumption in the United States: A Mini-Review.' *Frontiers in Public Health*. 2017; 5: 225.

American Society for Nutrition. 'Are all sugars created equal? Let's talk fructose metabolism.' https://nutrition.org/sugars-created-equal-lets-talk-fructose-metabolism/3 December 2015.

Annie Andre. '7 strange table manners around the world: burping, farting+.' https://www.annieandre.com/world-table-manners-etiquette/.

ASCIA. 'Sulfite sensitivity.' https://www.allergy.org.au/patients/product-allergy/sulfite-allergy 2014.

Asgari-Taee, F., Zerafati-Shoae, N. & Dehghani, M. et al. 'Association of sugar sweetened beverages consumption with non-alcoholic fatty liver disease: a systematic review and meta-analysis.' *Eur J Nutr*. May 2018: 1–11.

Australian Government Department of the Environment and Energy. 'What is sulfur dioxide?' http://www.environment.gov.au/protection/publications/factsheet-sulfur-dioxide-so2 2005.

BBC. 'Coca-Cola "in talks" over cannabis-infused drinks.' https://www.bbc.co.uk/news/business-45545233 17 September 2018.

BBC. 'High sport drink use among young teens "risk to health".' https://www.bbc.co.uk/news/uk-wales-south-east-wales-36638596 27 June 2016.

BDA. 'Consumption of energy drinks by young people–what is the evidence?' https://www.bda.uk.com/dt/articles/energy_drinks_young_people.

Beezhold, B. L., Johnston, C. S. & Nochta, K. A., 'Sodium Benzoate-Rich Beverage Consumption is Associated with Increased Reporting of ADHD Symptoms in College Students: A Pilot Investigation.' *Journal of Attention Disorders*. 2014; 18(3): 236–241.

Berkeley Wellness. 'Is high fructose corn syrup worse than regular sugar?' http://www.berkeleywellness.com/healthy-eating/nutrition/article/high-fructose-corn-syrup-worse-regular-sugar 7 June 2017.

Beverage Daily. 'Cactus, birch, lychee and lemongrass: Soft drink consumers turn to natural flavors and functional innovations.' https://www.beveragedaily.com/Article/2016/01/06/Soft-drinks-turn-to-natural-flavors-and-functional-innovations# 6 January 2016.

Bezkorovainy, A., 'Probiotics: determinants of survival and growth in the gut.' *Am J Clin Nutr*. 2001; 73(2): 399s–405s.

Bian, X., Chi, L., Gao, B., Tu, P., Ru, H. & Lu, K., 'The artificial sweetener acesulfame potassium affects the gut microbiome and body weight gain in CD-1 mice.' *PLoS One*. 2017;12(6): e0178426.

Bleakley, S. & Hayes, M., 'Algal Proteins: Extraction, Application, and Challenges Concerning Production.' *Foods*. 2017; 6(5): 33.

BMJ. 'Research news. Fructose may be making us eat more.' https://www.bmj.com/content/346/bmj.f74 9 January 2013.

Brink-Elfegoun, T., Ratel, S., Lepretre, P. M., et al. 'Effects of sports drinks on the maintenance of physical performance during 3 tennis matches: a randomized controlled study.' *J Int Soc Sports Nutr*. 2014; 11: 46.

British Nutrition Foundation. 'Liquids.' https://www.nutrition.org.uk/nutritionscience/nutrients-food-and-ingredients/liquids.html?limit=1&start = 3 July 2009.

British Nutrition Foundation. 'Minerals and trace elements.' https://www.nutrition.org.uk/nutritionscience/nutrients-food-and-ingredients/minerals-and-trace-elements.html?limit = 1&start = 14.

British Nutrition Foundation. 'Nutrition requirements.' https://www.nutrition.org.uk/attachments/article/234/Nutrition%20Requirements_Revised%20Oct%20

2016.pdf October 2016.

British Nutrition Foundation. 'Should children be drinking energy drinks?' https://www.nutrition.org.uk/nutritioninthenews/headlines/childrenenergydrinks.html 18 January 2018.

British Soft Drinks Association. 'Carbonated drinks.' http://www.britishsoftdrinks.com/Carbonated-Fizzy-Drinks.

British Soft Drinks Association. 'Dilutables.' http://www.britishsoftdrinks.com/Dilutables.

British Soft Drinks Association. 'Fruit juices.' http://www.britishsoftdrinks.com/Fruit-Juices.

British Soft Drinks Association. 'Ingredients.' http://www.britishsoftdrinks.com/Ingredients.

British Soft Drinks Association. 'Soft drinks.' http://www.britishsoftdrinks.com/soft-drinks.

Broad, E. M. & Rye, L. A., 'Do current sports nutrition guidelines conflict with good oral health?' *Gen Dent.* 2015; 63(6): 18–23.

Brown, C. J., Smith, G., Shaw, L., Parry, J. & Smith, A. J., 'The erosive potential of fl avoured sparkling water drinks.' *International Journal of Paediatric Dentistry.* 2007; 17: 86–91.

Calvo, M. S. & Tucker, K. L., 'Is phosphorus intake that exceeds dietary requirements a risk factor in bone health?' *Ann. N.Y. Acad. Sci.* 2013; 1301: 29–35.

Cannabis Drinks Expo. 'Home.' http://cannabisdrinksexpo.com.

CNN Health. 'What are natural flavors, really?' https://edition.cnn.com/2015/01/14/health/feat-natural-flavors-explained/index.html 14 January 2015.

Coca-Cola. 'Are there any additives in Coca-Cola?' https://www.coca-cola.co.uk/faq/ingredients/do-you-use-additives-or-preservatives-in-coca-cola.

Coca-Cola. 'Brands: Sprite.' https://www.coca-cola.co.uk/drinks/sprite/.

Coca-Cola. 'Coca-Cola Original Taste.' https://www.coca-cola.co.uk/drinks/coca-cola/coca-cola.

Coca-Cola. 'How many calories are there in a 330ml can of Coca-Cola original taste?' https://www.coca-cola.co.uk/faq/calories-in-330ml-can-of-coca-cola.

Coca-Cola. 'Let's talk about the government's soft drinks tax and what that means for our drinks.' https://www.coca-cola.co.uk/blog/lets-talk-aboutsoft-drinks-tax? 5 April 2018.

Coca-Cola. 'What are the ingredients of a Coca-Cola Classic?' https://www.coca-cola.co.uk/faq/ingredients/what-are-the-ingredients-of-coca-cola-classic.

Coconut Knowledge Centre Singapore. http://www.lankacoconutgrowers.com/pdf/Coconut_Knowledge_Center.pdf.

Cohen, D., 'The truth about sports drinks.' *BMJ.* 2012; 345: e4737.

Daily Beast. 'The scoop on sprirulina: should you eat this microalgae?' https:// www.thedailybeast.com/the-scoop-on-spirulina-should-you-eat-this-microalgae 20 March 2015.

Davies, R., 'Effect of fructose on overeating visualised.' *The Lancet Diabetes & Endocrinology.* 2013; 1: S7.

Department of Health. 'Nutrient analysis of fruit and vegetables. Summary report.' March 2013.

Derlet, R. W. & Albertson, T. E., 'Activated charcoal–past, present and future.' *The Western Journal of Medicine.* 1986; 145(4): 493–496.

Di, R., Huang, M. T. & Ho, C. T., 'Anti-inflammatory Activities of Mogrosides from Momordica grosvenori in Murine Macrophages and a Murine Ear Edema Model.' *J. Agric. Food Chem.* 2011; 59(13): 7474–7481.

Drugs and Lactation Database (LactMed). Bethesda (MD): National Library of Medicine (US); 2006–. *Turmeric.* [Updated 2019 Jan 7]. Available from: https://www.ncbi.nlm.nih.gov/books/NBK501846/.

Du, M., Tugendhaft, A., Erzse, A. & Hofman, K. J., 'Sugar-Sweetened Beverage Taxes: Industry Response and Tactics.' *Yale J Biol Med.* 2018; 91(2): 185–190.

Eccles, R., Du-Plessis, L., Dommels, Y. & Wilkinson, J. E., 'Cold pleasure. Why we like ice drinks, ice-lollies and ice cream.' *Appetite.* 2013; 71: 336–357.

EFFA. 'EFFA Guidance Document on the EC Regulation on Flavourings.' http://www.effa.eu/docs/default-source/guidance-documents/effa_guidance-document-on-the-ec-regulation-on-flavourings.pdf?sfvrsn = 2.

EFSA. 'EFSA assesses new aspartame study and reconfirms its safety.' https:// www.efsa.europa.eu/en/press/news/060504 4 May 2006.

EFSA Panel on Food Additives and Nutrient Sources added to Food (ANS). 'Scientific Opinion on the re-evaluation of aspartame (E 951) as a food additive.' *EFSA Journal.* 2013; 11(12): 3496.

EFSA Panel on Food Additives and Nutrient Sources added to Food (ANS). 'Scientific opinion on the re-evaluation of dimethyl dicarbonate (DMDC, E 242) as a food additive.' *EFSA Journal.* 2015; 13(12): 4319.

EFSA Panel on Food Additives and Nutrient Sources added to Food (ANS). 'Scientific Opinion on the re-evaluation of sulfur dioxide (E 220), sodium sulfite (E 221), sodium bisulfite (E 222), sodium metabisulfite (E 223), potassium metabisulfite (E 224), calcium sulfite (E 226), calcium bisulfite (E 227) and potassium bisulfite (E 228) as food additives.' *EFSA Journal.* 2016; 14(4): 4438.

EFSA Panel on Food Additives and Nutrient Sources added to Food (ANS). 'Scientific Opinion on the safety of steviol glycosides for the proposed uses as a food additive.' *EFSA Journal.* 2010; 8(4): 1537.

Emmins, C., *Soft Drinks. Their origins and history*. Shire Album 269. Shire Publications Ltd.

Ernst, E., 'Kombucha: a systematic review of the clinical evidence.' *Forsch Komplementarmed Klass Naturheilkd*. 2003; 10(2): 85–87.

Eufic. 'Acidity regulators: The multi-task players.' https://www.eufic.org/en/whats-in-food/article/acidity-regulators-the-multi-task-players 1 December 2004.

European Commission Scientific Committee on Food. 'Opinion of the Scientific Committee on Food on sucralose.' SCF/CS/ADDS/EDUL/190 Final. 12 September 2000.

European Commission Scientific Committee on Food. 'Opinion on saccharin and its sodium, potassium and calcium salts.' CS/ADD/EDUL/148-FINAL. February 1997.

FDA. 'Carbonated soft drinks: what you should know.' https://www.fda.gov/food/ingredientspackaginglabeling/foodadditivesingredients/ucm232528.htm 3 January 2018.

FDA. 'High fructose corn syrup questions and answers.' https://www.fda.gov/food/ingredientspackaginglabeling/foodadditivesingredients/ucm324856.htm 4 April 2018.

Field, A. E., Sonneville, K. R., Falbe, J., et al. 'Association of sports drinks with weight gain among adolescents and young adults.' *Obesity* (Silver Spring). 2014; 22(10): 2238–2243.

Flood-Obbagy, J. E. & Rolls, B. J., 'The effect of fruit in different forms on energy intake and satiety at a meal.' *Appetite*. 2008; 52(2): 416–422.

Food Ingredients Online. 'Beverage stabilizers.' https://www.foodingredientsonline.com/doc/beverage-stabilizers-000115 November 2000.

Food Standards Agency. 'Food additives.' https://www.food.gov.uk/safety-hygiene/food-additives 9 January 2018.

Forbes. '5 more locations pass soda taxes: what's next for big soda?' https://www.forbes.com/sites/brucelee/2016/11/14/5-more-locations-pass-soda-taxes-whats-next-for-big-soda/#1b86d0ded192 14 November 2016.

Ford, A. C., Harris, L. A., Lacy, B. E., Quigley, E. M. M. & Moayyedi, P., 'Systematic review with meta-analysis: the efficacy of prebiotics, probiotics, synbiotics and antibiotics in irritable bowel syndrome.' *Aliment Pharmacol Ther*. 2018; 48: 1044–1060.

Gedela, M., Potu, K. C., Gali, V. L., Alyamany, K. & Jha, L. K., 'A Case of Hepatotoxicity Related to Kombucha Tea Consumption.' *S D Med*. 2016; 69(1): 26–28.

Gov. UK. 'Soft Drinks Industry Levy comes into effect.' https://www.gov.uk/government/news/soft-drinks-industry-levy-comes-into-effect 5 April 2018.

Greenwalt, C. J., Steinkraus, K. H. & Ledford, R. A., 'Kombucha, the fermented tea: microbiology, composition, and claimed health effects.' *J Food Prot.* 2000; 63(7): 976–981.

Gupta, S. C., Patchva, S. & Aggarwal, B. B., 'Therapeutic roles of curcumin: lessons learned from clinical trials.' *AAPS J.* 2012; 15(1): 195–218.

Hamman, J. H., 'Composition and Applications of *Aloe vera* Leaf Gel.' *Molecules.* 2008; 13(8): 1599–1616.

Healthline. 'Longan fruit vs. lychee: health benefits, nutrition information and uses.' https://www.healthline.com/health/longan-fruit-vs-lychee-benefits#takeaway 22 June 2017.

Hewlings, S. J. & Kalman, D. S., 'Curcumin: A Review of Its' Effects on Human Health.' *Foods.* 2017; 6(10): 92.

History of Soft Drinks. 'How are soft drinks made?' http://www.historyofsoftdrinks.com/making-soda/how-soft-drinks-are-made/.

Holbourn, A. & Hurdman, J., 'Kombucha: is a cup of tea good for you?' *BMJ Case Rep.* 2 December 2017; 2017: pii: bcr-2017-221702.

Holland & Barrett. 'Invo Pure Coconut Water.' https://www.hollandandbarrett.com/shop/product/invo-pure-coconut-water-60028523.

Hu, F. B., 'Resolved: there is sufficient scientific evidence that decreasing sugar-sweetened beverage consumption will reduce the prevalence of obesity and obesity-related diseases.' *Obes Rev.* 2013; 14(8): 606–619.

Hu, F. B. & Malik, V. S., 'Sugar-sweetened beverages and risk of obesity and type 2 diabetes: epidemiologic evidence.' *Physiol Behav.* 2010; 100(1): 47–54.

Huang, C., Huang, J., Tian, Y. et al. 'Sugar sweetened beverages consumption and risk of coronary heart disease: A meta-analysis of prospective studies.' *Atherosclerosis.* 2014; 234(1): 11–16.

Huffington Post. 'Here's why "maple water" isn't the new anything.' https://www.huffingtonpost.co.uk/entry/maple-water_n_5606092 24 July 2014.

HYET Sweet. 'Sweetener system for soft drinks.' https://www.hyetsweet.com/wp-content/themes/HyetSweet/includes/img/Leaflet_SSfSD_HYET_Sweet.pdf.

IARC. 'Saccharin and its salts.' IARC Monographs Volume 73: 517–624.

Imamura, F., O'Connor, L., Ye, Z., et al. 'Consumption of sugar sweetened beverages, artificially sweetened beverages, and fruit juice and incidence of type 2 diabetes: systematic review, meta-analysis, and estimation of population attributable fraction.' *BMJ.* 2015; 351: h3576.

The Independent. 'Food agency calls for ban on six artificial colours.' https://www.independent.co.uk/life-style/food-and-drink/news/food-agency-calls-for-ban-on-six-artificial-colours-807806.html 11 April 2008.

The Independent. 'Irn-Bru: 15 things you didn't know about Scotland's national drink.' https://www.independent.co.uk/life-style/food-and-drink/irn-bru-things-what-is-didnt-know-recipe-change-ag-barr-scotland-favourite-soft-drink-can-a8143301.html 5 January 2018.

The Independent. 'The real thing? Historian publishes Coca-Cola's "secret formula".' https://www.independent.co.uk/news/world/americas/the-real-thing-historian-publishes-coca-colas-secret-formula-8619076.html 16 May 2017.

Institute of Medicine (US) Panel on Micronutrients. *Dietary Reference Intakes for Vitamin A, Vitamin K, Arsenic, Boron, Chromium, Copper, Iodine, Iron, Manganese, Molybdenum, Nickel, Silicon, Vanadium, and Zinc.* Washington (DC): National Academies Press (US). 2001; 10, Manganese. Available from: https://www.ncbi.nlm.nih.gov/books/NBK222332/.

International Food Information Council Foundation. 'Everything you need to know about sucralose.' http://www.foodinsight.org/articles/everything-you-need-know-about-sucralose 26 November 2018.

Jamwal, R., 'Bioavailable curcumin formulations: A review of pharmacokinetic studies in healthy volunteers.' *J Integr Med.* 2018; 16(6): 367–374.

Johnson, L. A., Foster, D. & McDowell, J. C., 'Energy Drinks: Review of Performance Benefits, Health Concerns, and Use by Military Personnel.' *Military Medicine.* 2014; 179(4): 375–380.

Kalman, D. S., Feldman, S., Krieger, D. R. & Bloomer, R. J., 'Comparison of coconut water and a carbohydrate-electrolyte sport drink on measures of hydration and physical performance in exercise-trained men.' *J Int Soc Sports Nutr.* 2012; 9(1): 1.

Kleerebezem, M., Binda, S. & Bron, P. A., 'Understanding mode of action can drive the translational pipeline towards more reliable health benefits for probiotics.' *Curr Opin Biotechnol.* 2015; 56: 55–60.

Kole, A. S., Jones, H. D. & Christensen, R., 'A Case of Kombucha Tea Toxicity.' *Journal of Intensive Care Medicine.* 2009; 24(3): 205–207.

Korea.net. 'Korean recipes: Traditional drinks keep you healthy in winter.' http://www.korea.net/NewsFocus/Culture/view?articleId = 131900 15 January 2016.

Kregiel, D., 'Health safety of soft drinks: contents, containers, and microorganisms.' *Biomed Res Int.* 2015; 2015: 128697.

Laboratory Talk. 'Analysis of benzoate and sorbate in soft drinks.' http://laboratorytalk.com/article/51192/analysis-of-benzoate-and-sorba 25 November 2003.

Leishman, D., ' "Original and Best"? How Barr's Irn-Bru Became a Scottish Icon.' *études écossaises* [En ligne], 19 | 2017, mis en ligne le 01 avril 2017, consulte le 11 avril 2019. http://journals.openedition.org/etudesecossaises/1206.

Lim, U., Subar, A. F., Traci, M., et al. 'Consumption of Aspartame-Containing Beverages and Incidence of Hematopoietic and Brain Malignancies.' *Cancer Epidemiol Biomarkers Prev.* 2006; 15(9): 1654–1659.

Live Science. 'Highly caffeinated drinks can impair cognitive abilities.' https://www.livescience.com/9081-highly-caffeinated-drinks-impair-cognitive-abilities.html 6 December 2010.

Live Science. 'The truth about guarana.' https://www.livescience.com/36119-truth-guarana.html 27 January 2012.

Lohner, S., Toews, I. & Meerpohl, J. J., 'Health outcomes of non-nutritive sweeteners: analysis of the research landscape.' *Nutr J.* 2017; 16(1): 55.

Lorjaroenphon, Y. & Cadwallader, K. R., 'Characterization of Typical Potent Odorants in Cola-Flavored Carbonated Beverages by Aroma Extract Dilution Analysis.' *J. Agric. Food Chem.* 2015; 63 (3): 769–775.

Ma, J., Fox, C. S., Jacques, P. F., et al. 'Sugar-sweetened beverage, diet soda, and fatty liver disease in the Framingham Heart Study cohorts.' *J Hepatol.* 2015; 63(2): 462–469.

Malik, V. S., 'Sugar sweetened beverages and cardiometabolic health.' *Curr Opin Cardiol.* September 2017; 32(5): 572–579.

McCann, D., et al. 'Food additives and hyperactive behaviour in 3-year-old and 8/9-year-old children in the community: a randomised, double-blinded, placebo-controlled trial.' *The Lancet.* 2007; 370(9598): 1560–1567.

Muraki, I., Imamura, F., Manson, J. E., et al. 'Fruit consumption and risk of type 2 diabetes: results from three prospective longitudinal cohort studies.' *BMJ.* 2013; 347: f5001.

Murphy, M. M., Barrett, E. C., Bresnahan, K. A., Barraj, L. M. '100% fruit juice and measures of glucose control and insulin sensitivity: a systematic review and meta-analysis of randomised controlled trials.' *J NutrSci.* 2017; 6:e59.

National Center for Complementary and Integrative Health. 'Energy drinks.' https://nccih.nih.gov/health/energy-drinks 26 July 2018.

National Institute of Diabetes and Digestive and Kidney Diseases. 'Overweight and obesity statistics.' https://www.niddk.nih.gov/health-information/health-statistics/overweight-obesity August 2017.

National Institutes of Health Office of Dietary Supplements. 'Potassium. Fact sheet for health professionals.' https://ods.od.nih.gov/factsheets/Potassium-HealthProfessional/5 March 2019.

Natural Hydration Council. 'New research shows nationwide inappropriate use of sports drinks.' https://www.naturalhydrationcouncil.org.uk/press/new-research-shows-nationwide-inappropriate-use-of-sports-drinks/3 April 2012.

Natural Hydration Council. 'Sports drinks fuel teens gaming and TV time.' https://www.naturalhydrationcouncil.org.uk/press/sports-drinks-fuel-teensgaming-and-tv-time/.

Neves, M. F., Trombin, V. G., Lopes, F. F., Kalaki, R. & Milan, P., 'Definition of juice, nectar and still drink.' *The orange juice business.* 2011. Wageningen Academic Publishers, Wageningen.

NHS. 'The truth about sweeteners.' https://www.nhs.uk/Livewell/Goodfood/ Pages/the-truth-about-sucralose.aspx 28 February 2019.

Nicoletti, M., 'Microalgae Nutraceuticals.' *Foods.* 2016; 5(3): 54.

Noakes, T. D., 'The role of hydration in health and exercise.' *BMJ.* 2012; 344: e4171.

Northwestern Extract. 'Introduction to the manufacture of soft drinks.' https:// northwesternextract.com/manufacturing-of-soft-drinks/.

Nursing Times. 'Sports drinks may have adverse effects on teens' dental health.' https://www.nursingtimes.net/news/news-topics/public-health/sports-drinks-may-have-adverse-effects-on-teens-dental-health/7006044.article 11 July 2016.

Nyonya Cooking. 'Air mata kucing.' https://www.nyonyacooking.com/recipes/ air-mata-kucing.

Ocado. 'Rebel Kitchen Raw Organic Water.' https://www.ocado.com/webshop/ product/Rebel-Kitchen-Raw-Organic-Coconut-Water/369010011.

Ocado. 'Sibberi Bamboo Water Glow.' https://www.ocado.com/webshop/product/ Sibberi-Bamboo-Water-Glow/349239011.

Ocado. 'Sibberi Pure Birch Water.' https://www.ocado.com/webshop/product/ Sibberi-Pure-Birch-Water/296930011.

Open Food Facts. 'Vanilla Bean & Maple Syrup Smoothie–Marks & Spencer.' https://uk.openfoodfacts.org/product/00854467/vanilla-bean-maple-syrup-smoothie-marks-spencer 6 November 2014.

OpenLearn. 'Fizzy drink.' http://www.open.edu/openlearn/science-maths-technology/science/chemistry/fizzy-drinks 26 September 2005.

Peltier, S., Lepretre, P. M., Metz, L. et al. 'Effects of Pre-exercise, Endurance, and Recovery Designer Sports Drinks on Performance During Tennis Tournament Simulation.' *Journal of Strength and Conditioning Research.* 2013; 27(11): 3076–3083.

Perez-Idarraga, A. & Aragon-Vargas, L., 'Post-Exercise Rehydration with Coconut Water.' *Medicine and Science in Sports and Exercise.* 2010; 42.

Pound, C. M. & Blair, B., Canadian Paediatric Society. Nutrition and Gastroenterology Committee, Ottawa, Ontario, 'Energy and sports drinks in children and adolescents.' *Paediatrics & Child Health.* 2017; 22(7): 406–410.

PubChem. 'Dimethyl Dicarbonate (compound).' https://pubchem.ncbi.nlm.nih. gov/compound/3086#section=Pharmacology-and-Biochemistry.

PubChem. 'Potassium Sorbate (compound).' https://pubchem.ncbi.nlm.nih.gov/

compound/potassium_sorbate#section=Analytic-Laboratory-Methods.

Richelsen, B., 'Sugar-sweetened beverages and cardio-metabolic disease risks.' *Current Opinion in Clinical Nutrition and Metabolic Care.* 2013; 16(4): 478–484.

Rogers, P. J. & Shahrokni, R., 'A Comparison of the Satiety Effects of a Fruit Smoothie, Its Fresh Fruit Equivalent and Other Drinks.' *Nutrients.* 2018; 10(4): 431.

Saat, M., Singh, R., Sirisinghe, R. G. & Nawawi, M., 'Rehydration after Exercise with Fresh Young Coconut Water, Carbohydrate-Electrolyte Beverage and Plain Water.' *Journal of Physiological Anthropology and Applied Human Science.* 2002; 21(2): 93–104.

Sainsbury's. 'Innocent Coconut Water.' https://www.sainsburys.co.uk/shop/gb/groceries/coconut-water-115152-44/innocent-coconut-water-1l.

Sainsbury's 'Naked Coconut Water.' https://www.sainsburys.co.uk/shop/gb/groceries/naked-coconut-water-1l.

Sainsbury's. 'Tymbark Cactus Drink.' https://www.sainsburys.co.uk/shop/gb/groceries/tymbark-cactus-drink-1l.

Sainsbury's. 'Vita Coco Coconut.' https://www.sainsburys.co.uk/shop/gb/groceries/coconut-water-115152-44/vita-coco-100%25-pure-coconut-water-1l.

Schimpl, F. C., da Silva, J. F., Goncalves, J. F, & Mazzafera, P., 'Guarana: revisiting a highly caffeinated plant from the Amazon.' *J Ethnopharmacol.* 2013; 150(1): 14–31.

Schulze, M. B., Manson, J. E., Ludwig, D. S., et al. 'Sugar-Sweetened Beverages, Weight Gain, and Incidence of Type 2 Diabetes in Young and Middle-Aged Women.' *JAMA.* 2004; 292(8): 927–934.

Science Daily. 'Supertasters do not have particularly high density of taste buds on tongue, crowdsourcing says.' https://www.sciencedaily.com/releases/2014/05/140527161834.htm 27 May 2014.

Sibberi. 'Tree water.' http://www.sibberi.com.

Smithsonian.com. 'The benefits of probiotics might not be so clear cut.' https://www.smithsonianmag.com/science-nature/benefits-probiotics-might-not-be-so-clear-cut-180970221/6 September 2018.

Snopes. 'Does Coca-Cola contain cocaine?' https://www.snopes.com/fact-check/cocaine-coca-cola/19 May 1999.

Srinivasan, R., Smolinske, S. & Greenbaum, D., 'Probable gastrointestinal toxicity of Kombucha tea: is this beverage healthy or harmful?' *J Gen Intern Med.* 1997; 12(10): 643–644.

Steinman, H. A. & Weinberg, E. G., 'The effects of soft-drink preservatives on asthmatic children.' *S Afr Med J.* 1986; 70(7): 404–406.

Suez, J., Korem, T., Zilberman-Schapira, G., Segal, E. & Elinav, E., 'Noncaloric artificial sweeteners and the microbiome: findings and challenges.' *Gut Microbes*. 2015; 6(2): 149–155.

Sun, X., Ke, M. & Wang, Z., 'Clinical features and pathophysiology of belching disorders.' *Int J Clin Exp Med*. 2015; 8(11): 21906–21914.

Supply Chain. 'Drink it in. How your favorite soda is manufactured.' https://supplychainx.highjump.com/how-soda-is-manufactured.html 9 April 2018.

Surjushe, A., Vasani, R. & Saple, D. G., 'Aloe vera: a short review.' *Indian J Dermatol*. 2008; 53(4):163–166.

Tappy, L. & Le, K. A., 'Metabolic Effects of Fructose and the Worldwide Increase in Obesity.' *Physiological Reviews*. 2010; 90(1): 23–46.

Tayyem, R. F., Heath, D. D., Al-Delaimy, W. K. & Rock, C. L., 'Curcumin content of turmeric and curry powders.' *Nutr Cancer*. 2006; 55(2): 126–131.

Tesco. 'Tesco 100% Pure Squeezed Orange Juice With Bits.' https://www.tesco.com/groceries/en-GB/products/258997144.

Tetra Pak. 'Juice, nectar and still drinks–easy to find your favourite.' https://www.tetrapak.com/findbyfood/juice-and-drinks/juice-nectar-still-drinks.

The Atlantic. 'Is fermented tea making people feel enlightened because of ... alcohol?' https://www.theatlantic.com/health/archive/2016/12/the-promises-of-kombucha/509786/8 December 2016.

The Guardian. 'Birch water: the so-called superdrink you've never heard of.' https://www.theguardian.com/sustainable-business/2015/may/07/birch-water-so-called-superfood-superdrink-sustainability.

The Guardian. 'Government to ban energy drink sales to children in England.' https://www.theguardian.com/business/2018/aug/29/ban-sale-energy-drinks-to-children-uk-government-combat-obesity 30 August 2018.

The Guardian. 'How fruit juice went from health food to junk food.' https://www.theguardian.com/lifeandstyle/2014/jan/17/how-fruit-juice-health-food-junk-food 18 January 2014.

The Guardian. 'Joint venture: Coca-Cola considers cannabis-infused range.' https://www.theguardian.com/business/2018/sep/17/joint-venture-drinks-giant-coca-cola-mulls-cannabis-infused-range 18 September 2018.

The New York Times. 'Dispute over Coca-Cola's secret formula.' https://www.nytimes.com/1993/05/03/business/dispute-over-coca-cola-s-secret-formula.html 3 May 1993.

The Sugar Association. 'What is sugar?' https://www.sugar.org/sugar/what-is-sugar/.

The UK Flavour Association. 'Flavourings are used to bring taste and variety to foods.' http://ukflavourassociation.org/about-us/what-are-flavourings.

The Wall Street Journal. 'Wimbledon isn't just about tennis. There's also way too much squash.' https://www.wsj.com/articles/wimbledon-isnt-just-abouttennis-theres-also-way-too-much-squash-1467989111 8 July 2016.

Thompson, M., Henegan, C. & Cohen, D., 'Food regulators must up their game.' *BMJ*. 2012; 345: e4753.

Tucker, K. L., Morita, K., Qiao, N., Hannan, M. T., Cupples, L. A. & Kiel, D. P., 'Colas, but not other carbonated beverages, are associated with low bone mineral density in older women: The Framingham Osteoporosis Study.' *Am J Clin Nutr*. 2006; 84(4): 936–942.

Unesda Soft Drinks Europe. 'Carbonated drink.' https://www.unesda.eu/lexikon/carbonated-drink/.

Unesda Soft Drinks Europe. 'Preservatives.' https://www.unesda.eu/lexikon/preservatives/.

Valdes, A. M., Walter, J., Segal, E. & Spector, T. D., 'Role of the gut microbiota in nutrition and health.' *BMJ*. 2018; 361: k2179.

Vally, H. & Misso, N. L., 'Adverse reactions to the sulphite additives.' *Gastroenterol Hepatol Bed Bench*. 2012; 5(1): 16–23.

Villarreal-Soto, S. A., Beaufort, S. & Bouajila, J., 'Understanding Kombucha Tea Fermentation: A Review.' *Concise Reviews & Hypotheses in Food Science*. 2018; 83(3): 580–588.

Vimto. 'Squash.' http://www.vimto.co.uk/squash.aspx#vimtoOriginal.

Vina, I., Semjonovs, P., Linde, R. & Denina, I., 'Current Evidence on Physiological Activity and Expected Health Effects of Kombucha Fermented Beverage.' *Journal of Medicinal Food*. 2014; 17(2): 179–188.

Vogler, B. K. & Ernst, E., 'Aloe vera: a systematic review of its clinical effectiveness.' *Br J Gen Pract*. 1999; 49(447): 823–828.

Waitrose. 'Sibberi Maple Water.' https://www.waitrose.com/ecom/products/sibberi-maple-water/584584-519979-519980.

Waitrose. 'Tapped Pure Birch Water.' https://www.waitrose.com/ecom/products/tapped-pure-birch-water/853930-601842-601843.

Walters, D. E., 'Aspartame, a sweet-tasting dipeptide.' http://www.chm.bris.ac.uk/motm/aspartame/aspartameh.html February 2001.

Woodward-Lopez, G., Kao, J. & Ritchie, L., 'To what extent have sweetened beverages contributed to the obesity epidemic?' *Public Health Nutrition*. 2011; 14(3): 499–509.

Yong. J. W. H., Ge, L., Ng, Y. F. & Tan, S. N., 'The Chemical Composition and Biological Properties of Coconut (*Cocos nucifera L.*) Water.' *Molecules*. 2009; 14(12): 5144–5164.

Zmora, N., et al. 'Personalized Gut Mucosal Colonization Resistance to Empiric Probiotics Is Associated with Unique Host and Microbiome Features.' *Cell*. 2018; 174(6): 1388–1405.e21.

第 5 章　酒精类饮品

Allen, A. L., McGeary, J. E. & Hayes, J. E., 'Polymorphisms in TRPV1 and TAS2Rs associate with sensations from sampled ethanol.' *Alcohol Clin Exp Res*. 2014; 38(10): 2550–2560.

ASCIA. 'Alcohol allergy.' https://www.allergy.org.au/patients/product-allergy/alcohol-allergy March 2019.

Ashurst, J. V. & Nappe, T. M., 'Methanol toxicity.' *Treasure Island (FL): StatPearls Publishing*. 15 March 2019.

Bais, S., Gill, N. S., Rana, N. & Shandil, S., 'A Phytopharmacological Review on a Medicinal Plant: *Juniperus communis*.' *Int Sch Res Notices*. 2014; 2014: 634723.

BBC. 'Beer before wine? It makes no difference to a hangover.' https://www.bbc.com/news/uk-47143368 8 February 2019.

BBC. 'India toxic alcohol: At least 130 tea workers dead from bootleg drink.' https://www.bbc.com/news/world-asia-india-47341941 24 February 2019.

Beer Store. 'What is beer?' http://www.thebeerstore.ca/beer-101.

Begue, L., Bushman, B. J., Zerhouni, O., Subra, B. & Ourabah, M. ' "Beauty is in the eye of the beer holder": People who think they are drunk also think they are attractive.' *British Journal of Psychology*. 2013; 104: 225–234.

CAMRA. 'What is real cider?' http://www.camra.org.uk/faqs.

Choice. 'Preservatives in wine and beer.' https://www.choice.com.au/food-and-drink/drinks/alcohol/articles/preservatives-in-wine-and-beer 26 April 2016.

Chow Hound. 'How are non-alcoholic beer and wine made?' https://www.chowhound.com/food-news/53912/how-are-nonalcoholic-beer-and-wine-made/4 April 2007.

CNN. 'Toxic moonshine kills 102 in Mumbai slum.' https://edition.cnn.com/2015/06/22/asia/india-moonshine-deaths-mumbai/index.html 23 June 2015.

Coeliac UK. 'Alcohol.' https://www.coeliac.org.uk/gluten-free-diet-and-lifestyle/keeping-healthy/alcohol/.

Conscious Mixology. 'How are spirits made? (from seed to bottle)' http://www.consciousmixology.com/spirits-liqueurs-production/.

de Gaetano, G., Costanzo, S., Di Castelnuovo, A. et al. 'Effects of moderate beer consumption on health and disease: A consensus document.' *Nutr Metab Cardiovasc Dis*. 2016; 26(6): 443–467.

Difford's Guide. 'Activated charcoal in cocktails.' https://www.diffordsguide.com/encyclopedia/1173/cocktails/activated-charcoal-in-cocktails.

Difford's Guide. 'Does mixing drinks cause a worse hangover?' https://www.diffordsguide.com/encyclopedia/530/bws/does-mixing-drinks-cause-a-worsehangover.

Drinkaware. 'Low alcohol drinks.' https://www.drinkaware.co.uk/advice/how-to-reduce-your-drinking/how-to-cut-down/low-alcohol-drinks/.

Drinkaware. 'Unit and calorie calculator.' https://www.drinkaware.co.uk/understand-your-drinking/unit-calculator.

Drinks International. 'The world's best-selling classic cocktails 2018.' http://drinksint.com/news/fullstory.php/aid/7543/31 January 2018.

Duffy, V. B., Davidson, A. C., Kidd, J. R., et al. 'Bitter receptor gene (TAS2R38), 6-n-propylthiouracil (PROP) bitterness and alcohol intake.' *Alcohol Clin Exp Res*. 2004; 28(11): 1629–1637.

Fever-Tree. 'The history of gin and tonic.' https://fever-tree.com/en_GB/article/gin-and-tonic-history.

Francis Boulard & Fille. 'Champagne dosage.' https://www.francis-boulard.com/en/champagne-dosage.htm.

Gizmodo. 'Happy hour: The science of non-alcoholic beer.' https://gizmodo.com/the-science-of-non-alcoholic-beer-509674407 25 May 2013.

Goldberg, D. M., Hoffman, B., Yang, J. & Soleas, G. J., 'Phenolic Constituents, Furans, and Total Antioxidant Status of Distilled Spirits.' *J. Agric. Food Chem*. 1999; 47(10): 3978–3985.

Gorgus, E., Hittinger, M. & Schrenk, D., 'Estimates of Ethanol Exposure in Children from Food not Labeled as Alcohol-Containing.' *J Anal Toxicol*. 2016; 40(7): 537–542.

Gov.UK. 'Composition of foods integrated dataset (CoFID).' https://www.gov.uk/government/publications/composition-of-foods-integrated-dataset-cofi d 25 March 2019.

Gov.UK. 'New alcohol guidelines show increased risk of cancer.' https://www.gov.uk/government/news/new-alcohol-guidelines-show-increased-risk-of-cancer 8 January 2016.

Griswold, M. G. et al. 'Alcohol use and burden for 195 countries and territories, 1990–2016: a systematic analysis for the Global Burden of Disease Study 2016.' *The Lancet*. 2018; 392(10152): 1015–1035.

Halsey, L. G., Huber, J. W., Bufton, R. D. J. & Little, A. C., 'An explanation for enhanced perceptions of attractiveness after alcohol consumption.' *Alcohol*. 2010; 44(4): 307–313.

Halsey, L. G., Huber, J. W. & Hardwick, J. C., 'Does alcohol consumption really affect asymmetry perception? A three-armed placebo-controlled experimental study.' *Addiction*. 2012; 107(7): 1273–1279.

Harvard Health Publishing. 'Ask the doctor: what causes red wine headaches?' https://www.health.harvard.edu/diseases-and-conditions/what-causes-red-wine-headaches.

Harvard Health Publishing. 'Is red wine actually good for your heart?' https://www.health.harvard.edu/blog/is-red-wine-good-actually-for-your-heart-2018021913285 19 February 2018.

Harvard Health Publishing. 'Will tonic water prevent nighttime leg cramps?' https://www.health.harvard.edu/bone-and-muscle-health/will-tonic-water-prevent-nighttime-leg-cramps September 2016.

Harvard T. H. Chan. 'Study says no amount of alcohol is safe, but expert not convinced.' https://www.hsph.harvard.edu/news/hsph-in-the-news/alcohol-risks-benefits-health/2018.

Haseeb, S., Alexander, B. & Baranchuk, A., 'Wine and Cardiovascular Health A Comprehensive Review.' *Circulation.* 2017; 136: 1434–1448.

Höferl, M., Stoilova, I., Schmidt, E., et al. 'Chemical Composition and Antioxidant Properties of Juniper Berry (*Juniperus communis L.*) Essential Oil. Action of the Essential Oil on the Antioxidant Protection of Saccharomyces cerevisiae Model Organism.' *Antioxidants* (Basel). 2014; 3(1): 81–98.

Moreno-Indias, I., 'Benefits of the beer polyphenols on the gut microbiota.' *Nutr Hosp.* 2017; 15 [34(Suppl 4)]: 41–44.

Jensen, W. B., 'The Origin of Alcohol "Proof".' *J. Chem. Educ.* 2004; 81: 1258.

Laurel Gray. '5 stages of the wine making process.' http://laurelgray.com/5-stages-wine-making-process/14 November 2014.

LiveScience. 'Traces of the world's first "microbrew" found in a cave in Israel.' https://www.livescience.com/63631-oldest-beer-brewing-evidence.html 20 September 2018.

Kinnek. 'Pot still vs. column still: what's the difference?' https://www.kinnek.com/article/pot-still-vs-column-still-whats-the-difference/#/12 May 2016.

Mackus, M., Adams, S., Barzilay, A., et al. 'Proceeding of the 8th Alcohol Hangover Research Group Meeting.' *Curr Drug Abuse Rev.* 2017; 9(2): 106–112.

Maintz, L. & Novak, N., 'Histamine and histamine intolerance.' *Am J Clin Nutr.* 2007; 85(5): 1185–1196.

Market Research World. 'Cool down for alcopops.' http://www.marketresearchworld.net/content/view/370/77/14 November 2005.

Martini. 'Martini meets Rossi.' https://www.martini.com/uk/en/we-are-martini/.

Meister, K. A., Whelan, E. M. & Kava, R., 'The Health Effects of Moderate Alcohol Intake in Humans: An Epidemiologic Review.' *Critical Reviews in Clinical Laboratory Sciences.* 2000; 37(3): 261–296.

Metro. 'Gin fans–you've been making martinis all wrong.' https://metro.co.uk/2016/02/18/gin-fans-youve-been-making-martinis-all-wrong-5703089/18 February 2016.

Munchies. 'This is why teenagers aren't drinking alcopops anymore.' https://

munchies.vice.com/en_us/article/8qkd74/this-is-why-teenagers-arent-drinking-alcopops-anymore 20 October 2015.

National Institute on Alcohol Abuse and Alcoholism. 'Alcohol metabolism: an update.' https://pubs.niaaa.nih.gov/publications/aa72/aa72.htm July 2007.

News.com.au. 'Trio died drinking $2 moonshine so lethal one sip could paralyse drinkers' arms for 15 minutes.' https://www.news.com.au/national/courts-law/trio-died-drinking-2-moonshine-so-lethal-one-sip-could-paralyse-drinkers-arms-for-15-minutes/news-story/23 November 2016.

NHS. 'Alcohol support.' https://www.nhs.uk/live-well/alcohol-support/calculating-alcohol-units/13 April 2018.

NHS. 'Beer and bone strength.' https://www.nhs.uk/news/food-and-diet/beer-and-bone-strength/5 March 2009.

NHS. 'Is a pint of beer a day good for the heart?' https://www.nhs.uk/news/heart-and-lungs/is-a-pint-of-beer-a-day-good-for-the-heart/12 May 2016.

NHS. 'Moderate drinking may reduce heart disease risk.' https://www.nhs.uk/news/heart-and-lungs/moderate-drinking-may-reduce-heart-disease-risk/23 March 2017.

NHS Choices. 'What's your poison? A sober analysis of alcohol and health in the media. A Behind the Headlines special report.' October 2011.

Oxford Living Dictionary. 'What is the origin of the phrase "hair of the dog"?' https://en.oxforddictionaries.com/explore/what-is-the-origin-of-the-phrase-hair-of-the-dog/.

Penning, R., van Nuland, M., Fliervoet, L. A. L., Olivier, B. & Verster, J. C., 'The Pathology of Alcohol Hangover.' *Current Drug Abuse Reviews*. 2010; 3(2): 68–75.

Phobia Wiki. 'Dipsophobia.' http://phobia.wikia.com/wiki/Dipsophobia.

Phobia Wiki. 'Methyphobia.' http://phobia.wikia.com/wiki/Methyphobia.

Phobia Wiki. 'Zythophobia.' http://phobia.wikia.com/wiki/Zythophobia.

Piasecki, T. M., Robertson, B. M. & Epler, A. J., 'Hangover and risk for alcohol use disorders: existing evidence and potential mechanisms.' *Curr Drug Abuse Rev*. 2010; 3(2): 92–102.

Pittler, M. H., Verster, J. C. & Ernst, E., 'Sex, Drugs, And Rock And Roll: Interventions for preventing or treating alcohol hangover: systematic review of randomised controlled trials.' *BMJ*. 2005; 331: 1515.

Prat, G., Adan, A. & Sanchez-Turet, M., 'Alcohol hangover: a critical review of explanatory factors.' *Hum Psychopharmacol*. 2009; 24(4): 259–267.

Rohsenow, D. J., Howland, J., Arnedt, J. T., Almeida, A. B., Greece, J., Minsky, S., Kempler, C. S. & Sales, S., 'Intoxication With Bourbon Versus Vodka: Effects on Hangover, Sleep, and Next-Day Neurocognitive Performance in Young Adults.' *Alcoholism: Clinical and Experimental Research*. 2010; 34:

509–518.

Rohsenow, D. J. & Howland, J., 'The role of beverage congeners in hangover and other residual effects of alcohol intoxication: a review.' *Curr Drug Abuse Rev.* 2010; 3(2): 76–79.

Schirone, M., Visciano, P., Tofalo, R. & Suzzi, G., 'Histamine Food Poisoning.' *Handb Exp Pharmacol.* 2017; 241: 217–235.

Smithsonian.com. 'The deadly side of moonshine.' https://www.smithsonianmag.com/smart-news/the-deadly-side-of-moonshine-41629081/18 September 2012.

Stevenson, C., 'Hans Off!: The Struggle for Hans Island and the Potential Ramifications for International Border Disupute Resolution.' *Boston College International and Comparative Law Review.* 2007; 30(1–Article 16): 263–275.

Stockwell, T., Zhao, J., Panwar, S., Roemer, A., Naimi, T. & Chikritzhs, T., 'Do "Moderate" Drinkers Have Reduced Mortality Risk? A Systematic Review and Meta-Analysis of Alcohol Consumption and All-Cause Mortality.' *J Stud Alcohol Drug*s. 2016; 77(2): 185–198.

The Alcohol Free Shop. 'Frequently asked questions (FAQs).' https://www.alcoholfree.co.uk/faqs.php.

The Australian Wine Research Institute. 'Fining agents.' https://www.awri.com.au/industry_support/winemaking_resources/frequently_asked_questions/fining_agents/The Conversation. 'Is mixing drinks actually bad?' https://theconversation.com/is-mixing-drinks-actually-bad-87256 29 December 2017.

The Guardian. 'Notes and queries: James Bond requested that his Martini be "shaken not stirred"–would it make any difference?' https://www.theguardian.com/notesandqueries/query/0,,-2866,00.html.

The New York Times. 'Canada and Denmark fight over island with whisky and schnapps.' https://www.nytimes.com/2016/11/08/world/what-in-the-world/canada-denmark-hans-island-whisky-schnapps.html 7 November 2016.

The Telegraph. 'Gin sales triple as Brits turn to high-end booze.' https://www.telegraph.co.uk/news/2018/07/03/gin-sales-triple-brits-turn-high-end-booze/3 July 2018.

The Telegraph. 'Is the alcopop back in fashion?' https://www.telegraph.co.uk/finance/newsbysector/retailandconsumer/11399498/Is-the-alcopop-back-in-fashion.html 8 February 2015.

The Wine Cellar Insider. 'How to produce and make red or white wine explained.' https://www.thewinecellarinsider.com/wine-topics/wine-educational-questions/how-wine-is-made/.

Topiwala, A., Allan, C. L. & Valkanova, V., 'Moderate alcohol consumption as risk factor for adverse brain outcomes and cognitive decline: longitudinal cohort study.' *BMJ*. 2017; 357: j2353.

TrendHunter Lifestyle. 'Wellness cocktail. Superfood cocktails combine flavors of the moment from both worlds.' https://www.trendhunter. com/protrends/ wellness-cocktail.

Trevithick, C. C., Chartrand, M. M., Wahlman, J., Rahman, F., Hirst, M. & Trevithick, J. R., 'Shaken, not stirred: bioanalytical study of the antioxidant activities of martinis.' *BMJ*. 1999; 319(7225): 1600–1602.

U.S. News. 'The 6 healthiest cocktail ingredients.' https://health.usnews.com/ health-news/blogs/eat-run/articles/2017-06-30/the-6-healthiest-cocktail-ingredients 30 June 2017.

Vally, H. & Thompson, P. J., 'Allergic and asthmatic reactions to alcoholic drinks.' *Addict Biol*. 2003; 8(1): 3–11.

Vassilopoulou, E., Karathanos, A. & Siragakis, G., et al. 'Risk of allergic reactions to wine, in milk, egg and fi sh-allergic patients.' *Clin Transl Allergy*. 2011; 1(1): 10.

Verster, J. C. & Penning, R., 'Treatment and prevention of alcohol hangover.' *Curr Drug Abuse Rev*. 2010; 3(2): 103–109.

Verster, J.C., Stephens, R., Penning, R., et al. 'The alcohol hangover research group consensus statement on best practice in alcohol hangover research.' *Curr Drug Abuse Rev*. 2010; 3(2): 116–126.

VinePair. 'All the ways to make champagne and sparkling wine, explained.' https://vinepair.com/articles/sparkling-wine-champagne-methods/26 November 2017.

VinePair. 'How distilling works.' https://vinepair.com/spirits-101/how-distilling-works/.

VinePair. 'The 10 most popular beer brands in the world.' https://vinepair.com/ articles/10-biggest-beer-brands-world-2017/11 September 2017.

VOA News. '100 deaths highlight Indonesia's bootleg booze problem.' https:// www.voanews.com/a/indonesia-deaths-illegal-alcohol/4346422.html 13 April 2018.

Wantke, F., Gotz, M. & Jarisch, R., 'The red wine provocation test: intolerance to histamine as a model for food intolerance.' *Allergy Proc*. 1994; 15(1): 27–32.

Weiskirchen, S. & Weiskirchen, R., 'Resveratrol: How Much Wine Do You Have to Drink to Stay Healthy?' *Adv Nutr*. 2016; 7(4): 706–718.

Wine Folly. 'How sparkling wine is made.' https://winefolly.com/review/how-sparkling-wine-is-made/.

Wine From Here. 'Sulfur dioxide (SO2) in wine.' https://winobrothers. com/2011/10/11/sulfur-dioxide-so2-in-wine/11 October 2011.

Wine Guy. 'Destemming grapes.' http://www.wineguy.co.nz/index.php/81-all-about-wine/920-destemming-grapes 10 September 2017.

World Atlas. 'Hans Off! Canada and Denmark's arctic dispute.' https://www.
worldatlas.com/articles/hans-island-boundary-dispute-canada-denmark-
territorial-confl ict.html 25 April 2017.

World Cancer Research Fund. 'Alcoholic drinks and the risk of cancer.' https://
www.wcrf.org/dietandcancer/exposures/alcoholic-drinks 2018.

World Health Organization. 'Global status report on alcohol and health 2018.'
http://apps.who.int/iris/bitstream/handle/10665/274603/9789241565639-eng.
pdf?ua=1.

餐后酒

ABC News. 'Nightline report: "When grassroots protest rallies have corporate
sponsors".' https://abcnews.go.com/Nightline/video/grassroots-protest-rallies-
corporate-sponsors-26671038.

Alcohol Change UK. 'Alcohol industry influence on public policy: A case study
of pricing and promotions policy in the UK.' https://alcoholchange.org.uk/
publication/alcohol-industry-influence-on-public-policy-a-case-study-of-
pricing-and-promotions-policy-in-the-uk 20 September 2012.

Bragg, M. A., Miller, A. N., Elizee, J., Dighe, S. & Elbel, B. D., 'Popular Music
Celebrity Endorsements in Food and Nonalcoholic Beverage Marketing.'
Pediatrics. 2016; 138(1)e20153977.

Forbes. 'As U.S. soda sales fizzle, Coca-Cola and PepsiCo target developing
nations.' https://www.forbes.com/sites/nancyhuehnergarth/2016/02/09/
as-u-s-soda-sales-fizzle-coca-cola-and-pepsico-target-developing-
nations/#7d213a111cec 9 February 2016.

Godlee, F., 'Minimum alcohol pricing: a shameful episode.' *BMJ.* 2014; 348:
g110.

Gornall, J., 'Under the influence: Scotland's battle over alcohol pricing.' *BMJ.*
2014; 348: g1274.

Hawkins, B., Holden, C. & McCambridge, J., 'Alcohol industry influence on UK
alcohol policy: A new research agenda for public health.' *Crit Public Health.*
2012; 22(3): 297–305.

Hollywood Branded. 'Top celebrity beverage endorsers.' https://blog.
hollywoodbranded.com/top-celebrity-beverage-endorsements 6 February
2018.

Investopedia. 'Much of the global beverage industry is controlled by Coca Cola
and Pepsi.' https://www.investopedia.com/ask/answers/060415/how-much-
global-beverage-industry-controlled-coca-cola-and-pepsi.asp 14 November

2018.

Investopedia. 'A look at Coca-Cola's advertising expenses.' https://www.investopedia.com/articles/markets/081315/look-cocacolas-advertising-expenses.asp 6 October 2018.

Marketing Schools. 'Celebrity marketing.' http://www.marketing-schools.org/types-of-marketing/celebrity-marketing.html.

Social Media Week. 'Celebrity endorsements on social media are driving sales and winning over fans.' https://socialmediaweek.org/blog/2015/09/brands-using-celebrity-endorsements/30 September 2015.

Thacker, P., 'Coca-Cola's secret influence on medical and science journalists.' *BMJ*. 2017; 357: j1638.

The BMJ. 'Alcohol pricing.' https://www.bmj.com/content/alcohol-pricing.

The Drinks Business. 'Top 10 celebrity drinks launches of 2017.' https://www.thedrinksbusiness.com/2017/12/top-10-celebrity-drinks-launches-of-2017/2/20 December 2017.

The Drinks Business. 'Supreme court backs minimum alcohol pricing in Scotland.' https://www.thedrinksbusiness.com/2017/11/supreme-court-backs-minimum-alcohol-pricing-in-scotland/15 November 2017.

The Guardian. 'Coca-Cola and other soft drinks firms hit back at sugar tax plan.' https://www.theguardian.com/business/2016/mar/17/coca-cola-hits-back-at-sugar-tax-plan 18 March 2016.

The Hollywood Reporter. 'Meet the Hollywood "Brandfather" who's pairing Aaron Rodgers with beef jerky.' https://www.hollywoodreporter.com/news/meet-hollywood-brandfather-whos-pairing-811758 29 July 2015.

The Telegraph. 'Coca-Cola "spends millions on research to prove that fizzy drinks don't make you fat".' https://www.telegraph.co.uk/finance/newsbysector/retailandconsumer/11920984/Coca-Cola-spends-millions-on-research-to-prove-that-fizzy-drinks-dont-make-you-fat.html 9 October 2015.

The Telegraph. 'Were ministers under the influence of drinks industry?' https://www.telegraph.co.uk/news/politics/10557347/Were-ministers-under-the-influence-of-drinks-industry.html 7 January 2014.

The Washington Post. 'How business funded the anti-soda tax coalition.' https://www.washingtonpost.com/news/monkey-cage/wp/2014/11/24/how-business-funded-the-anti-soda-tax-coalition/24 November 2014.

Union of Concerned Scientists. 'How Coca-Cola disguised its influence on science about sugar and health.' https://www.ucsusa.org/disguising-corporate-influence-science-about-sugar-and-health#.XBo9qy2cZ3k.

《我们为什么要睡觉？》

为什么要睡觉，睡不好有什么坏处，怎么睡个好觉，一切答案尽在其中。

比尔·盖茨精选推荐！
2020年卡尔·萨根科普奖得主马修·沃克成名作品
《纽约时报》畅销书排行榜NO.1
全景呈现熟悉又陌生的睡梦领域，让你轻松获得一夜好眠！

著　者：［英］马修·沃克
（Matthew Walker）
译　者：田盈春
书　号：978-7-5596-4860-0
出版时间：2021.3
定价：60.00元

内容简介

你认为自己最近睡眠充足吗？你还记得上一次自然醒后神清气爽的感觉？不用怀疑，我们正在进入一个失眠已经成为流行病的时代。

作为一名杰出的神经科学家，沃克对生物的睡眠行为充满好奇，这促使他成了睡眠研究方面的专家。本书中，他总结了人类有史以来的睡眠研究成果，以及前沿的科学突破，告诉我们睡眠的运行机制、睡眠不足的坏处、睡眠与做梦的有益功能，以及睡眠对专业人士个人能力提升的惊人影响。我们的身体健康、心理健康、情商智商、记忆力、运动力、学习力、生产力、创造力、吸引力，甚至食欲，这些让日间生活丰富多彩的能力，原来都与夜间那场睡眠有着密不可分的关系。

现在，你知道我们为什么需要充足的睡眠了吧。打开这本书，看平凡的睡眠如何带来非凡的生命能量，顶尖科学对于睡眠的所有了解及如何睡好觉的诀窍都将在这部关于睡眠的"百科全书"中逐一揭晓。

《我们为什么要行走》

用神经科学解析行走让你意想不到的好处

亚马逊年度之选，《纽约时报》《卫报》《泰晤士报》《新科学家》书评称赞

大加速时代反内卷行动指南

内容简介

著　者：[爱尔兰]沙恩·奥马拉（Shane O'Mara）
译　者：陈晓宇
书　号：978-7-5057-5253-5
出版时间：2021.9
定价：38.00元

宅、外卖、电动车、人工智能的时代，我们为什么还要行走？让热爱走路的神经科学家奥马拉带你寻找答案。

行走起源于数亿年前的海洋，生物是为了运动才演化出大脑的。大脑和神经系统赋予人类直立行走的能力，而认知地图让我们找到行走的方向。

行走不仅对我们的肌肉和体态有益，还能保护器官和修复损伤，延缓甚至逆转大脑的衰老。在行走中，我们的感觉变得敏锐，思维充满创造力，焦虑和抑郁得到缓解。

众人一起行走会促进交流、凝聚社会，是整个人类群体生存的关键。一座适于行走的城市，有利于社会交往、经济发展和居民健康。为行走设计和规划城市，会让未来的城市更美好。

奥马拉认为，现代人的生活久坐少动，这严重损害了人的身心健康。我们需要重新开始行走，徒步、爬山、逛公园，走路上学、上班、购物。他提醒我们从座椅上站起来，去发现一个更快乐、更健康、更有创造力的自己。

图书在版编目（CIP）数据

我们为什么爱饮料 / (英) 亚历克西斯·威利特著；
陈昶妙译. -- 北京：北京联合出版公司, 2022.1
ISBN 978-7-5596-5786-2

Ⅰ.①我… Ⅱ.①亚… ②陈… Ⅲ.①饮料—世界—
普及读物 Ⅳ.①TS27-49

中国版本图书馆CIP数据核字(2021)第250752号

我们为什么爱饮料

著　　者：［英］亚历克西斯·威利特（Alexis Willett）
译　　者：陈昶妙
出 品 人：赵红仕
选题策划：**后浪出版公司**
出版统筹：吴兴元
特约编辑：曹　可
责任编辑：刘　恒
营销推广：ONEBOOK
装帧制造：墨白空间·陈威伸

北京联合出版公司出版
（北京市西城区德外大街 83 号楼 9 层　100088）
后浪出版咨询（北京）有限责任公司发行
天津中印联印务有限公司　新华书店经销
字数 248 千字　889 毫米 × 1194 毫米　1/32　10.75 印张
2022 年 1 月第 1 版　2022 年 1 月第 1 次印刷
ISBN 978-7-5596-5786-2
定价：60.00 元